澜湄合作机制下
天然橡胶科技合作与协同发展

主　编 ◎ 王立丰　黄天带　丁　丽
副主编 ◎ 王翠翠　刘　勇　代顺兰

图书在版编目(CIP)数据

澜湄合作机制下天然橡胶科技合作与协同发展/王立丰等主编.—北京：中国林业出版社，2022.10

ISBN 978-7-5219-1943-1

Ⅰ.①澜⋯　Ⅱ.①王⋯　Ⅲ.①天然橡胶-橡胶工业-国际科技合作-研究-中国、东南亚　Ⅳ.①F426.7 ②F433.067

中国版本图书馆CIP数据核字(2022)第205974号

责任编辑：于晓文　　　　　　电　　话：(010)83143549

出版发行	中国林业出版社有限公司(100009　北京市西城区刘海胡同7号)
网　　址	http://www.forestry.gov.cn/lycb.html
印　　刷	北京中科印刷有限公司
版　　次	2022年10月第1版
印　　次	2022年10月第1次印刷
开　　本	787mm×1092mm　1/16
印　　张	14.5
字　　数	350千字
定　　价	88.00元

《澜湄合作机制下天然橡胶科技合作与协同发展》编写组

主　　编：王立丰　黄天带　丁　丽
副 主 编：王翠翠　刘　勇　代顺兰
参编人员：陈　瑞　成　镜　戴　拓　戴雪梅　顾晓川
　　　　　桂红星　胡义钰　华玉伟　李建伟　刘　辉
　　　　　史敏晶　宋亚忠　谭德冠　王纪坤　王　军
　　　　　王真辉　肖鑫丽　徐正伟　袁　坤　赵立广
　　　　　周建南

前　言

澜沧江—湄公河合作是柬埔寨、中国、老挝、缅甸、泰国与越南共同发起和建设的新型次区域合作机制，旨在深化澜湄国家睦邻友好和务实合作，共同维护和促进地区持续和平和发展繁荣。2020年8月24日，澜沧江—湄公河合作第三次领导人视频会议召开，中国国务院总理李克强在会上提出，实施好"丰收澜湄"项目集群，推广分享农作物和农产品加工、存储技术，提升农产品质量安全体系，建设农业产业合作园区，增强次区域农业竞争力。在澜湄合作专项基金支持下实施了一系列农业项目，重点产业技术合作亦快速展开。水稻、荞麦、薯类、天然橡胶、豆类、香蕉、椰子、胡椒、香茅草和渔业项目同时推进，技术合作对产业合作的带动作用明显，成效显著。

中国澜湄合作机制下设有水资源合作中心、全球湄公河研究中心、环境合作中心和澜湄农业合作中心。澜湄农业合作中心设在中国农业农村部对外经济合作中心，是推动澜湄农业合作并提供协调、服务和支持的机构。中国热带农业科学院橡胶研究所隶属于农业农村部，是中国唯一以天然橡胶为主要研究对象的国家级研究机构，主导中国天然橡胶产业技术体系建设。

中国热带农业科学院橡胶研究所主持"澜湄五国天然橡胶栽培和加工技术集成示范"项目系澜湄农业合作中心组织立项的国际合作项目之一，合作内容为对澜湄五国天然橡胶资源分布、育种、栽培和加工技术现状等开展调研，分析澜湄国家天然橡胶差异化的技术需求，并针对性地建设天然橡胶栽培与加工技术示范基地，示范推广中国天然橡胶割胶技术、乙烯灵、死皮康、电动割胶刀和干胶测定仪自动化收胶系统等技术和设备，并对当地的农业和加工技术人员进行培训。在澜湄农业合作中心、中国热带农业科学院橡胶研究所和湄公河国家合作单位的支持下，合作研究取得了丰硕成果。

中国热带农业科学院橡胶研究所项目执行专家和外事管理人员共同撰写《澜湄合作机制下天然橡胶科技合作与协同发展》一书，从多视角系统梳理了天然橡胶澜湄合作的进展与成效、存在问题与管理方法创新。全书内容共五章，第一章为澜湄国家合作机制、意义和内容。第二章介绍天然橡胶澜湄合作协议项目执行和绩效评价的创新。第三章介绍橡胶树育苗技术研究进展合作成效。第四章介绍天然橡胶初加工技术研究进展与合作成效。第五章介绍澜湄合作科研与管理创新成果。

  本书的编写过程得到了来自农业农村部国际合作司的指导及中国热带农业科学院橡胶研究所领导和专家的大力支持，同时也得到了澜湄国家农业管理和科研部门的支持与帮助。本书由"澜湄五国天然橡胶栽培和加工技术集成示范"项目资助。在此一并表示诚挚的感谢。

  由于编写水平有限，疏漏和不足之处恳请各位读者提出宝贵意见。

主　编
2022 年 8 月

目 录

前 言

第一章 澜湄合作框架下天然橡胶科技合作 ……………………………………………（1）
 第一节 澜湄合作机制创建 ……………………………………………………………（1）
 第二节 澜湄国家概况 …………………………………………………………………（3）
 第三节 澜湄国家天然橡胶种植及生产现状 …………………………………………（9）
 第四节 天然橡胶澜湄合作主推技术 …………………………………………………（14）
 第五节 天然橡胶产业澜湄合作成效 …………………………………………………（23）
 第六节 澜湄合作机制下天然橡胶科技合作意义 ……………………………………（28）

第二章 天然橡胶科技合作机制创新与成效 …………………………………………（31）
 第一节 澜湄天然橡胶科技合作规范 …………………………………………………（31）
 第二节 绩效评价创新与规范 …………………………………………………………（41）

第三章 橡胶树育苗技术合作成效 ……………………………………………………（48）
 第一节 育苗技术研究 …………………………………………………………………（48）
 第二节 组培苗技术研究 ………………………………………………………………（49）
 第三节 澜湄国家育苗现状 ……………………………………………………………（108）
 第四节 育苗技术合作成效 ……………………………………………………………（113）

第四章 天然橡胶初加工技术合作成效 ………………………………………………（119）
 第一节 天然橡胶初加工工艺技术与设备 ……………………………………………（119）
 第二节 天然橡胶初加工工艺技术与设备研究进展 …………………………………（157）
 第三节 澜湄国家天然橡胶初加工产业发展现状 ……………………………………（183）
 第四节 澜湄合作机制下天然橡胶加工技术合作成效 ………………………………（188）

第五章　澜湄合作科研与管理创新成果……………………………………………（194）
　第一节　老挝北部橡胶原料生产TSR20质量与工艺的探究 ……………………（194）
　第二节　老挝橡胶产业研究院橡胶及农产品检验检疫平台建设………………（202）
　第三节　澜湄合作机制下的中国—老挝天然橡胶科技国际合作现状与展望……（207）

参考文献……………………………………………………………………………（213）

第一章 澜湄合作框架下天然橡胶科技合作

天然橡胶是澜湄国家农业合作的重点领域之一，也是澜湄国家出口创汇的主要来源之一。天然橡胶科技国际合作兼具出口创汇、扶贫减贫、罂粟替代种植和生态环境保护等多种功能。本章主要介绍澜湄合作机制创建、主要会议和成果，以及中国天然橡胶科技主推技术和合作成效等内容。

第一节 澜湄合作机制创建

自2016年3月澜沧江—湄公河合作首次领导人会议以来，澜湄六国共同为"澜沧江—湄公河合作"创建了机制框架，通过《澜湄合作概念文件》，确定了政治安全、经济和可持续发展、社会人文三大支柱，以及互联互通、产能、跨境经济、水资源、农业和减贫五个优先合作方向，实施了许多惠及民生的项目，为全面长期合作奠定了坚实基础。澜湄合作的官方网站是http://www.lmcchina.org。

一、澜湄合作机制进程

"澜湄"是澜沧江—湄公河的简称，这条河流发源于中国青海省的唐古拉山东部，依次流经中国、缅甸、老挝、泰国、柬埔寨、越南，是亚洲流经国家最多的河流。这条跨境河流在中国境内部分被称为澜沧江，出境则被称为湄公河，沿岸风景旖旎、民族众多、文化各异，是流域各国人民的母亲河。"澜湄合作"是"澜沧江—湄公河合作"机制的简称，成员包括中国、柬埔寨、老挝、缅甸、泰国、越南六国。

（一）澜湄合作发展历程

2014年11月，中国国务院总理李克强在第十七次中国—东盟(10+1)领导人会议上提出建立澜沧江—湄公河对话合作机制。2016年3月，澜湄合作首次领导人会议在海南三亚举行，全面启动澜湄合作进程。2018年1月，澜湄合作第二次领导人会议在柬埔寨金边举行，标志澜湄合作从培育期迈向成长期。2020年8月，澜湄合作第三次领导人会议以视频方式成功举行，推动澜湄合作进入全面发展期，发出了澜湄六国团结合作、共谋发展的积极信号。澜湄合作成立以来，机制建设、战略规划、资金支持、务实合作均取得显著进展，为地区发展注入了新的"源头活水"，给各国人民带来了实实在在的利益。

（二）合作宗旨和机制

深化澜湄六国睦邻友好和务实合作，促进沿岸各国经济社会发展，打造澜湄流域经济发展带，建设澜湄国家命运共同体，助力东盟共同体建设和地区一体化进程，为推进南南合作和落实联合国2030年可持续发展议程作出贡献，共同维护和促进地区持续和平和发展繁荣。六国共同建立了包括领导人会议、外长会、高官会、联合工作组会在内的多层次、宽领域合作架构。截至2021年8月，已举行3次领导人会议、6次外长会、8次高官会和11次外交联合工作组会。中国和缅甸为现任共同主席国。六国外交部均成立澜湄合作国家秘书处或协调机构，各优先领域联合工作组全部建立。澜湄水资源合作中心、澜湄环境合作中心、澜湄农业合作中心和全球湄公河研究中心成立并投入运营。六国高校联合成立澜湄青年交流合作中心。

二、主要会议和成果

2015年11月12日，澜湄合作首次外长会在云南景洪举行，会议通过了《澜湄合作概念文件》和《首次外长会联合新闻公报》，六国外长就澜湄合作目标、原则、重点领域、机制框架和首次领导人会议相关安排等达成一致，同意尽快实施一批早期收获项目。

2016年3月23日，澜湄合作首次领导人会议在海南三亚举行，李克强总理同湄公河五国领导人共同出席。六方一致同意共建澜湄国家命运共同体，确定了"3+5合作框架"，即坚持政治安全、经济和可持续发展、社会人文三大支柱协调发展，优先在互联互通、产能、跨境经济、水资源、农业和减贫领域开展合作。会议发表了《首次领导人会议三亚宣言》和《澜湄国家产能合作联合声明》，通过了《早期收获项目联合清单》，包含互联互通、水资源、卫生、减贫等领域的45个项目。

2016年12月23日，澜湄合作第二次外长会在柬埔寨暹粒举行，会议重点回顾了首次领导人会议成果落实进展，并就加强澜湄合作机制建设、深化务实合作、规划未来发展等达成广泛共识。会议通过了《澜湄合作第二次外长会联合新闻公报》《首次领导人会议成果落实进展表》《优先领域联合工作组筹建原则》三份重要成果文件。

2017年12月15日，澜湄合作第三次外长会在云南大理举行，会议发表了《澜湄合作第三次外长会联合新闻公报》，审议并同意向第二次领导人会议提交《澜湄合作五年行动计划（2018—2022）》，建立"澜湄合作热线信息平台"，宣布了《澜湄合作专项基金首批支持项目清单》，散发了《首次领导人会议主要成果和第二次外长会成果落实进展表》。

2018年1月10日，澜湄合作第二次领导人会议在柬埔寨金边举行，六国领导人共同出席。李克强总理提出，重点开展水资源、产能、农业、人力资源和医疗卫生合作，推动澜湄合作从培育期顺利迈向成长期。六国领导人一致同意形成"3+5+X合作框架"，拓展海关、卫生、青年等领域合作。会议发表了《第二次领导人会议金边宣言》和《澜湄合作五年行动计划（2018—2022）》，散发了《第二次领导人会议合作项目清单》和《六个优先领域联合工作组报告》。

2018年12月17日，澜湄合作第四次外长会在老挝琅勃拉邦举行，会议通过了《第四次外长会联合新闻公报》，散发了《〈澜湄合作五年行动计划（2018—2022）〉2018年度进展报告》《2018年度澜湄合作专项基金支持项目清单》和六国智库共同撰写的《澜湄流域经济发展带研究报告》，发布了澜湄合作会歌。

2020年2月20日，澜湄合作第五次外长会在老挝万象举行，会议通过了《第五次外长会联合新闻公报》，散发了《〈澜湄合作五年行动计划（2018—2022）〉2019年度进展报告》《2020年度澜湄合作专项基金支持项目清单》《2018年度澜湄合作专项基金支持项目落实进展表》和《关于共建澜湄流域经济发展带的建议》。

2020年8月24日，澜沧江—湄公河合作第三次领导人会议以视频方式举行，李克强总理和湄公河国家领导人共同推动会议打造了水资源合作、澜湄合作与"国际陆海贸易新通道"对接两大亮点，深化了可持续发展、公共卫生、民生等领域合作，为本地区疫后复苏和发展繁荣提供了新动力。会议发表了《第三次领导人会议万象宣言》和《澜湄合作与"国际贸易陆海新通道"对接合作的共同主席声明》。

2021年6月8日，澜沧江—湄公河合作第六次外长会在重庆举行，会议通过了《关于加强澜沧江—湄公河国家可持续发展合作的联合声明》《关于深化澜沧江—湄公河国家地方合作的倡议》和《关于在澜沧江—湄公河合作框架下深化传统医药合作的联合声明》，散发了《〈澜湄合作五年行动计划（2018—2022）〉2020年度进展报告》《澜湄流域经济发展带与"国际贸易陆海新通道"对接合作联合研究报告》《2021年度澜湄合作专项基金支持项目清单》和"澜湄合作热线信息平台"等研究报告和资料。中方还发布了《中国相关省区市与湄公河国家地方政府合作意向清单》和《中方推进澜湄流域经济发展带与"陆海新通道"对接初步建议与举措》等清单，助力六国发展合作迈上新台阶。

2022年7月4日，澜沧江—湄公河合作第七次外长会在缅甸蒲甘举行。中方将实施"澜湄农业合作百千万行动计划""澜湄兴水惠民计划""澜湄数字经济合作计划""澜湄太空合作计划""澜湄英才计划""澜湄公共卫生合作计划"六大惠湄举措，与湄公河国家分享合作红利，增添发展动力。会议发表了联合新闻公报和关于深化海关贸易安全和通关便利化合作、农业合作和保障粮食安全、灾害管理合作、文明交流互鉴4份联合声明，发布了《〈澜湄合作五年行动计划（2018—2022）〉2021年度进展报告》和《2022年度澜湄合作专项基金支持项目清单》，用详实数据展示了澜湄合作的丰硕成果。

第二节　澜湄国家概况

澜沧江—湄公河合作成员国包括中国、柬埔寨、老挝、缅甸、泰国和越南六国。六国国土总面积1153.6万 km^2，占亚洲总面积25.9%。

一、中国

中国陆地面积约960万 km^2，东部和南部大陆海岸线约1.8万km，内海和边海的水域面积约470万 km^2。海域分布有大小岛屿7600多个，其中台湾岛最大，面积35798km^2。中国同14个国家接壤，与8个国家海上相邻。省级行政区划为23个省、5个自治区、4个直辖市、2个特别行政区。

2019年年末，中国人口总量超14亿，年增长率0.33%，城镇常住人口84843万人，城镇化率60.6%。2021年，中国国内生产总值（GDP）比上年增长8.1%，两年平均增长

5.1%,在全球主要经济体中名列前茅;经济规模突破110万亿元,达到114.4万亿元,稳居全球第二大经济体。2021年,按年平均汇率折算,中国经济总量达到17.7万亿美元,预计占世界经济的比重超过18%,对世界经济增长的贡献率达25%左右。数据显示,2021年中国人均GDP达到80976元,按年平均汇率折算达12551美元,超过世界人均GDP水平。国民总收入1133518亿元,比上年增长7.9%。全员劳动生产率为146380元/人,比上年提高8.7%。中国是世界上人口最多的发展中国家,国土面积居世界第三位,是世界第二大经济体,并持续成为世界经济增长最大的贡献者。

中国的重要节日有元旦、春节、劳动节、端午节、中秋节、国庆节等。

中国是世界第二大经济体、世界第一大工业国和世界第一大农业国。中国是全球天然橡胶制品第一大出口国,除国内生产的天然橡胶用于生产外,进口贸易是满足中国国内天然橡胶消费的重要来源。21世纪以来,中国天然橡胶进口一直快速增长,进口量由2000年的不足92.51万t增长至2020年的590.22万t(含复合橡胶和混合橡胶)。中国天然橡胶进口的旺盛需求对澜湄国家天然橡胶产业发展和合作带动作用明显。

二、柬埔寨

柬埔寨王国,简称柬埔寨,位于中南半岛南部,与越南、泰国和老挝毗邻,首都金边。面积18.1万km^2。人口约1500万,有20多个民族,高棉族是主体民族,占总人口的80%,其他民族为占族、普农族、老族、泰族、斯丁族等。高棉语为通用语言,与英语、法语同为官方语言。佛教为国教,93%以上居民信奉佛教,占族信奉伊斯兰教,少数城市居民信奉天主教。通用货币为瑞尔。

柬埔寨于公元1世纪下半叶建国。历经扶南、真腊、吴哥等时期。9~14世纪吴哥王朝为鼎盛时期,国力强盛,文化发达,创造了举世闻名的吴哥文明。1953年11月9日独立,1993年5月举行首次全国大选,9月,颁布新宪法,改国名为柬埔寨王国。1998年、2003年、2008年和2013年举行的四次全国大选中,人民党连续获胜,洪森连任首相。2004年10月6日,西哈努克国王在北京宣布退位,14日,王子西哈莫尼被推选为新国王,29日,西哈莫尼在王宫登基。

首都金边是柬埔寨政治、经济和文化中心,国内、国际航空和水陆交通枢纽。面积678.46km^2。人口约200万。地处柬埔寨中部平原,位于湄公河、洞里萨河和巴萨河的交汇处,也称"四臂湾"。1434年成为首都。其内著名的高等学府有金边王家大学、金边王家艺术大学、柬埔寨国家管理大学,科研机构有王家研究院、柬埔寨合作与和平研究所。名胜古迹有皇宫、国家博物馆、塔仔山、独立纪念碑。

柬埔寨重要节日有11月9日的独立节(1953年11月9日,柬埔寨王国摆脱法国殖民统治宣告独立,这天被定为柬埔寨国庆日,也是柬埔寨建军日);5月14日是国王诞辰,全国庆祝3天;4月13~15日为佛历新年;佛历六月下弦初四为御耕节,由国王或其代表在毗邻王宫的王家田或其他选定地点举行象征性耕种仪式,祈祷来年风调雨顺、五谷丰登;11月13~15日的送水节,也称龙舟节,是柬埔寨民族传统节日,时值柬埔寨雨季结束进入旱季,来自全国各地的代表队在王宫前洞里萨河上举行龙舟比赛,表达对洞里萨河、湄公河养育之恩的感谢。

柬埔寨是传统农业国，工业基础薄弱，依赖外援外资。贫困人口约占总人口14%。实行对外开放和自由市场经济政策。柬埔寨政府执行以增长、就业、公平、效率为核心的国家发展"四角战略"的第三阶段。

柬埔寨是当前澜湄合作共同主席国。2016年3月23日，澜湄合作首次领导人会议在海南三亚举行，洪森首相出席了会议。2016年12月23日，澜湄合作第二次外长会在柬埔寨暹粒成功举行，柬埔寨国务兼外交国际合作部大臣布拉索昆出席并表示，澜湄合作是次区域国家共同意愿的产物，中国在合作中发挥着至关重要的作用。澜湄合作自启动以来成绩显著，首批项目执行进展顺利，充分体现了澜湄合作务实高效的特点。

天然橡胶产业已成为柬埔寨农业经济的重要增长点。柬埔寨政府把支持橡胶产业列为国家"四角战略"的第二阶段发展重点，并提出橡胶产业发展的六大目标：一是保障橡胶种植的质量和数量；二是研究改良红土地，增加橡胶种植面积；三是鼓励家庭种植橡胶；四是加强橡胶加工业；五是保持橡胶市场价格稳定；六是提高橡胶有关部门工作能力。柬埔寨政府规划显示，2023年天然橡胶种植面积预计将增加至43.90万hm^2，产量提高至41.70万t，平均产量提高至1175kg/hm^2。

柬埔寨政府鼓励扩大种植橡胶。通过提供贷款推动家庭种植橡胶树，成立橡胶种植户合作社，无偿培训种植和管理技术。把经济用地特许权制度作为一项长期稳定政策，对境外及国内企业提供经济用地特许权，允许其有对农地进行投资发展农业，为大规模开发种植橡胶创造条件。随着越南、泰国、中国等国有企业在柬埔寨投资建设，柬埔寨橡胶业发展快速。

2020年年底，柬埔寨已成为全球第八大产胶国。橡胶种植面积达40.42万hm^2，开割胶园29.25万hm^2、占全国天然橡胶总种植面积的72.37%，总产量34.93万t。当前，21世纪初柬埔寨新种的一大批橡胶树将陆续达到开割标准，预计未来天然橡胶产量仍存在较大增长空间。

三、泰国

泰王国简称泰国，位于中南半岛中南部。与柬埔寨、老挝、缅甸、马来西亚接壤，东南临泰国湾，西南濒安达曼海。国土面积51.3万km^2。人口约6450万，全国共有30多个民族，泰族为主要民族，占人口总数的40%。泰语为国语。90%以上的民众信仰佛教，马来族信奉伊斯兰教，还有少数民众信仰基督教、天主教、印度教和锡克教。通用货币为泰铢。人口总量6900万。

首都曼谷，面积约1569km^2，属热带季风气候。全年分为凉、雨、热三季。年均气温24~30℃，平均降水量约1500mm，终年炎热。曼谷有46所大学，著名高等学府有朱拉隆功大学、玛希敦大学等。

泰国的重要节日有公历4月13~15日的宋干节；泰历12月15日的水灯节；公历12月5日的国庆日。

湄公河与泰国颇有渊源。从字面上看，湄公河这一名称是从英文Mekong River英译过来的，而 Mekong 一词又从泰语 Mae Nam Khong 演变而来，意为高棉人之河。后来，缅甸语和柬埔寨语（高棉语）都借用了"湄公河"的称呼。湄公河在泰国、老挝边境的一段水深流急，礁石起伏。柯叻高原的荣河是湄公河中游的一条重要支流。

泰国属于传统经济产业，全国可耕地面积约占国土面积的41%。主要作物有稻米、玉米、木薯、橡胶、甘蔗、绿豆、麻、烟草、咖啡豆、棉花、棕油、椰子等。海域辽阔，拥有2705km海岸线，泰国湾和安达曼海是得天独厚的天然海洋渔场。曼谷、宋卡、普吉等地是重要的渔业中心和渔产品集散地。泰国是世界市场主要鱼类产品供应国之一。

2016年3月23日，澜湄合作首次领导人会议在海南三亚举行，泰国总理巴育出席会议并与李克强总理共同主持。巴育表示，成功举办澜湄合作首次领导人会议意义重大，相信澜湄合作必将为各成员国带来福祉。

泰国实行自由经济政策。属外向型经济，依赖美国、日本、中国等外部市场，是传统农业国，农产品是其外汇收入的主要来源之一，是世界天然橡胶最大出口国。

泰国具有得天独厚的天然橡胶种植环境，大部分地区属热带季风气候，沿海平原为热带雨林气候，光照时间长，全年降水量丰沛，土地资源丰富、土壤肥力高，具有发展农业得天独厚的先天优势。

泰国橡胶种植至今已有120多年的历史。随着全球天然橡胶的需求增长推高了天然橡胶价格，泰国橡胶面积迅速扩张。1991年起产量超越了印度尼西亚和马来西亚，成为全球第一大天然橡胶生产国和出口国。受全球天然橡胶价格周期性上涨影响，2010—2013年间泰国迎来一波新植高峰，新种植面积累计达91.66万 hm^2，占2006—2020年间新增面积的47.33%。然而，橡胶产业高速增长势头并未一直持续，随着全球天然橡胶市场陷入低迷，泰国橡胶新增种植和胶园更新速度大幅放缓。2006—2020年间，泰国橡胶种植面积以年均3.10%的速率增加。近年来胶园逐步开割，割胶面积趋近总面积，2020年种植面积352万 hm^2，开割面积329.26万 hm^2，开割率达到93.54%。2020年天然橡胶产量486.25万t，出口量387.51万t。

四、越南

越南社会主义共和国，简称越南，是一个狭长的国家，位于中南半岛东部，东面和东南濒临中国南海，西接老挝和柬埔寨边界，北与中国接壤。国土面积32.96万 km^2。人口总量9620万。海岸线长约3260km。地处北回归线以南，属热带季风气候，高温多雨。年平均气温24℃左右。年平均降水量为1500~2000mm。北方分春、夏、秋、冬四季。南方雨旱两季分明，大部分地区5~10月为雨季，11月至次年4月为旱季。

越南的主要节日有1930年起2月3日的越南共产党成立日；1945年起9月2日的越南国庆日；1975年起4月30日的越南南方解放日和5月19日的胡志明诞辰日。

湄公河经缅甸、老挝、泰国、柬埔寨流入越南南部，分成南北干流，北干流称前江，南干流称后江，最后两条干流又分成九条支流入海，故称九龙江。该河在越南段长220km，年流量达4750亿 m^3，可灌溉240万 hm^2 农田。越南段河宽800~2500m，干流水深10m，支流水深2m，水势平稳，3000t轮船可通航。由于湄公河泥沙淤积，使入海口大陆架每年以60~80m的速度向东南延伸。

越南是传统农业国，农业人口约占总人口的75%。耕地及林地占总面积的60%。粮食作物包括稻米、玉米、马铃薯、番薯和木薯等；经济作物主要有咖啡、橡胶、胡椒、茶叶、花生、甘蔗等。2019年，越南农、林、渔业总产值占国内生产总值的比重为13.96%，其中农、林、渔业增长率分别为0.61%、4.98%、6.3%。

2016年3月23日，澜湄合作首次领导人会议在中国海南三亚召开，越南副总理范平明出席。会议期间，越南驻华大使邓明魁表示，澜湄合作首次领导人会议对于澜湄合作具有特别重要的意义，越南将积极推进澜湄合作。

越南橡胶种植区域覆盖面广。根据越南农业与农村发展部统计，2017年南部地区橡胶种植面积54.89万hm^2，收获面积41.72万hm^2。越南58个省和5个直辖市中，30个省市均种植橡胶。南部地区主要覆盖平福、平阳、同奈、西宁、巴地头顿和胡志明6个省市。中部高原地区覆盖昆嵩、嘉莱、得乐、得农、林同5个省，种植面积24.90万hm^2，收获面积15.25万hm^2。越南中部地区覆盖清化、义安、河静、广平、广治、承天顺化、广南、广义、平定、富安、庆和、宁顺、平顺13个省市，种植面积14.15万hm^2，收获面积8.09万hm^2。北部地区包含河江、老街、安沛、奠边、莱州、山罗6个省市，种植面积3.03万hm^2，收获面积0.26万hm^2。

越南橡胶面积呈现先增后减趋势。2010年，越南天然橡胶种植面积74.87万hm^2，2012年超过90万hm^2，2015年达到98.56万hm^2，为历年最大值。此后，越南橡胶种植面积逐年减少，2020年种植面积93.24万hm^2，相比峰值减少5.32万hm^2。

越南橡胶产量逐渐递增。2015—2020年间，越南开割面积逐年增长，由2010年的43.91万hm^2增加至2020年的72.88万hm^2，平均每年约增加2.90万hm^2，年均复合增长率5.21%，开割面积占种植面积的比重由58.60%逐步增加至78.22%。2010年产量75.45万t，2015年首次超过100万t，达到101.27万t，2020年产量达到122.61万t，平均每年橡胶产量增加4.72万t，年均复合增长率5%。

五、缅甸

缅甸联邦共和国，简称缅甸，位于中南半岛西部，东北与中国毗邻，西北与印度、孟加拉国相接，东南与老挝、泰国交界，西南濒临孟加拉湾和安达曼海。国土面积67.66万km^2。海岸线长3200km。大部地区属热带季风气候，年平均气温27℃。曼德勒地区极端最高气温逾40℃。1月为全年气温最低月份。平均气温为20℃以上；4月是最热月，平均气温30℃左右。降水量因地而异，内陆干燥区500~1000mm，山地和沿海多雨区3000~5000mm。全国分7个省、7个邦和联邦区。省是缅族主要聚居区，邦为各少数民族聚居地，联邦区是首都内比都。人口总量5458万。

缅甸的重要节日有1月4日的独立节；3月27日的建军节；4月中旬的泼水节。

缅甸政府重视发展教育和扫盲工作，全民识字率约94.75%。实行小学义务教育。教育分学前教育、基础教育和高等教育。现有基础教育学校40876所，大学与学院108所，师范学院20所，科技与技术大学63所，部属大学与学院22所。著名学府有仰光大学、曼德勒大学等。

农业为缅甸国民经济基础，可耕地面积约 1800 万 hm^2，农业产值占国民生产总值的四成左右，主要农作物有水稻、小麦、玉米、花生、芝麻、棉花、豆类、甘蔗、油棕、烟草和黄麻等。缅甸自然资源与环境保护部数据显示，截至 2015 年，缅甸森林覆盖率为 45%。

2016 年 3 月 23 日，澜湄合作首次领导人会议在海南三亚举行，缅甸副总统赛茂康出席会议。2016 年 12 月 23 日，缅甸外交国务部长觉丁出席澜湄合作第二次外长会并表示，当前国际和地区经济增长乏力，加强澜湄合作对次区域国家尤为重要。积极参与澜湄合作符合缅甸国家利益，能为缅甸人民带来实实在在的好处。缅甸祝贺此次外长会取得成功，赞赏中方作为共同主席发挥的重要作用，愿继续与中方加强在澜湄框架下的合作。

缅甸是东南亚最早种植橡胶的国家之一，据调查适宜种植橡胶的土地面积约 100 万 hm^2。20 世纪 20 年代，缅甸橡胶种植面积仅 3 万 hm^2，70 年代初达 9 万 hm^2，产量 1 万 t。天然橡胶产业在 20 世纪 80—90 年代出现了萎缩，产量在低位波动。20 世纪 90 年中后期，缅甸政府开始鼓励私人投资橡胶业，在毒品替代种植、世界银行扶贫等项目的支持下，种植面积由 1989 年的 7.80 万 hm^2 增加至 2010 年的 46.30 万 hm^2，产量由 1.60 万 t 提高至 12.80 万 t，成为缅甸第五大作物，仅次于水稻、豆类、芝麻和花生，也是缅甸重要的出口创汇来源。2020 年，缅甸橡胶种植业提供了约 40 万个工作岗位。据天然橡胶生产国联合会（ANRPC）统计，2020 年，缅甸橡胶种植面积 66.32 万 hm^2，开割面积 34.98 万 hm^2，产量 26.73 万 t，主要产品是烟片胶和标准胶。

六、老挝

老挝人民民主共和国，简称老挝，是中南半岛上的唯一一个内陆国家，北邻中国，南接柬埔寨，东临越南，西北达缅甸，西南毗连泰国。属热带、亚热带季风气候，5~10 月为雨季，11 月至次年 4 月为旱季，最高平均气温 31.7℃，最低平均气温 22.6℃，年平均气温约 26℃。国土面积 23.68 万 km^2。湄公河在老挝境内干流长度为 777.4km，流经首都万象，作为老挝与缅甸界河段长 234km，老挝与泰国界河段长 976.3km。湄公河在老挝境内的大小支流达 20 余条，其中，北部支流源头为川圹高原北部山地，其山脊为湄公河水系和北部湾水系的分水岭，支流呈东北至西南走向；南部支流均发源于长山山脉，其山脊亦为湄公河水系与南海水系的分水岭，支流呈东西走向。人口总量 723 万。首都万象，人口 85 万（2015 年）。

老挝的重要节日有 1949 年起 1 月 20 日的老挝人民军成立日；1955 年起 3 月 22 日的老挝人民革命党成立日；佛历 5 月的老挝新年宋干节，也叫泼水节，一般从每年公历 4 月 13 日开始，前后共 3 天；1945 年起 10 月 12 日的独立日；佛历 12 月（公历 10、11 月间）的塔銮节；1975 年起 12 月 2 日的国庆日。

老挝以农业为主。2019 年农业增长 2.8%，农业占国家经济比重的 15.73%。农作物主要有水稻、玉米、薯类、咖啡、烟叶、花生、棉花等。全国可耕地面积约 800 万 hm^2，农业用地约 470 万 hm^2。

2016 年 3 月 23 日，澜湄合作首次领导人会议在海南三亚举行，老挝总理通邢出席会议并表示，澜湄合作标志着澜沧江—湄公河是一条造福沿河六国的幸福之河、合作之河。老方愿与中方共同实施好首次领导人会议达成的共识。

老挝橡胶种植始于20世纪30年代，在老挝北部橡胶种植成功的示范带动下，随着土地租赁和特许经营权等政策放松，橡胶种植业大规模发展，许多外国公司在老挝投资橡胶种植园，天然橡胶产业逐渐规模化发展。2003年，老挝橡胶种植面积0.09万hm^2，2020年达到30万hm^2，是2003年的近300倍。近年来，种植的橡胶园逐步开割投产，2018年开割面积达12.14万hm^2，2020年投产面积15万hm^2。

老挝橡胶种植主要集中在北部，北部包括了丰沙里省、琅南塔省、波乔省、川圹省、华潘省、琅勃拉邦省、乌多姆塞省、沙耶武里省、万象及万象直辖市，土地总面积为13.25万km^2，人口为305.50万人。2018年，北部橡胶种植面积为15.09万hm^2，占比54.85%；中部占比17.34%；南部占比27.81%。主要种植品种为PB260、GT1、RRIM600、RRIV4、RRIV121和RRIV124。

随着种植面积快速增加，老挝天然橡胶产量也快速提高。据国际橡胶研究小组（IRSG）统计，2008年老挝全国天然橡胶产量仅为0.42万t，2012年已增至2.05万t，2015年达到了6.64万t，2018年达到10.15万t。2020年，产量已达到15.42万t，是2008年的36.71倍，年平均增长率达35%。据老挝工商部报告，2016年天然橡胶单产1360kg/hm^2。老挝北部单产1860kg/hm^2，中部约2000kg/hm^2，南部约700kg/hm^2。

第三节　澜湄国家天然橡胶种植及生产现状

一、澜湄国家天然橡胶产业现状

（一）澜湄国家天然橡胶产量和种植面积

澜湄国家橡胶种植区主要处于北纬10°～23°之间，既包含全球传统的植胶区，也包括非传统植胶区，具有较长的天然橡胶种植历史。澜湄国家是天然橡胶的主要产地和消费地区，柬埔寨、中国、缅甸、泰国和越南都是天然橡胶生产国联合会（ANRPC）成员国。2020年，澜湄国家橡胶种植面积为696.72万hm^2，占全球橡胶种植面积的45.32%，占亚洲种植面积的52.66%。2020年，全球前十大橡胶种植国家中，澜湄国家泰国、中国、越南、缅甸和柬埔寨五国种植面积分别居全球第一、第三、第五、第八和第九位，种植面积分别为352.00万hm^2、114.74万hm^2、93.24万hm^2、66.32万hm^2和40.42万hm^2（图1-1）。2020年，澜湄国家的天然橡胶产量为768.57万t，占全球的56.5%。其中，泰国、越南、中国、缅甸、柬埔寨和老挝的产量分别486.25万t、122.61万t、82.63万t、26.73万t、34.93万t、15.42万t。

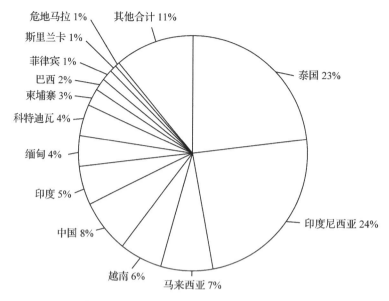

图 1-1　2020 年全球天然橡胶种植面积分布

[数据来源：天然橡胶生产国联合会（ANRPC）、国际橡胶研究小组（IRSG）]

澜湄国家中泰国、越南、中国长期位居全球天然橡胶产量的前列，2020 年三国产量分别为 486.25 万 t、122.61 万 t 和 82.63 万 t。2015 年以来，泰国、越南和中国橡胶种植实有面积稳中略有下降（图 1-2）。这是因为天然橡胶直接生产成本中约 75.00% 来自割胶环节，机械化、自动化难度大，劳动力成本上升将显著改变一国天然橡胶生产的比较优势。目前，泰国和越南等主产国种植面积进入相对稳定状态。分析研究表明，2021 年泰国、越南和中国的产量比重都将进一步下降。相对应的是缅甸、柬埔寨等低收入热带国家在全球天然橡胶生产中的地位不断提升。需要指出的是，缅甸天然橡胶产量低于柬埔寨是由于其开割面积占比仅为 52.70%，随着未来橡胶树开割面积的增加会逐步释放天然橡胶生产潜力。

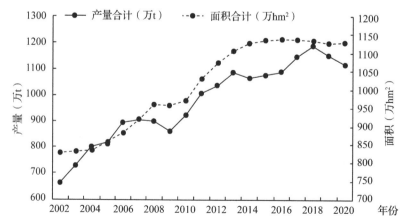

图 1-2　泰国、印度尼西亚、马来西亚、越南、中国、印度的产量与种植面积

[数据来源：天然橡胶生产国联合会（ANRPC）、国际橡胶研究小组（IRSG）]

(二) 澜湄国家天然橡胶产业优势和竞争力

澜湄国家天然橡胶产业在全球上占有重要地位与其适宜的气候条件和比较成本优势密不可分。首先，湄公河五国具有适宜天然橡胶生产和种植的气候条件，土地和劳动力资源丰富，天然橡胶资源禀赋好，种植开发规模大，生产成本低，在全球天然橡胶产业中具有生产优势。其次，由于天然橡胶产业是劳动密集型的产业，随着城市化发展和农业劳动力转移，马来西亚等传统橡胶种植国家逐渐显现劳动力短缺、劳动力价格快速提高的现象。天然橡胶产业的竞争力下降，天然橡胶产业开始向劳动力价格更便宜的地区转移。根据农业劳动力价格、单产水平和橡胶树品种结构及其产量分布，考虑劳动力成本、胶园生产经营特点等因素，中国热带农业科学院橡胶研究所产业经济团队测算了不同国家单位产品的成本，发现越南、柬埔寨等国家的成本优势明显，泰国、缅甸有一定的成本优势。例如，尽管越南的劳动力成本是缅甸的2倍，但由于其单位面积产量显著高于缅甸，所以在2020年单位面积产量水平下，越南天然橡胶生产总成本却明显低于缅甸，成本优势明显。

(三) 澜湄国家天然橡胶产业合作基础

从天然橡胶贸易流向方面来看，亚洲是最大的出口区域，出口量一直占全球总出口量的85.00%以上。湄公河五国主要出口国为泰国、越南、柬埔寨等天然橡胶主产国。亚洲的天然橡胶进口国主要是中国、日本和韩国等。随着国际产业分工和贸易自由化不断深入发展，全球天然橡胶进出口贸易量占生产量的比例持续增加。2000—2018年间，天然橡胶进出口量从500多万t增加到1220多万t，占产量的比例从77.00%增加到88.98%。国际橡胶研究小组（IRSG）报告，2020年全球天然橡胶出口量为1153.90万t，比上年减少0.63%。湄公河五国的出口量为606.96万t，占全球天然橡胶出口量的52.60%。其中，泰国、越南和柬埔寨的出口量分别为387.51万t、167.08万t和33.83万t。2020年，中国进口量达590.22万t。可见，澜湄国家天然橡胶生产国和消费国之间具有良好的贸易合作基础。

2014年，中国政府在第十七次中国—东盟领导人会议上倡议设立澜沧江—湄公河对话合作机制。经过共同努力，2016年3月澜湄合作首次领导人会议在中国海南三亚举行，六国在会议上发表了《澜沧江—湄公河合作首次领导人会议三亚宣言——打造面向和平与繁荣的澜湄国家命运共同体》(简称《三亚宣言》)和《澜湄国家产能合作联合声明》，正式启动澜湄合作机制。澜湄对话合作机制，旨在共同打造澜湄流域经济发展带，建设澜湄国家命运共同体，助力东盟共同体建设和地区一体化进程。

经过多年的经贸交往，澜湄国家之间都建立了相对稳定的合作关系和一定的经贸合作基础，为天然橡胶产业合作奠定基础。早在20世纪80年代，中国就在与云南接壤的缅甸、老挝等国家开展罂粟替代种植，通过帮助当地人民种植橡胶树、甘蔗等作物来消减毒品种植。2001年开始建立中国—东盟自由贸易区，并签署了有关农业中长期合作的《农业合作谅解备忘录》，规定了双方从2004年起逐步废除包含天然橡胶在内的600项农产品关税。不仅如此，中国还先后分别同泰国、越南、老挝等国签署了《相互投资保护协定》，该协定针对双方开展基础设施建设及农产品投资合作领域均作了明确规定，为几国之间开展天然橡胶产业合作奠定了良好的法律基础。近年来，中国为湄公河五国发展天然橡胶产业培训了数批次政府农业官员、技术人员和农民。

湄公河五国柬埔寨、老挝、缅甸、泰国、越南均为东盟成员国，重视加强彼此之间在天然橡胶产业领域的经济合作。越南在老挝和柬埔寨投资种植了超过 20 万 hm^2 的橡胶园，建立加工厂。泰国在老挝等国家也投资橡胶种植园，建立了橡胶加工厂。

总之，柬埔寨、老挝和缅甸土地资源丰富，劳动力价格相对低廉，与之对应的是中国、泰国和越南天然橡胶生产和管理技术较高。中国具有市场优势、湄公河五国具有产地优势，自然资源条件优越。中国天然橡胶产业企业实力强，湄公河五国需要天然橡胶产业投资。可见，澜湄国家天然橡胶产业合作具备良好基础，互补性强。

二、澜湄国家橡胶植胶区域分布和面积

（一）天然橡胶适宜地区和种植分布

澜湄国家中柬埔寨地处热带，气候、水土、光照等自然条件优越，2019 年全国农业用地面积 556.60 万 hm^2。老挝农业土地面积 212.90 万 hm^2，全国各省均适宜也都有分布种植橡胶。缅甸地处北纬 $9°58'\sim28°31'$ 之间，国土大部分在北回归线以南，适宜种植橡胶的土地面积约 100.00 万 hm^2。泰国位于北纬 $5°30'\sim21°$ 之间，自南到北均适宜种植橡胶。越南位于北纬 $8°10'\sim23°24'$ 之间，中部和南部适宜种植橡胶。中国热区地处热带北缘，属于非传统植胶区，适宜种植区域主要为云南省和海南省。

（二）天然橡胶种植面积变化

2015—2016 年，澜湄国家的天然橡胶种植面积均有不同程度增加。2016 年，六国天然橡胶种植面积为 711.22 万 hm^2。此后，受国际市场天然橡胶价格不断下跌影响，澜湄国家的植胶积极性受到一定影响，种植面积逐年缩减。至 2020 年已缩减为 696.72 万 hm^2，减少了 14.5 万 hm^2。其中，泰国、越南分别减少了 15 万 hm^2、4.11 万 hm^2，新兴橡胶种植国家老挝、缅甸面积略有增加。

（三）澜湄国家天然橡胶生产分析

2015—2020 年间，虽然澜湄国家天然橡胶种植面积有所减少，但由于开割面积增加等因素，产量总体呈小幅增产的趋势。2020 年六国天然橡胶产量比 2015 年增加 14.59%，年平均增长 2.76%。柬埔寨、老挝、缅甸和越南四国的天然橡胶产量均逐年增加，产量增幅最大的柬埔寨增长 175.47%，其次是老挝产量增长 132.23%、缅甸增长 26.08% 和越南增长 21.07%。泰国的年产量也有所增加，但增幅较小，为 8.71%。中国的产量稳中略有增加，增长了 1.25%（图 1-3）。

天然橡胶产量的增长原因主要是由于 2002—2012 年间国际市场天然橡胶价格快速上涨带动橡胶种植面积快速增加，经过 $6\sim8$ 年的不等的生长期，橡胶树陆续进入开割期和生产期，割胶面积快速增加，产量相应有所增加（图 1-4）。2015—2020 年间，澜湄国家橡胶开割面积呈现逐年增加的规律。2020 年开割面积较 2015 年增加了 74.91 万 hm^2，增长 16.08%，年平均增长 3.03%。柬埔寨、缅甸、泰国和越南的开割面积分别增加 18.13 万 hm^2、

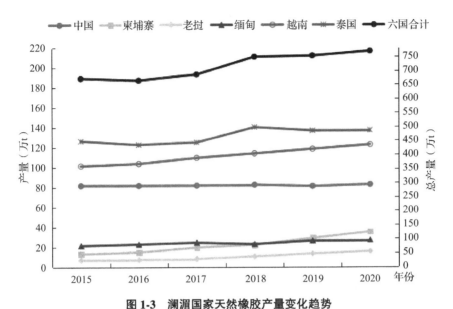

图 1-3 澜湄国家天然橡胶产量变化趋势
(数据来源：中国为中国国家统计局，其他来源为 ANRPC)

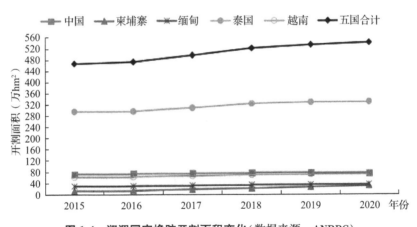

图 1-4 澜湄国家橡胶开割面积变化(数据来源：ANRPC)

6.88 万 hm²、34.46 万 hm² 和 12.24 万 hm²。柬埔寨增加最快，增幅高达 163.04%；缅甸、越南和泰国分别增长 24.48%、20.60% 和 11.69%。中国的开割面积也有所增加，但幅度不大，只有 4.18%。

与 2015 年柬埔寨、缅甸、泰国和越南胶园的平均单位产量 1425.00kg/hm² 相比，2020 年平均单产为 1392.00kg/hm²。其中，越南的单位面积产量较高，6 年均在 1660.00kg/hm² 以上。泰国次之，保持在 1400.00kg/hm² 以上。柬埔寨的单产在 1100.00kg/hm² 左右。中国的单产则波动下降，2019 年只有 1055kg/hm²，2020 年略有增加为 1109kg/hm²。缅甸的单产最低，在 800kg/hm² 上下徘徊，2020 年只有 785kg/hm² (图 1-5)。

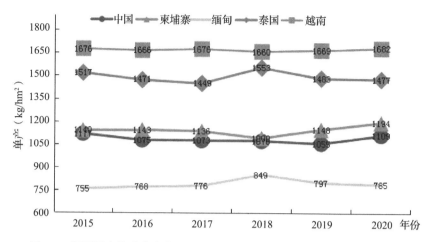

图1-5 澜湄国家橡胶单产变化情况(2015—2020年,数据来源:ANRPC)

第四节 天然橡胶澜湄合作主推技术

天然橡胶(natural rubber,NR)具有良好的弹性、拉伸性、耐磨性和气密性等特性,与石油、铁矿和有色金属同为四大战略资源之一,是用于航天器、民用军用飞机、军舰、潜艇等高端产品多个关键部件的重要原材料;其与石油、煤炭、钢铁同为四大工业原料,用途广泛,由其生产的制品已超7万余种。天然橡胶生产是澜湄国家农民稳定的收入来源,发展橡胶产业有助于提高当地农民收入,原料收购、初加工业、初级产品交易等也可提供大量非农就业机会,为实现家庭可持续生计发展夯实基础。实施以"农业情、橡胶业、澜湄梦"的国际乡村振兴战略,可促进澜湄区域天然橡胶采胶技术水平提升及产业可持续发展。中国热带农业科学院橡胶研究所在澜湄国家合作中主推的技术有12项,涵盖育种、种苗、割胶、胶乳初加工和木材加工等全产业链领域,得到合作方的高度认可。

一、推广品种

中国热带农业科学院橡胶研究所在澜湄国家合作中主推品种均具有国家规定的植物新品种权证书复印件、企业法人营业执照复印件和农作物种子生产经营许可证复印件,可用于橡胶树种苗出口和交换种植等。

(1)橡胶树热研7-33-97是中国自主选育的三生代优良品种,亲本为RRIM600×PR107,具高产、稳产特性,抗逆性好,种植面积已达中国植胶总面积的近20%。第1~11割年平均年产干胶4.56kg/株,单位面积产量1977kg/hm²,比RRIM600等品种高20%以上。种植初期需加强胶园管理,投产初期应控制割胶强度,适当浅割。适合在海南省中西部、广东省粤西地区大规模种植(图1-6)。

(2)橡胶树热研917(热研72059)是中国自主选育的三生代优良品种,亲本为RRIM600×PR107。生长较快,具有较强的抗风和恢复生长能力。第1~9割年平均年产干

图 1-6 位于中国海南省的热研 7-33-97 高产胶园

胶 3.95kg/株，亩产 97.8kg，分别比对照 RRIM600 增产 78.7% 和 68.6%。适合在海南省中西部中风区种植。同时，由于其直立树形，因此它是"宽行窄株"全周期种植模式的最佳搭档，空旷的大行间（约占胶园面积 50% 或以上）可供发展多种作（植）物生产。是发展橡胶林下经济的最佳品种，最有很大的推广价值。

（3）橡胶树热研 8-79 的亲本为热研 88-13×热研 217，具有高产、早熟、稳产的特点，是目前国内最高产的品种之一。第 1～11 割年平均年产干胶 5.77kg/株，单位面积产量 2504kg/hm²（167kg/亩）。种植初期需加强胶园管理，适当增加肥料投入，投产初期应控制割胶强度，适当浅割，开割后生长较慢。抗风性中等，适合在海南省中西部中风区、云南省临沧地区、西双版纳地区 I 类植胶区推广种植，其他类型区可进行生产性试种（图 1-7）。

图 1-7 位于海南省白沙的 8-79 高产胶园

二、橡胶树新型种苗育苗技术

(一) 橡胶树组培苗

橡胶树自根幼态无性系苗(简称组培苗)以橡胶树花药、内珠被等外植体初生体胚发生为基础,通过"克隆"(组培)技术繁育出的橡胶树种苗,是一种新型、高效的橡胶树种植材料。该种苗较传统种植材料生长快10%~20%、增产10%~30%;该种苗的繁育技术以花药等外植体为繁殖材料,通过实验室直接诱导成苗,不需要经过传统的采种、播种、育砧木苗、芽接、挖苗等育苗程序,且可以实现工厂化生产,提高育苗效率。其主要特点是由优良母株花药或者内珠被经体胚发生和植株再生形成的植株;遗传背景高度一致,继承高产母树的幼态特性;较目前生产应用的芽接无性系,有高产、速生、抗性好、林相整齐特点;具有完整自我根系,避免了接穗—砧木间的不亲和等问题;技术成熟度高。中国热带农业科学院橡胶研究所建立了基于次生体胚发生技术为核心的规模化繁殖技术体系,解决了橡胶树新型种植材料繁殖效率低下的问题,其体胚年增殖效率可达10000倍,植株再生效率达70%以上,移栽成活率达90%以上,使橡胶树新型种植材料的大规模种植成为现实。

(二) 橡胶树籽苗芽接苗

橡胶树籽苗芽接苗以播种后约2周龄的籽苗作砧木,在离土条件下进行芽接,采用留叶防止砧穗回枯等技术,圃内抚管6~18个月,育成接穗茎粗0.4cm以上、具2~4蓬叶的袋育苗;育苗时间比用传统育苗方法培育芽接桩苗的缩短了3~12个月;大田定植成活率高、植后生长快,开割早,其产胶性状和抗风性状正常。建立的胶园的大田非生产期比芽接桩苗的缩短一年。采用橡胶苗籽苗芽接技术育苗周期由2年缩减至6~8个月,亩育苗株数由0.8万~1.0万株提升至1.2万~1.5万株,是一种橡胶树全苗扩繁生产体系,提升了定植材料的抗性。主要技术特点包括:①绿色小芽条培育方法:提升芽接芽片使用效率4~6倍,解决了芽接时砧穗匹配问题。②提前离土室内芽接方法:实现了圃内苗木扩繁环节的"三避",即:避寒、避雨、避高温,大幅度降低了芽接工人的劳动强度。③全根系苗木培育方法:克服了出圃苗木断根造成的不良影响,苗木抗(寒、风)性强,林相均一、高产稳产。显著提升了中国的橡胶树育苗技术水平,成为中国橡胶树种苗的主推技术和国内龙头企业"走出去"标准育苗技术。

(三) 橡胶树小筒苗育苗

橡胶树小筒苗育苗技术是通过对育苗容器改进和集成了橡胶树籽苗芽接技术、控根技术、基质培养技术和滴灌技术等,形成了一套林木苗木悬空培养技术。该技术可达到标准化生产水平,且单位面积育苗量大,育苗周期短,育苗劳动强度低,培育的苗木根系发达、根系不缠绕,有效解决了目前林木苗木生产中劳动强度大、人为质量影响大而育苗生产效率低以及容器苗根系短且缠绕或伤根大等长期存在的问题,培育出直、长且根尖保持生长状态的根系,同时使苗木小型化,提高苗木质量和育苗生产效益。橡胶树小筒苗是一种2蓬叶全苗,接穗直径4~5mm,主根长≥35cm,整株全重约0.5kg。苗木根系发达、完整,主根长,根系不缠绕,且根尖保持活跃的生长状态。橡胶树小筒苗重量轻,根系发达不缠绕,主根长,根尖处于生长状态,具备了裸根芽接桩和袋育苗的优点并克服了其缺点;每株苗木根系均可达到≥35cm,质量一致性好,可替代这些苗木。橡胶树小筒苗大田定植季节长,定植成活率高,所长成的植株根系发达,生长快、抗性强,适合于广大地区种植使用,特别是山区种植使用。小筒苗育苗基质少,育苗容器可循环利用,有利于保护生态环境(图1-8)。

图1-8 中国热带农业科学院橡胶研究所研发的新型育苗技术

三、橡胶树轻简化栽培技术

传统的橡胶树栽培技术包括根据橡胶树的生态习性选择宜胶地、橡胶树种植园规划设计与水保工程建设、橡胶树种植材料的培育与定植和橡胶树植后管理等内容。

橡胶树轻简化栽培技术是中国热带农业科学院橡胶研究所针对近年来劳动力成本不断攀升,急需省工高效技术的背景下研发出的新型栽培技术。具有如下特点:橡胶树非生产期省工、轻简,覆盖采用棉纺材质覆盖布(毛毡)可降解生态膜、塑料材质防草布(普通防草布)和杂草盖胶头等多种处理方式。覆盖结合缓释肥料棒形成的轻简化管理技术体系,可施用长效缓释棒肥+复合肥+有机肥,施用尿素+复合肥+有机肥和杂草覆盖+尿素+复合肥+有机肥等多种模式。技术应用效果:一是可降解生态膜,能够高效防控杂草生长;除草用工时间仅为对照的15%,降低劳动强度,节省除草用工,提高85%的生产效率。二是塑料材质防草布能够有效预防杂草生长,锄草用工时间仅为对照的25.8%,节省田间锄草用工,提高约75%的生产效率。三是降解生态膜和塑料材质防草布两种覆盖模式,地表及地下土壤温度均低于对照,土壤含水量均高于对照,表明两种覆盖模式能够起到保湿隔温的作用。四是两种覆盖处理的橡胶树土壤有机质低于对照。五是施用棒肥处理的土壤全钾含量高于正常施肥处理,而全氮含量低于正常施肥处理,全磷含量差异不显著。六是各处理对橡胶树生长无影响(图1-9)。

图 1-9 轻简化覆盖技术

四、橡胶树营养与施肥

胶园土壤管理是指根据橡胶树对土壤条件的要求,将胶园的土壤类型及其肥力状况进行测定,然后进行胶园的土壤管理。橡胶树缓控释配方肥是中国热带农业科学院橡胶研究所根据橡胶树养分吸收规律,基于区域土壤供肥特性研制出的专用肥料,具有如下特点:一是将包膜肥料按照一定比例与二铵、尿素、氯化钾等掺混而成。二是橡胶树缓控释配方肥可控制肥料养分释放速率,使养分释放速率与作物养分需求相匹配,最大限度地利用养分资源,满足作物养分需求。三是物化测土配方施肥理论和技术的新型肥料产品,可提高肥料利用效率,减少农业面源污染(图 1-10)。

图 1-10 中国热带农业科学院橡胶研究所的施肥技术示范基地

橡胶树营养诊断指导施肥是目前天然橡胶生产的重要措施之一，依据研究得到的胶园土壤养分和橡胶树叶片养分含量诊断指标进行施肥推荐，具有如下特点：一是按照橡胶树营养诊断技术规程进行胶园土壤和叶片采样分析，得出土壤养分和橡胶树叶片养分含量。二是根据橡胶树叶片中养分含量与养分间的比值，与生长良好、产量正常的橡胶树叶片营养诊断指标比对衡量。三是参考橡胶园土壤养分状况，并根据橡胶树施肥历史及养分间的拮抗关系，提出橡胶树氮、磷、钾、钙、镁等营养元素肥料的施用量。橡胶树营养诊断指导施肥技术，能及早发现所亏缺的营养元素，及时补充肥料，促进橡胶树的快速生长，增加胶乳产量和提高品质；同时可以减少施肥次数，提高肥料利用率，保护生态环境。

五、橡胶树病虫害防控技术

橡胶树主要的叶部病害有橡胶树白粉病、橡胶树炭疽病、季风性落叶病等。根部和杆部病害主要有死皮病、橡胶树割面条溃疡病、红根病、褐根病、黑纹根病、臭根病、黑根病、紫根病等。橡胶树虫害主要有橡胶树小蠹虫、橡胶树六点始叶螨和橡胶树蚧壳虫等。

橡胶树生长过程中受到危害最为严重的叶部病害是白粉菌病害，其对橡胶树的嫩叶、嫩芽和花絮等均能造成危害，严重时会导致橡胶树叶片大面积掉落，对橡胶树的生长和产量造成巨大的经济损失。白粉病病害的严重度主要取决于抽叶期间的天气，胶树开始抽叶，最高温度迅速回升至32℃以上的年份病害发病级别轻微。研究者对橡胶树白粉病流行速度、流行主导因素和病害严重度与橡胶产量损失关系进行研究，发现病害的流行程度主要决定于嫩叶期的最高温度。而白粉病菌的分生孢子萌发的适宜温度范围是23~28℃，最适温度是25℃。橡胶树白粉病的流行过程和影响因素比小麦白粉病、瓜类白粉病以及一些热带果树白粉病复杂得多，尤其对产量损失影响更为复杂。目前，对橡胶树白粉病的防治主要依靠化学防治，对防治白粉病有效的农药有硫磺粉、粉锈宁、十三吗啉等，但由于白粉病在低温、湿度大的条件下硫磺粉无法发挥正常药效，病害会大规模的爆发，而且成年橡胶树的树干高，对化学防治造成了诸多的困难，同时还会引起环境污染的问题(图1-11)。

选用抗性品种、物候期短的无性系是防治橡胶树白粉病最经济有效的方法。在20世纪40年代，国外发现橡胶树无性系LCB870能避白粉病。50年代在斯里兰卡橡胶研究所发现无性系RRIC52具有抗病的能力，在生产上被广泛推广。70年代以后，RRIC100、RRIC101、RRIC108等抗病高产品系相继被推广使用。中国热带农业科学院环境与植物保护研究所通过室内和大田鉴定了500个对白粉病具有抗性的

图1-11　无人机防控橡胶树白粉病技术

橡胶树种质，筛选出 12 个高度抗病的新品种和 6 个中度抗病新种质，以及 3 个避病新种质。余卓桐等鉴定了 48 个主要橡胶树品系对白粉病的抗性，结果表明，热研 7-33-97、八-36-3、热研 14-20、保亭 936、文昌 12-12、RRIC100、RRIM600 这 7 个品系对白粉病具有中抗或者中感性，RRIC52、红山 67-15、热研 11-9、RRIC102、湛试 8-67-3、IAN873 这 6 个品系对白粉病具有抗性，PB86、GT1、热研 8-76、文昌 10-78、大丰 95、PR107、热研 88-13、PB5/51 等 35 个对白粉病具有感病性的品系。在一项研究中，对 25 个来自中国、印度、印度尼西亚、马来西亚和泰国的橡胶树不同品系进行评估，发现 SCATC 93-114、RRIM 703、海垦 1、大丰 95 和 PB 310 等品系表现出抗白粉病的特性。

六、割胶新技术

低频新割制是指相对于过去采用的 2 天一刀传统割制而言，采用乙烯利刺激割胶的 3 天一刀、4 天一刀、5 天一刀等低频割制就叫作新割制。其特点：一是采用低浓度、低剂量、短周期方法使用乙烯利刺激剂。二是大幅度减少了割胶刀数，由原来的 125~135 刀减到 75 刀、60 刀、50 刀等每年。该技术的优点是能大幅度地提高胶工割胶的劳动生产率、提高单位面积产量、节省树皮、明显提升经济效益和社会效益、死皮副作用不明显、新割制对干胶质量无明显影响。

七、电动割胶刀

"橡丰牌"4GXJ-2 型锂电无刷电动割胶刀是中国热带农业科学院橡胶研究所和中国热带农业科学院农业机械研究所研制出快速割胶的仪器，具有如下特点：一是适用性强，由于采用对称刀片结构设计，可满足阴、阳刀，高低线割胶需求；可开水线、新割线；可推割和拉割。不使用动力，可秒变传统刀。二是轻便舒适，由于采用人机工程学设计，主机重量仅为 360g。三是效果良好，主要表现在老胶线不缠刀、下收刀整齐、割线平顺、无树皮碎屑污染胶水。四是减少伤树，由于割胶深度和厚度由机械控制并可调节，有效减少人为操作不当的伤树。五是无级调速，可根据树龄、割制、耗皮量不同需求，选择合适动力转速。六是节约培训节本，操作简单易学，新胶工经 3~4 天培训即可上岗，大幅节约培训成本。七是省工高效，割胶前基本不用手撕老胶线割胶，有效提升效率。一键式操作，熟练使用后 5~10 秒完成单株割胶作业。八是续航力强，电池采用进口电芯，电池性能稳定、续航能力强；4000mAh 容量，满电可完成 600~800 株胶树割胶。九是功能模块化，整机按功能模块化设计，大大降低了维修技术难度，一个模块损坏，快速拆卸更换，大幅节约维修成本与时间。十是降低"双难"，由于大幅降低割胶技术难度和胶工劳动强度，割胶作业由"专业型转变为大众型"，有效拓展胶工来源。

八、死皮康复技术

"死皮康"是中国热带农业科学院橡胶研究所研制出用于防控橡胶树死皮病的系列试剂，具有如下特点：一是橡胶树死皮康复营养剂采用液体制剂树干喷施与胶状制剂割面涂施结合的方法使用。二是橡胶树死皮康复缓释颗粒采用根部条沟施与割面涂施胶状制剂相结合的方式使用。使用方法：一是胶状制剂树干涂施配合缓释颗粒根施，轻刮割线上下20cm范围内粗皮，去除粗皮与杂物，用毛刷将死皮康Ⅰ均匀涂抹在割线上下20cm树皮上（涂满整个清理面，以液体不下滴为准）。一瓶（0.5L）每次能涂约25棵树。该剂型不需要稀释，直接使用；每个月涂3次，连续涂2个月。二是缓释颗粒施用方式采用条施的方法，在行间正对植株、距其1.5~2m处，挖开长约1m、宽10cm、深15cm的条沟，施入，盖土。首次施入0.125kg/株；4个月后，可根据植株死皮恢复情况追施0.125kg/株。首次施入时间为4~5月，追施时间为8~9月。可以在施用前两星期（14天）提前开好施肥沟，并用树叶或杂草覆盖；追施肥的位置与第一次施肥的位置应该对称从2014年开始在海南、云南和广东多地开始试验与示范，取得良好效果。使用本产品及技术可以使多数橡胶树主栽品种死皮停割植株病情指数明显降低，恢复产胶，并具有较好的生产持续性，延长其割胶生产时间，同时可以降低与延缓橡胶树轻度死皮的发生与发展。该技术可使40%~50%的橡胶树死皮停割植株恢复产胶，并具有较好的生产持续性，一般延长割胶时间2~3年，提高单位面积效益10%。近年来，中国热带农业科学院橡胶研究所分别在海南、云南与广东进行橡胶树死皮康复综合技术示范，建立近20个长期示范点，参与示范的橡胶树品种共9个。培训胶农近3000人次，培训技术人员近200人，发放技术光碟5000余份。该成果经农业农村部科技发展中心评价达"国际领先水平"，成功入选国家林业和草原局发布的100项2020年重点推广林草科技成果。该技术在柬埔寨、老挝等植胶国已推广应用。特别是在柬埔寨的示范点，轻度死皮防治效果恢复率达到100%。

九、胶乳加工技术

无氨浓缩天然胶乳加工技术由中国热带农业科学院橡胶研究所研发，生产过程中不使用NH_3、TT（二硫化四甲基秋兰姆）、ZnO等化学物质，是一种绿色、环保的浓缩胶乳加工新技术。该技术采用水溶性、不挥发性的广谱抗菌剂HY、BCT-2作为鲜胶乳、浓缩胶乳的保存剂，不改变浓缩胶乳的生产工艺，产品质量达到国家标准GB/T 8081—2016要求，保存期6个月以上，解决了浓缩胶乳、胶乳制品生产加工过程中高浓度氨水带来的环境污染。可用于高端乳胶制品如探空气球的生产加工。

低氨浓缩天然胶乳加工技术由中国热带农业科学院橡胶研究所研发，生产过程中不使用TT、ZnO等化学物质，NH_3含量不超过0.3%，是一种绿色、环保的浓缩胶乳加工新技术。该技术采用水溶性、不挥发性的广谱抗菌剂HY、BCT-2与氨复配作为鲜胶乳、浓缩胶乳的保存剂，不改变浓缩胶乳的生产工艺，产品质量达到国家标准GB/T 8081—2018要求，保存期6个月以上，较好地解决了浓缩胶乳、胶乳制品生产加工过程中高浓度氨水带来的环境污染。生产的低氨浓缩胶乳已用于胶乳发泡制品、制鞋胶黏剂、手套等乳胶制品的生产。

高性能胶片自动加工技术由中国热带农业科学院橡胶研究所研发，集成了微生物凝固技术、自动挂片、自动下片技术及低温热泵干燥技术，是一种高性能胶片的自动化生产加工新技术。产品P_0>40、PRI>70、门尼黏度>80、拉伸强度达到25.93 MPa、断裂伸长率>800%、30℃压缩疲劳生热4.9℃，屈挠龟裂125000次，满足高端橡胶制品的生产加工的要求。

十、林下经济

林下经济,主要是指以林地资源和森林生态环境为依托,发展起来的林下种植业、养殖业、采集业和森林旅游业,既包括林下产业,也包括林中产业,还包括林上产业。中国热带农业科学院橡胶研究所主推的林下经济技术为种植具有高附加值的重要和有机食材。如,南芪,学名五指毛桃,又名五指牛奶、土黄芪、五爪龙等,中国岭南地区传统药食两用道地药材及煲汤佳品,有"广东人参"之美誉,药效与黄芪类似,故常称南芪。具健脾补肺、行气利湿、舒筋活络之功效。以南芪根为辅料进行煲汤,汤香鲜似椰子味,深受欢迎。南芪较耐阴,可在橡胶林下间作推广。珠芽魔芋是天南星科魔芋属多年生草本植物,是一类能在魔芋植株的分叉及叶面茎秆上生长出气生珠芽球茎的魔芋种,根茎可用于提取葡甘聚糖,应用广泛,市场前景广阔。相比于花魔芋和白魔芋,珠芽魔芋具有增殖系数高、抗病性强、耐高温高湿气候、葡甘聚糖含量高等特点,因此,较适合在半遮阴的热带橡胶林下间作发展(图1-12)。

图 1-12 橡胶林下间作魔芋技术

十一、高定性橡胶木处理技术

橡胶木是热带主要的人工林阔叶材,中国海南、云南年产量超过 100 万 m^3。应用本技术处理成本低,处理后的橡胶木颜色接近热带硬木,可部分替代柚木,菠萝格等热带雨林木材用于生产家具、地板及室内外装饰装修。由于原材料价格适中,可持续供应,处理后木材的密度、色泽及尺寸稳定性等综合性能优良,可大幅度提高橡胶木的附加值。大部分生产设备可采用木材加工企业现有设备完成,具有较好的市场前景。其主要特点:一是颜色深,由于木材的颜色改变,浅色的橡胶木转变为深褐色,颜色类似热带珍贵木材柚木;二是木材尺寸稳定性提高,吸湿性降低 30%~50%,适合制造高档实木家具、实木地板、楼梯板、实木门窗等；三是密度和硬度高，木材密度提高25%～50%，硬度提高30%～100%，木材表面耐磨性能改善；四是具有防虫性，木材防虫防白蚁，改性后的橡胶木可防止蠹虫和白蚁蛀蚀，在全球热带和亚热带室内使用，木材的使用寿命30～50年；五是具有可持续性的生产的绿色建材，橡胶木人工栽培，木材资源可持续供应，改性的橡胶木可部分替代柚木等热带珍贵硬木，在一定程度上将减少全球对热带雨林木材的过度依赖。

第五节　天然橡胶产业澜湄合作成效

在澜湄国家天然橡胶产业合作中，中国大型橡胶企业采用直接投资、国际贸易、技术输出和扶贫减贫等多种形式与湄公河五国开展合作。例如，云南农垦集团采取的主要方式是罂粟替代种植和直接建设中小型加工厂模式；上市公司海胶集团主要采取投资收购、国际贸易和技术引领创新的模式；广垦集团澜湄合作采取科技研发、种苗繁育、种植管理、精深加工、仓储物流、国际贸易于一体的全产业链经营模式。这些代表性企业在澜湄国家天然橡胶产业合作的科技交流、经贸繁荣和产业扶贫起到重要作用，也会持续为澜湄国家天然橡胶产业发展贡献力量。

一、云南农垦集团天然橡胶产业对外合作

云南农垦集团有限责任公司（以下简称云南农垦集团）是中国云南省属国有大型农业企业、国家级农业产业化重点龙头企业，致力于聚焦发展"绿色食品、农林资源、农业服务"三大主业。集团从业人员2万余人，其中在岗职工6000余人。集团拥有二级企业30多家，现有产业覆盖天然橡胶、粮油等高原特色农业线上线下产品和绿色能源、仓储流通、旅游酒店、农机装备制造、农技服务、农产品电商贸易等，在中国、老挝、缅甸等国家均有投资。云橡投资有限公司是云南农垦集团旗下云南天然橡胶产业集团有限公司全资控股的海外投资平台，成立于2006年，是集天然橡胶投资、种植、加工、贸易、科研、咨询及培训为一体的大型跨国农业企业。公司现有从业人员6000多人，拥有独立法人企业10户。

（一）投资贸易

为深入推进澜湄国家橡胶产业发展，云橡投资有限公司主动融入和积极服务国家"一带一路"倡议，践行澜湄国际合作，大力实施农业"走出去"战略，通过直接投资、并购、合作等方式，已拥有老挝天然橡胶资源3.33万 hm^2，在老挝在建/产成10个产能在2万～4万t的橡胶加工厂，实现产能规模30万t，解决老挝30000多人的就业。并以老挝为中心，不断向泰国、缅甸、柬埔寨等周边国家辐射。目前，已在缅甸东北部的掸邦以及缅北第二经济特区的佤邦合资成立了从事天然橡胶种植、收购、加工、销售的合资企业。在泰国也建设加工厂并开展橡胶贸易。

（二）技术交流

在收购橡胶并进行加工的同时，云橡投资有限公司着力构建以天然橡胶为主业的多物

种、多层次和良性非生物环境的复合生态系统，把公司打造为现代农业对外开放交流的示范窗口和国际农业科技合作交流的重要平台。例如，与老挝农林部、中国国家橡胶及乳胶制品质量监督检验中心合作建设老挝国家橡胶产业标准体系；与云南民族大学合作共建老挝万象基地——澜湄职业教育基地；与云南省热带农业科学院合作建设联合实验室、培训基地，进行老挝现代农业良种培育与技术培训。

近年来，在澜沧江—湄公河合作专项基金支持下，中国热带农业科学院橡胶研究所帮助在老挝中资企业发展天然橡胶产业，示范带动周边橡胶生产技术有效提升，助力老挝农业产业多元化发展。云橡投资有限公司与中国热带农业科学院橡胶研究所开展栽培和加工技术合作的基础上，还在推进联合实验室的建设合作。云橡投资有限公司在澜湄国家的技术交流呈现多层次和产业全覆盖的特点，产业科技提升能力显著。

（三）经验做法

一是直接投资建加工厂促进澜湄国家当地经济发展。云橡投资有限公司秉承澜湄国家互利共赢的原则，遵守老挝政府不允许橡胶企业种植胶园的法律法规，结合中国—老挝罂粟替代种植和扶贫减贫合作，在老挝北部丰沙里省到南部万象省之间建立了10个产能2万~4万t的橡胶加工厂，采用从老挝当地农户收购橡胶胶乳和聘用当地工人进厂工作等方式，提高当地居民收入，直接促进了老挝当地罂粟替代种植和扶贫工作（图1-13）。

图1-13 云橡投资有限公司在老挝扶贫减贫成效
A. 2010年老挝居民住宅；B. 2018年建成老挝职工住宅区。

二是采取多种层级和形式开展交流培训工作。在澜湄合作中，云橡投资有限公司积极发挥沟通桥梁和纽带作用。如，云橡投资有限公司与老挝农林部、中国国家橡胶及乳胶制品质量监督检验中心合作建设老挝国家橡胶产业标准体系，建设"中老跨境现代农林科技培训中心"。云南省科技厅为公司授牌"云南省科技厅面向南亚东南亚科技创新中心科技人员交流与教育培训基地"等。云橡投资有限公司合作单位涵盖了老挝科技部、老挝农林部、中国热带农业科学院、云南省农业科学院、云南民族大学、中国国家橡胶及乳胶制品质量监督检验中心等国家级、省部级科研院校和机构，取得成效显著（图1-14）。

三是尊重合作国家法规，积极争取政策支持，提高合作效益。2013年7月，中国国家禁毒委员会与老挝国家禁毒委员会签署了《关于推进罂粟替代种植工作的谅解备忘录》。云

图 1-14 中国—老挝合作建设的老挝橡胶产业研究院

南农垦集团云橡投资有限公司是中国较早进入老挝进行橡胶替代种植的企业之一，在老挝建成了橡胶种植基地和橡胶加工厂。为了更好地提高当地人民收入，云橡投资有限公司在合作过程中，一方面积极履行双方签署的协议，遵守当地法规和防疫政策等；另一方面充分结合中国、老挝陆地领土相连的地理优势和中国、老挝铁路建成通车的便利条件，打通企业、综保区、海关等环节通道，将更多替代种植橡胶产品的保税仓储从中国、老挝边境深入到昆明腹地。自贸试验区昆明片区与中国、老挝合作区的联动，进一步助推了合作企业提质增效。据测算，开展保税交易，5000t 橡胶一个月能节省成本 3.14 万～4.72 万美元，显著提高了老挝橡胶产品的价格竞争力。

二、海胶集团天然橡胶产业对外合作

海南天然橡胶产业集团股份有限公司（以下简称海胶集团）成立于 2005 年，2011 年在上海证券交易所挂牌上市，是中国国内 A 股市场唯一的天然橡胶种植加工类上市公司。海胶集团是中国最大的天然橡胶资源拥有者和控制者，也是中国最大的天然橡胶加工企业，年加工能力达到 36 万 t。2020 年，橡胶加工量 68.35 万 t，其中国内公司 21.85 万 t；销售量 173.5 万 t，其中，国内公司 52 万 t；拥有 22 家子公司，25 家橡胶基地分公司，7 家种苗繁育基地，20 家橡胶加工厂，员工 1.8 万人。目前，海南橡胶拥有中国国内集中连片面积最大的生产基地，拥有中国最大的种苗繁育基地，拥有一流的胶园"管养割"技术，特别是高端用胶研发，智能割胶机器研发，初加工环保、自动化水平，收胶信息化技术应用等均处于领先水平。

（一）投资贸易

海南农垦旗下海胶集团与湄公河五国天然橡胶产业合作主要集中在与缅甸、老挝和越南等国的种植、加工、技术及贸易等领域。海胶集团作为上市公司，其投资和贸易符合国际规范。与澜湄国家合作是通过收购云南飞橡物流有限公司、上海龙橡国际贸易有限公司等开展投资和贸易活动。如，2019 年收购全球最大的贸易公司新加坡 R1 国际 71.58 股份。海胶集团下属的云南海胶橡胶产业有限公司（以下简称"云南海胶"）加快"走出去"步伐，在缅甸、老挝等国家布局橡胶加工产业，积极提供人力、技术、财务及管理支持等。充分利用澜湄合作等相关政策，发挥海南橡胶的品牌影响力和资源优势，提升云南海胶市场竞争力和品牌影响力，通过扩建、并购、合作加工厂等方式，加强在老挝、缅甸、越南等国家的橡胶产业布局。目前，海胶集团国际加工量为46.50万t，销售量121.5万t。

（二）技术交流

2017年，第五届国际天然橡胶产业（博鳌）论坛在海南博鳌召开。作为论坛的重要成果之一，海胶集团与中国天然橡胶协会、世界橡胶研究组织（简称IRSG）、泰国橡胶局和合盛农业集团公司共同签署了战略文件，共同发起成立天然橡胶全球创新研发中心，拟通过进一步的创新合作，为产业发展创造新的市场空间。在金融领域，海胶集团还与国家开发银行海南省分行、中国人民保险公司海南省分公司，分别签署了战略合作协议及金融、保险合作计划。

2018年，海胶集团与上海期货交易所（以下简称"上期所"）在海口围绕推进20号胶上市、"期货+保险"精准扶贫以及橡胶期货交割业务等方面展开深入交流。双方加强业务对接，争取政策支持，促进海胶集团国内国际天然橡胶产业发展与期货监管服务相融合。海南橡胶组合橡胶贸易业务，强举措建机制，推动海胶集团旗下各部门、各企业贸易一体化运营、协同化作战，推动各相关单位在期现货结合、原料资源、代加工模式、质量管控、资金统筹、终端认证与合作开发等方面明确协同方式，形成了市场合力，贸易业务板块效益大幅增加。

（三）经验做法

一是形成标准化的栽培管理技术体系。海胶集团作为上市公司在种植端需建设高标准胶园，保障航空航天、新材料等高端领域用胶需要。海胶集团与中国热带农业科学院橡胶研究所合作，共同研发出橡胶新品种的优质良种良苗，并进行规模化种植与推广。公司对种苗基地建设与生产在品种、布局、技术规程和质量标准等方面实施统一管理。组织定植、抚管、割胶工作，并对抚管、割胶工作进行统一管理和技术指导，定期组织验收，不断维持、提升公司胶林生产能力。公司通过橡胶林宽行密植、修冠壮杆的创新种植模式，大力挖掘土地综合利用价值，打造林上、林中、林下的立体循环发展、复合型经营的胶园综合体。

二是持续革新高端橡胶和木材加工技术。海胶集团橡胶加工能力、技术水平均居于国内外同行前列，公司实行规模化、集约化加工管理体制，并根据国内外用户的差异化需求，不断优化加工布局和资源配置，积极在澜湄国家采购优质天然橡胶资源。例如，海胶集团主导的初加工产品为10、20号标准胶，子午线轮胎橡胶，航空轮胎标准橡胶等，具有质优价高的特点，显著提升产业的竞争力。

针对澜湄国家胶园更新产生的大量橡胶木材，海胶集团引进现代化厂房和多套生产线，集橡胶木产品研发、加工、销售、贸易为一体。研发的生物高分子改性技术使改性后橡胶木具备耐腐、防虫、阻燃等优点。2019年，海垦宝橡林产集团参建的国家雪车雪橇中心遮阳棚项目为橡胶木生态环保和高档利用起到引领作用，也为澜湄国家橡胶木材加工向高端深加工行业迈进打下基础。

三、广东省农垦集团公司天然橡胶产业对外合作

广东省农垦集团公司（以下简称广东农垦）是集一二三产业融合发展、国内外市场同步开拓的跨国现代农业企业集团。其产业涵盖天然橡胶、旅游、置业、金融、农产品物流营销等多个领域。广东农垦现有从业人员12.35万人。旗下有19家直属产业集团（公司），集团成员企业319家，还有广东农工商职业技术学院、广东省农垦中心医院等一批教育、医疗单位。广东农垦海外业务分布于泰国、柬埔寨、老挝等国家，海外企业32家，海外生产经营项目47个。目前，在国内外拥有97家天然橡胶科研、种植、加工、贸易实体，种植面积达13.33万hm^2，年加工能力150万t，约占世界天然橡胶总产量的1/8，可满足约20%的国内消费量。广东农垦是全球最大的天然橡胶全产业链经营企业，也是全球首家产品同时获得新加坡、东京、上海期货交易所交割认证的天然橡胶企业。

（一）投资贸易

广东农垦天然橡胶产业国际合作起步早，成效显著。广东农垦在国内外共拥有62家天然橡胶种植、加工、贸易企业，2所科研机构及32个橡胶种植基地农场，37座橡胶加工厂，境内外自有天然橡胶种植面积7.33万hm^2，产能达150万t，干胶销量100万t，天然橡胶产业规模跃居全球前列。由广东农垦橡胶厂生产的"20号标准胶"成为上海期货交易所国际市场现货交割的重要定价参考。

广东农垦海外业务分布于湄公河五国的泰国、柬埔寨和老挝。2005年，广东农垦在泰国沙墩府成立了第一家天然橡胶海外加工厂。2013年，广东农垦通过股权交易建立广东农垦柬埔寨农业有限公司，拥有特许经营土地1.2万hm^2。2016年8月，广东农垦集团与泰国泰华树胶有限公司正式签署投资协议，成为全球大型天然橡胶全产业链经营企业。同时依托泰华公司在老挝、柬埔寨的种植基地，为后续开拓老挝、柬埔寨农业资源奠定基础，打通澜湄国家农业资源陆路进口的通道，是深入推进落实澜湄合作的具体体现和重要举措。

（二）技术交流

广东农垦已经发展成集橡胶育种、种植、收割、原材料采购、加工、初级产品贸易于一体的国际化全产业链农业企业，在橡胶种植和胶园标准化管理领域具有丰富经验。澜湄国家天然橡胶产业合作中，广东农垦为泰国、柬埔寨和老挝带来资金、装备及技术。如，橡胶树标准化育苗技术、胶园标准化管理规程、胶园间种恢复生态雨林技术等。在栽培种植技术的基础上，还为澜湄国家带来了高端橡胶加工技术，其生产的20号标准胶成为轮胎工业技术和工艺水平的主要标志。由广东农垦橡胶产品等生成的上海期货交易所"20号标准胶"成为国际市场现货交割的重要定价参考。

（三）经验做法

一是建立国际化经营体系服务澜湄国家合作。在澜湄合作过程中，广东农垦始终坚持服务澜湄国家间外交大局，既要服务主导产业对外延伸的国际化经营战略，也要服务项目所在国的经济社会发展规划。在充分调研的基础上，广东农垦综合分析世情、国情、垦

情,制定了较为科学的中长期发展规划,明确了发展目标、原则和重点。在投资区域方面,广垦橡胶集团选择与中国外交关系良好、政治社会环境稳定、项目所在地发展规划与垦区优势产业形成互补的国家;发展策略是"先主要产胶国,后次要产胶国;先投入加工业,后发展种植业"。遵循合作共赢,资源共享的基本原则,为澜湄国家合作发展提供稳定的技术和人才支撑。

二是坚持转型升级,打造全产业链提质增效。在澜湄合作过程中坚持转型升级,打造全产业链提质增效。广东农垦坚持科技、管理和金融创新,以全产业链发展理念不断延伸上下游链条,加快补齐了品牌创建、贸易和金融短板,构建起集科技研发、种苗繁育、种植管理、精深加工、仓储物流、国际贸易于一体的全产业链经营模式。在泰国和柬埔寨,广东农垦相继建立了大规模橡胶良种繁育基地(图1-15),既满足自身种植种苗的供给,还提升了对当地种苗市场更新换代的能力。

图1-15　位于柬埔寨桔井省的广垦柬埔寨农业科技有限公司的高标准橡胶种植园

第六节　澜湄合作机制下天然橡胶科技合作意义

一、建立稳定的供应链,保障有效供给

天然橡胶供求安全是国家经济安全的有机组成部分,其自身的"战略性"和"不可替代性"揭示了它在新时期经济高速发展和国际格局动荡不安的背景下,对于国家经济安全甚至是国土安全的重要性。目前,世界各国都给予天然橡胶较高的关注。2020年,欧盟再次将天然橡胶列入了30种关键原材料清单,且是名单中唯一的生物基材料;美国国会给予天然橡胶很高的评价,认为其对美国经济、国防和人民福祉均有重要意义,专门通过关键农业原料法案,对天然橡胶供给安全做出部署。日本通过与越南等产胶国家合作来确保天然橡胶的稳定供应,在基因组测序、天然橡胶新材料研发方面投入大。

近年来，随着中国经济的快速发展，天然橡胶的消费量和进口量日益递增，但国内产量却没有相应增加，导致了中国天然橡胶供需缺口不断增大。2019年消费量达到610万t，占全球的比重超过40%，但国内产量仅81万t，自给率不足15%。供给主要依赖于进口，主要来自泰国、越南和马来西亚等国家。作为重要的战略物资，保障中国天然橡胶的有效供给尤为必要。

尤其当前国际形势复杂多变，中国天然橡胶严重依赖于进口面临着来自美国的实质性、可置信威胁。美国《国际紧急状态经济权力法案》可授权总统宣布"全国紧急状态"以应对"不寻常的国际威胁"，允许美国政府阻止国际交易或扣押外国资产。1993年的银河号事件是个活生生的案例，美国以莫须有的原因在国际公共海域上强行截停并扣留中国银河号货轮，以及近年来美国政府完全切断中国芯片及其相关技术供应。种种事件表明，美国具备对中国战略资源实施封锁和禁运的能力和手段，这是中国天然橡胶供给安全潜在而又实际存在的风险。此外，突如其来的新冠肺炎疫情和世界经济衰退也给中国天然橡胶供给安全带来了严重冲击，中国发展的内外部环境发生着深刻复杂变化，保护主义、单边主义上升，全球产业链供应链因非经济因素而面临冲击，国际经济、科技、安全、政治等格局都在发生深刻调整，这要求我们必须足够充分重视资源安全。

澜湄区域是世界上天然橡胶的主产区，加强与澜湄国家的天然橡胶科技合作，不仅能保障中国天然橡胶供求安全，同时有助于建立中国天然橡胶稳定的供应链，保障中国有效供给。

二、响应国家澜湄合作，科技服务外交

在党的十九大上，习近平总书记在报告中明确指出，不断巩固睦邻友好与互利合作，是中国周边外交长期坚持的宗旨和原则。为了深入贯彻落实党的十九大精神和中央周边外交方针政策，积极深化澜湄六国睦邻友好和务实合作，促进次区域国家经济社会发展，打造澜湄流域经济发展带，构建面向和平与繁荣的澜湄国家命运共同体，先后发布了澜湄合作首次领导人会议《三亚宣言》、第二次领导人会议《金边宣言》、第三次领导人会议《万象宣言》、《澜沧江—湄公河合作五年行动计划（2018—2022）》、《关于深化澜沧江—湄公河国家地方合作的倡议》等重要文件。

2020年8月24日，澜沧江—湄公河合作第三次领导人会议召开，中国国务院总理李克强在会上提出，实施好"丰收澜湄"项目集群，推广分享农作物和农产品加工、存储技术，提升农产品质量安全体系，建设农业产业合作园区，增强次区域农业竞争力。在澜湄合作专项基金支持下实施了一系列农业项目，重点产业技术合作快速展开，水稻、荞麦、薯类、天然橡胶、豆类、香蕉、椰子、胡椒、香茅草和渔业项目同时推进，技术合作对产业合作的带动作用明显，成效显著。

国家高度重视澜湄合作机制建设，为天然橡胶国际科技合作提供了良好机遇。以天然橡胶产业发展为桥梁和纽带，将澜湄国家的橡胶生产基地，加工、物流仓储以及市场消费等融合形成全产业链，共同进行人才培养、技术升级、物流经贸等双赢合作，将显著汇集区域经济和产业发展。加大天然橡胶国际科技合作，是响应国家澜湄合作的重要举措，是

科技服务外交的重要体现。

三、搭建国际合作平台，提升影响力

中国热区小，热带作物种质资源有限；世界热区大，生物多样性程度高，热带作物生物资源丰富。中国与澜湄国家在热带农业产业领域具有明显的互补性和广阔的合作空间。充分利用种质资源多样性和双方科技优势，开展共性关键技术难题的联合研发与攻关，有利于打造农业产业技术共享体系，共同实现产业良性发展。同时，澜湄国家对热带作物产业和技术存在迫切需求，并提出热带作物产业领域的合作意愿。

搭建国际热带农业资源和技术共享平台，推动中国橡胶科技"走出去"和技术转移，利用中国在橡胶树品系培育、种苗生产、栽培抚管、肥料开发、割胶技术、病虫害防控、加工与产品流通等全产业链优势，在境外开展热带农业技术研究，建立橡胶矮化授粉园及栽培示范基地，提升中国在橡胶领域的国际影响力。

同时，与天然橡胶先进生产国家建立联合实验室，开展先进技术引进与合作研究，引进国外先进技术和成果，指导中国实际科研工作，提高中国整体科研水平。

第二章 天然橡胶科技合作机制创新与成效

中国热带农业科学院橡胶研究所,隶属于农业农村部,是中国唯一以天然橡胶为主要研究对象的国家级研究机构,主导中国天然橡胶产业技术体系建设,创建于1954年,前身是设立于广州的华南热带林业科学研究所,1958年研究所迁至海南儋州下设橡胶系,1978年橡胶系更名为橡胶栽培研究所,2002年更为现名。

经过60多年的不懈奋斗,中国热带农业科学院橡胶研究所已发展为一个综合科研实力较强、知名度较高的农业科研机构。取得包括国家技术发明一等奖、国家科技进步一等奖在内的科技奖励300余项。在橡胶树北移栽培、橡胶树优良无性系的引进试种、割胶技术体系改进及应用等领域取得了辉煌成就,为中国天然橡胶产业体系的建立和实现三次产业升级提供了有力的科技支撑。目前,在橡胶树基因组学研究、新一代橡胶树速生高产抗逆新品种培育、幼态化和小型化种苗繁育技术体系构建、新型种植材料推广、采胶新技术及电动割胶刀研发、死皮防控关键技术、胶园全周期间作模式、橡胶木材综合利用、高端制品用胶加工技术等方面取得新突破。

近年来,中国热带农业科学院橡胶研究所坚持传承创新,构建了涵盖资源与育种、良种良苗、生理生化、栽培生态、土壤肥料、植物保护、生物与材料工程、采胶、机械装备、加工、木材综合利用、产业发展等天然橡胶全产业链的科技创新体系。通过开展国际项目合作、举办援外技术培训、参加和承办国际橡胶会议、与企业联合等方式,稳步实施科技"走出去"战略,积极服务国家"一带一路"建设,国际竞争力和影响力逐步提升。在此期间,橡胶研究所也形成了一系列的国际合作管理机制创新,并取得了良好的效果。

第一节 澜湄天然橡胶科技合作规范

天然橡胶澜湄合作内容包括澜湄国家产业调研、栽培与加工示范基地建设、天然橡胶科学技术培训等诸多方面,因此需要每一步都要做到规范、标准,达到尊重合作伙伴、互利共赢的目的。本节以澜湄项目合作单位云橡老挝投资有限公司为例,详细介绍国际合作资料的规范化和标准化流程。

一、澜湄项目合作单位介绍

(一)简介撰写规范

标准的合作单位简介包括以下几个部分:一是单位概况,包括注册时间、注册资本、公司性质、总资产、固定资产、厂房建筑面积员工人数及构成、技术力量等信息。二是单位发展状况，包括公司的发展速度、取得成绩、信用等级等。三是企业的经营范围，包括核心产品种类、技术、优势特色，企业的设备状况及设计生产能力、所处行业及产业链位置、核心盈利模式等。四是企业的年度经济指标，包括营业收入、净经营性现金流净利润、无形资产、净资产、税金、主要产品产量等。五是发展前景，主要是企业未来几年内的发展规划等。六是效益分析，主要是企业新增经济效益和社会效益分析及阐述。

在澜湄项目合作中，第一要介绍合作企业成立的时间、规模、人员和主营业务等信息，并配以示意图进行参考说明。第二介绍合作企业成立背景、现状和组织框架。第三介绍合作企业参与国际合作的成果。第四介绍企业在澜湄国家经济发展和扶贫减贫中的作用。第五介绍与中国热带农业科学院橡胶研究所澜湄合作研究内容、合作成果和意义等。

（二）云橡农垦云橡投资有限公司简介样本

云南农垦集团是省属国有大型农业企业、国家级农业产业化重点龙头企业，致力于聚焦发展"绿色食品、农林资源、农业服务"三大主业。集团资产总额150亿元，拥有土地1万余亩，天然橡胶林50万亩，从业人员2万余人，其中在岗职工6000余人。集团拥有二级企业30多家，现有产业覆盖天然橡胶、粮油、茶叶、咖啡、蔗糖、果蔬、花卉、马铃薯、食用菌等高原特色农业线上线下产品和绿色能源、仓储流通、旅游酒店、农机装备制造、农技服务、农产品电商贸易等，遍布云南全省16个州市及北京、上海、广东、陕西、山东、湖南等省(自治区、直辖市)及香港、澳门地区，覆盖老挝、缅甸、新加坡、阿联酋等国家(图2-1)。

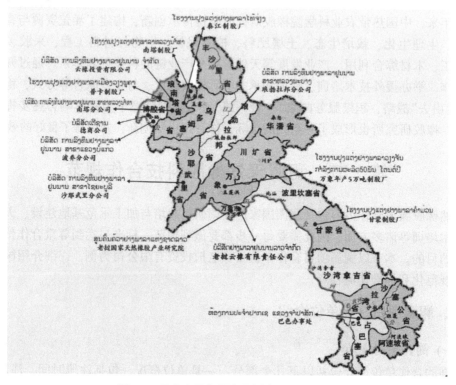

图2-1　云南农垦集团在老挝产业布局示意

云南农垦事业源于屯垦戍边和建设中国天然橡胶生产基地，1951年开始逐步发展成为云南经济社会发展的重要组成部分。1994年成建制转为经济实体，成立云南农垦总公司，加挂云南省农垦总局牌子。1996年2月改制成立云南农垦集团有限责任公司。2004年省政府授权省国资委对农垦集团履行出资人职责，农垦集团成为省属国有重要骨干企业。2014年8月农垦集团与农垦总局政企分开，正式成为市场经营主体。

2017年11月13日，国家主席习近平访问老挝期间，见证中老两国签署《关于建设中老现代农业产业示范园的谅解备忘录》，明确提出中老双方共同推进中老现代农业产业合作示范园区规划编制工作，建立双方合作协调机制。公司将按备忘录规定，统筹发展天然橡胶、水稻、畜牧、木薯、果蔬等产业。备忘录明确将老挝橡胶研究院项目列为首批重点启动项目，研究院占地面积20040m²，现已竣工投入使用。

云橡农垦云橡投资有限公司是云南天然橡胶产业集团有限公司全资控股的海外投资平台，成立于2006年，注册资本金2.56亿元，是集天然橡胶投资、种植、加工、贸易、科研、咨询及培训为一体的大型跨国农业企业。截至2018年，在老挝境内完成投资10.12亿元，资产总额9.55亿元。公司现有从业人员6000多人，拥有独立法人企业10户(图2-2)。

沙耶武里分公司胶园

波乔分公司胶园

南塔制胶厂

琅勃拉邦分公司胶园

南塔分公司胶园

普卡制胶厂

图2-2 老挝云橡投资有限公司基地

为深入推进橡胶产业发展，云橡投资有限公司主动融入和积极服务国家"一带一路"倡议，大力实施农业"走出去"战略，通过投资、并购、合作等方式，到2021年，实现拥有老挝天然橡胶资源50万亩，建设8~10个产能2万~4万t的橡胶加工厂，实现产能规模30万t，营业收入45亿元，资产规模30亿元，解决30000多人的就业，同时以老挝为中心，不断向泰国、缅甸、柬埔寨等周边国家辐射。公司在发展中也不断实现产业升级，与老挝国家农林部合作建设老挝国家级橡胶产业研究院，协助建立老挝天然橡胶和农产品技术标准示范中心、橡胶检测中心和农产品检验检疫中心，着力推动老挝橡胶产业规模化、集约化、专业化、品牌化、持续化发展。

近年来，在澜沧江—湄公河合作专项基金支持下，中国热带农业科学院橡胶研究所帮助在老挝中资企业发展天然橡胶产业，示范带动周边橡胶生产技术有效提升，助力老挝农业产业多元化发展。2018年，云橡投资有限公司实现营业收入17.18亿元，生产橡胶4.09万t。同时，着力构建以天然橡胶为主业的多物种、多层次和良性非生物环境的复合生态系统，把公司打造为现代农业对外开放交流的示范窗口和国际农业科技合作交流的重要平台。

云橡投资有限公司荣获农业对外合作企业最高级别3A级信用等级证书；在中国农业对外合作百强企业中位列第16位，在云南省入围企业中排名第一；荣获昆明市经开区园区突出贡献奖、商贸业突出贡献企业，获评中老跨境现代农林科技培训中心等荣誉称号。云橡投资有限公司是昆明市对外经济技术合作协会会长单位、云南省热带作物学会理事单位。

二、国际合作协议签订创新

（一）澜湄合作协议撰写规范

澜湄国际项目合作中需与合作单位签订协议，标准的协议首页应包含合作单位标识、合作单位名称、地址的中英文对照和协议日期等信息。协议要以中英文方式明确合作的目的、协议内容、双方的权利和义务、违约责任、生效日期等重要信息，最后留有明确的签字盖章位置。作为国际协议封面要正规，通常采用公文纸打印或者首页放置单位标志，并盖骑缝章。以上条款需进行详细说明，反复修改，在平等互利、强强联合的原则下，就项目实施的有关事宜经友好协商达成如下条款的一致意见，并签订协议书。

（二）澜湄合作示范计划

澜湄国际合作项目中的技术示范需与签订协议保持一致，标准的研究计划要以中英文方式明确合作目的、工作计划、示范方案、数据收集等信息。合作计划样本如下：

1. 合作目的

根据示范基地建设和加工生产线改造需要，甲乙双方拟在乙方特本克蒙省试验站合作建设橡胶树栽培技术示范基地3.12hm^{2}和改造加工生产线。示范推广适合柬埔寨生产环境特点的橡胶树栽培技术和加工技术。

2. 工作计划

栽培技术示范基地3.12hm^{2}分为处理和对照两部分，各1.56hm^2。使用当地品种PB330。处理基地需加强管理和监督，提高胶工割胶技术，浅割，降低耗皮量，根据割龄降低乙烯浓度，每6刀涂一次（每年涂20次）。根据土壤含量测定数据确定施用化肥比例，增施化肥每株2kg，微生物有机肥1kg。使用中国热带农业科学院橡胶研究所电动胶刀和增产素。处理地块和对照每月测产，记录产量（表2-1）。双方协议签署后中国热带农业科学院橡胶研究所将向柬埔寨橡胶研究所提供示范所需的化肥、微生物肥料、电动胶刀和增产素。加工技术改造是协助柬埔寨橡胶研究所改造升级胶片加工厂和设备材料。

表2-1 橡胶树栽培技术示范基地产量记录表模版

日期	处理(t/hm²)	对照(t/hm²)	增产幅度(%)
2020年5月			
2020年6月		…	
2020年7月			
2020年8月			
2020年9月			
2020年10月			
2020年11月			
2022年12月			

(三)澜湄项目进展报告

1. 进展报告撰写规范

项目进展报告应根据项目合作协议和示范计划所标注的协议内容,详细地记录执行的地点、项目内容完成情况、结果和图片等相关信息,便于及时总结项目中存在的问题并修改工作计划等,便于项目的顺利执行。

2. 进展报告样本

撰写橡胶树高产高效综合栽培技术示范基地中期项目执行报告。根据示范基地建设需要,甲乙双方拟在乙方合作建设橡胶树高产高效综合栽培技术示范基地6.25hm²。示范推广适合柬埔寨生产环境特点的橡胶树高产高效综合栽培技术。

乙方完成签署协议和基地建设情况如下,尽管受到新冠疫情的影响,我们采用网络沟通签署协议,选定示范基地地址和立牌。示范基地选在43 DSE试验区,并采用中英双语设计了示范基地的牌子(图2-3)。

橡胶栽培技术和加工技术示范基地
Demonstration and extension of good agricultural practices for rubber harvesting and ribbed smoked sheet rubber processing in Cambodia

项目基本信息:中国热带农业科学院橡胶研究所与柬埔寨橡胶研究所"澜沧江—湄公河"澜湄五国橡胶树栽培技术及加工示范基地建设
Project: Agreement on a Lancang-Mekong Cooperation Project By and Between Rubber Research Institute of Chinese Academy of Tropical Agricultural Sciences and Cambodian Rubber Research Institute
- Demonstration and extension of good agricultural practices for rubber harvesting and ribbed smoked sheet rubber processing in Cambodia

示范地点:柬埔寨特克蒙省特本克蒙区奇柔梯皮乡第32村
Demonstration site: Village 32, Chirou 2 Commune, Tboung Khmum District, Tboung Khmum Province, Kingdom of Cambodia

示范内容:中国热带农业科学院橡胶研究所橡胶栽培技术和加工技术
Demonstration contents: Demonstration and extension of good agricultural practices for rubber harvesting and ribbed smoked sheet rubber processing in Cambodia from Rubber Research Institute of Chinese Academy of Tropical Agricultural Sciences

示范面积:3.12公顷
Site Area: 3.12 hectares

负责人:Phen Phearun, 王立丰
Person in charge: Phen Phearun, Wang Lifeng

图2-3 中英两国语言基地示范牌设计

柬埔寨科技人员和工人通过技术手册、视频和在线形式接受甲方技术指导,效果显著(图2-4)。

图 2-4　在线培训柬埔寨科技人员和工人

经过中国公司的运输,柬埔寨工人接收到基地建设所需的由中国热带农业科学院橡胶研究所橡胶提供的树缓控释配方肥、普通化肥、有机肥、增产素和电动胶刀等试剂设备,并按照示范设计要求开展施肥和电动胶刀实验示范工作(图2-5、图2-6)。

图 2-5　柬埔寨当地工人使用电动胶刀

图 2-6　柬埔寨胶工胶园施肥

橡胶树缓控释配方肥是将包膜肥料按照一定比例与磷酸二铵、尿素、氯化钾等掺混而成,可控制肥料养分释放速率,使养分释放速率与作物养分需求相匹配。

三、结题报告撰写

(一)结题报告撰写规范

项目结题报告应根据项目合作协议和示范计划所标注的协议内容,详细记录示范工作执行的地点、项目内容完成情况、成果和图片等相关信息,并总结项目的成果,为下一年度的工作打下坚实的基础。

(二)结题报告样本

以《柬埔寨橡胶研究所建设栽培技术示范基地和加工生产线改造项目执行报告(2020)》为例:

甲方:中国热带农业科学院橡胶研究所(中国海南省海口市龙华区学院路4号)

乙方:柬埔寨橡胶研究所(总部:柬埔寨金边市托尔科克区万谷湖宾努大道59号;基地:柬埔寨特本克蒙省特本克蒙区奇柔梯皮乡第32村)

1. 协议内容

根据示范基地建设和加工生产线改造需要,甲乙双方拟在乙方特本克蒙省试验站合作建设橡胶树栽培技术示范基地 $3.12hm^2$ 和改造加工生产线。示范推广适合柬埔寨生产环境特点的橡胶树栽培技术和加工技术。

2. 乙方完成情况

(1)协议和基地选址

我们克服新冠疫情带来的不利影响,采用微信和邮件等网络沟通的方式签署2020年度合作协议。选定示范基地地址为43BNE试验区,面积 $3.12hm^2$,其中 $1.56hm^2$ 为处理,$1.56hm^2$ 为对照,并树立中文、英语、柬埔寨语三国语言基地示范牌子(图2-7)。

图2-7 中文、英语、柬埔寨语三国语言基地示范牌

（2）通过技术手册、视频和在线形式接受甲方技术指导

具体培训技术如表 2-2。

表 2-2 中国热带农业科学院橡胶研究所的培训技术

序号	手册名称	技术专家	职称
1	橡胶研究所"死皮康"死皮防控技术示范手册	王真辉	副研究员
2	橡胶研究所充电式锂电旋切采胶机 4CJX-303B 电动胶刀技术示范手册	高宏华	副研究员
3	橡胶研究所橡胶树高效割面营养增产素技术示范手册	高宏华	副研究员
4	橡胶研究所 4GXJ-2 型锂电无刷电动割胶刀技术示范手册	曹建华	研究员
5	橡胶研究所干胶含量测定技术示范手册	王纪坤	副研究员
6	橡胶研究所籽苗芽接技术示范手册	王 军	副研究员
7	橡胶研究所橡胶树轻简化栽培技术示范手册	王纪坤	副研究员
8	橡胶研究所橡胶树缓控释配方肥技术示范手册	林清火	研究员
9	橡胶树叶部病害鉴定技术示范手册	张 宇	教 授
10	微生物有机肥制备技术示范手册	杨 叶	教 授
11	中国天然橡胶初加工技术	桂红星	研究员

（3）橡胶树割面增产素技术示范

甲方增产素的浓度为 1%，不用稀释，直接在每株橡胶树的割面涂 2mL。处理频次是每次间隔 15 天，每年 20 次（图 2-8）。

（4）橡胶研究所橡胶树缓控释配方肥技术示范

从中国热带农业科学院橡胶研究所处接收橡胶专用复合肥和普通化肥。在每株橡胶树上使用 2kg，并配上 0.5kg 有机肥（图 2-9 至图 2-11）。

图 2-8 橡胶树割面增产素技术示范

图 2-9 柬埔寨接收到橡胶树专用肥

图 2-10 柬埔寨橡胶研究所接收的普通化肥

图 2-11 柬埔寨橡胶研究所工人在基地施用橡胶树专用肥

(5) 电动胶刀技术示范

按照协议制定实验计划(表 2-3),并开始实验数据收集工作(图 2-12 至图 2-13)。

表 2-3 电动胶刀技术示范方案

项目	对照	处理
电动胶刀	柬埔寨传统胶刀和刺激剂	中国热带农业科学院橡胶研究所电动胶刀和增产素
乙烯利刺激割胶	柬埔寨传统胶刀和刺激剂	中国热带农业科学院橡胶研究所增产素和柬埔寨传统胶刀

图 2-12 柬埔寨当地工人采用 4GXJ-2 电动胶刀割胶

图 2-13 4GXJ-2 的割面平整光滑

(6) 橡胶树轻简化栽培技术示范

根据中国热带农业科学院橡胶研究所的技术手册开展胶园间作和轻简化栽培措施(图 2-14 至图 2-17)。

图 2-14　橡胶树轻简化栽培技术示范

（7）改造升级柬埔寨橡胶研究所胶片加工厂

中国热带农业科学院橡胶研究所提供了柬埔寨橡胶研究所烟片胶加工厂所需的设备（图 2-18、图 2-19），鉴于项目进展良好，特申请项目验收结题。此时，需要合作单位 3 人签字，并由合作单位盖单位公章。

图 2-15　橡胶树与菠萝间种

图 2-16　橡胶树与杧果间种

图 2-17　橡胶树与腰果间种

图 2-18　输出柬埔寨橡胶研究所加工设备

图 2-19　不锈钢凝胶槽制作胶片

第二节　绩效评价创新与规范

绩效评价是指运用一定的评价方法、量化指标及评价标准，对中央部门为实现其职能所确定的绩效目标的实现程度，以及为实现这一目标所安排预算的执行结果所进行的综合性评价。绩效评价的过程就是将国际合作项目的实际工作绩效同要求其达到的工作绩效标准进行比对的过程。在执行澜湄国际合作项目的时候，上级主管部门会对项目执行的效果进行绩效评价。项目承担单位需开展绩效自评工作，所以在项目执行过程中，要详细记录和分析项目取得的产出、效益及满意度指标等。

绩效自评工作由项目主管部门组织开展，项目承担单位具体实施。项目绩效自评要坚持落实主体责任、加强协调配合、坚持全面覆盖、确保真实客观等基本原则，实事求是对项目的各项指标进行量化，并提供相关证明材料。对未完成的绩效目标，要逐条分析未完成的原因，提出项目实施主要经验和存在问题，以及下一步工作改进措施、建议等内容。绩效自评工作按照年度开展，一般包括项目支出绩效自评表、自评报告及证明材料。

一、项目产出指标

项目产出指标主要包括数量指标和质量指标。其中，数量指标分为建设示范基地、推广示范面积、培训人员数量等；质量指标主要是项目产品验收合格率等。产出指标能体现出项目的主要完成情况及项目所取得的成绩等。

二、项目效益指标

项目效益指标包括经济效益指标和生态效益指标。根据项目性质不同，效益指标也可不同。经济效益指标主要包括示范基地的生产水平；生态效益指标主要包括示范基地生产和生态环境等。项目实施完成后，示范基地生产水平和生态环境明显高于当地水平，

三、项目满意度指标

（一）满意度调查表撰写规范

满意度调查表首先应感谢合作方对澜湄项目的大力支持；随后就指标评分规则、基地质量和效益，包括经济效益和生态效益对比进行评价；然后是对示范技术和专家的评价；最后是对未来合作提出的建议。

（二）满意度调查表样本

以 2021 年度示范基地满意度调查表（表 2-4）为例：

非常感谢云橡投资有限公司对中国热带农业科学院橡胶研究所"澜沧江—湄公河项目"给予的大力支持，为了完善我们的示范效果，提高云橡投资有限公司的满意度，烦请填写此调查表，我们将在日后的服务中进行改进。谢谢您的帮助！

表 2-4 满意度调查表模版

示范基地						
示范单位名称	云橡投资有限公司	姓名		职位		经理
联系电话		邮件地址				
基地质量和效益						
橡胶树栽培技术示范基地		□非常满意	□满意	□一般	□不满意	
经济效益		□非常满意	□满意	□一般	□不满意	
生态效益		□非常满意	□满意	□一般	□不满意	
技术培训						
培训专家专业知识水平		□非常满意	□满意	□一般	□不满意	
培训技术掌握程度		□非常满意	□满意	□一般	□不满意	
意见或建议						
通过项目的实施，云橡投资有限公司在提高……方面取得了材料和知识的进步。为了进一步合作，云橡投资有限公司需要……得到帮助。						

注：非常满意(90~100分)；满意(80~90分)；一般(60~80分)；不满意(60分以下)。

此外，需要合作单位 3 人签字，并由合作单位盖单位公章。

四、项目支出绩效自评表模板

项目支出绩效自评表包括年度、项目名称、资金、年度目标完成情况和绩效指标完成情况等，并需对偏差原因进行分析和改进。

五、项目绩效自评报告模板

以《中国热带农业科学院橡胶研究所 2021 年度绩效自评报告》为例（表 2-5）：

（一）自评工作开展情况

根据《农业农村部计划财务司关于做好 2021 年度部门决算和项目支出绩效自评工作的

通知》的文件要求和中国热带农业科学院财务处《关于做好 2021 年度部门决算编报和项目支出绩效自评工作的通知》要求,现对橡胶研究所 2021 年农业国际交流与合作项目展开支出绩效自评。

表 2-5 项目绩效自评表

项目支出绩效自评表

2021 年度

项目名称	澜湄五国天然橡胶栽培和加工技术集成示范					
主管部门	农业农村部		实施单位	中国热带农业科学院橡胶研究所		
项目资金（万元）		年初预算数	全年预算数	全年执行数	分值	执行率(%)	得分

项目资金（万元）	年度资金总额：	66.00	66.00	66.00	10.0	100.0	10
	其中：财政拨款	66.00	66.00	66.00	—	100.0	—
	上年结转资金	0.00	0.00	0.00	—	0.0	—
	其他资金	0.00	0.00	0.00	—	0.0	—

年度总体目标	预期目标	实际完成情况
	建设泰国、老挝天然橡胶审胶技术示范基地 60 亩。对泰国和老挝天然橡胶资源分布、割胶现状、割胶制度、割胶技术等方面开展资源现状摸底与调研,了解 2 个国家天然橡胶的资源分布、现状,以及割胶制度与技术需求情况。示范推广橡胶树割胶技术、乙烯灵、死皮康、电动割胶刀和干胶测定仪行货收胶系统等新型设备。为柬埔寨科研人员进行加工示范生产线厂房选址、设备选型、水电安装等提供指导。培训人员 100 人次以上	项目按照计划完成。一是联合云橡投资有限公司和老挝橡胶产业研究院已在老挝南塔省建成示范基地 1 个,面积 30 亩。二是与泰国农业和合作部下属泰国橡胶总局签署合作备忘录,并在泰国北柳府和廊开府建设示范基地,面积共 30 亩。三是联合柬埔寨橡胶研究所为其烟胶片加工生产线改造提供技术指导,并新制造了五合一压片机 1 台、凝固槽 12 个和铝合金板等耗材用于支持柬埔寨橡胶研究所烟胶片加工生产线改造。培训人员 140 次

绩效指标	一级指标	二级指标	三级指标	年度指标值	实际完成值	分值	得分	偏差原因分析及改进措施
	产出指标	数量指标	建立示范基地	=2 个	2 个	20.0	20.0	
		数量指标	培训人数	=100 人	140 人	15.0	15.0	在老挝开展培训时,胶农及工人非常热情,到访人数超出预计
		数量指标	推广示范面积	=60 亩	60 亩	15.0	15.0	
	效益指标	经济效益指标	基地生产水平	明显高于当地水平	明显高于当地水平	15.0	15.0	
		生态效益指标	基地生产和生态环境	明显高于当地平均水平	明显高于当地平均水平	15.0	15.0	
	满意度指标	服务对象满意度指标	技术认可并愿意接受度	95.00%	95%	10.0	10.0	
	总分					100	100	

说明：

1. 课题组自评

由课题组根据绩效自评要求，对照主管部门批复的绩效目标指标值，对应填报年度实际完成值，完成绩效自评工作，形成自评分，并提供相关附件证明材料。要求课题组可以根据项目实施的实际情况增补指标，但不得自行删减或变更已设定的指标。对未完成的绩效目标进行逐条分析原因并提出解决措施；总结项目执行过程存在的主要经验和存在问题，以及下一步工作改进措施、建议等内容。

2. 职能部门审核

中国热带农业科学院橡胶研究所科技处牵头，联合财务处等部门，对课题组提供的绩效自评材料进行审核，对提供的证明材料进行审核，部分进行实地勘验，对不能提供证明材料的指标及其原因进行审核。橡胶研究所财务处对项目经费和预算执行情况进行核查。对自评分进行核算。

3. 形成自评报告

由橡胶研究所科技处形成项目绩效自评报告。

(二)绩效自评项目的金额、个数及覆盖率

2021年中国热带农业科学院橡胶研究所亚洲合作资金项目(澜湄五国橡胶树栽培技术及加工技术集成示范)预算经费66.00万元，涉及项目1个，覆盖率100%。

(三)项目绩效自评得分情况及原因分析

1. 自评得分情况

本项目绩效自评得分100分，其中预算执行得分10分，产出指标得分50分，效益指标得分30分，满意度指标得分10分。

2. 目标及指标未完成原因分析

项目按照计划完成。

3. 解决措施

无。

(四)主要经验和存在问题

1. 主要经验

(1)领导重视，组织有力

①项目依托单位中国热带农业科学院橡胶研究所对执行澜湄合作项目《澜湄五国天然橡胶栽培和加工技术集成示范》大力支持，集全所之力协助完成项目任务工作。橡胶研究所周建南研究员(国际橡胶研究与发展委员会(International Rubber and Development Board，IRRDB)原主席/会士)、黄华孙所长、罗微副所长和项目负责人王立丰研究员与柬埔寨橡胶研究所所长Lim Khantiva、云橡投资有限公司经理白渊松、泰国橡胶总局局长纳功(NakornTangavirapat)组织各领域相关技术专家沟通协商并签署协议和研究计划，保证项目顺利进行。

②黄华孙所长、罗微副所长、梁淑云副所长和周建南研究员与泰国橡胶总局局长纳功视频签署《中国热带农业科学院橡胶研究所与泰国橡胶局"澜沧江—湄公河合作"项目谅解

备忘录》，保障项目执行。罗微副所长一行于4月23日到云胶集团就项目合作进行座谈交流。向农业农村部和外交部提交《关于构建澜湄六国天然橡胶产业技术联盟建议报告（初稿）》；项目成果在"澜湄合作专项基金成果展"及"澜湄合作第六次外长会"上受到外交部、农业农村部等上级主管部门高度肯定。

③曹建华副所长亲自与柬埔寨橡胶总局和福沃得农业技术国际合作有限公司（广西福沃得公司）对接，达成合作意向，签订合作备忘录，并示范电动胶刀技术。联合海南国际传播中心为项目主推技术拍摄高清视频并配上英文字幕，并积极撰写技术手册等培训材料。

（2）明确合作重点、扩大宣传

项目依托单位中国热带农业科学院橡胶研究所隶属于农业农村部，在橡胶树基因组学研究、新一代橡胶树速生高产抗逆新品种培育、幼态化和小型化种苗繁育技术体系构建、新型种植材料推广、采胶新技术及电动割胶刀研发、死皮防控关键技术、胶园全周期间作模式、橡胶木材综合利用、高端制品用胶加工技术等方面取得新突破，也是对外科技合作的重点推介技术。2021年，项目组和合作单位都加大了媒体宣传工作，项目合作进展相继在泰国中华日报、新华社、科技日报、农民日报、海南日报、海南广播电视台等国家级和省级媒体报道。这些报道极大地增强了项目合作的影响，也吸引更多澜湄国家合作伙伴在更高层级、更多技术领域展开长期合作。

2. 存在问题

2021年度存在问题与困难：一方面是主要是受新冠疫情影响，导致原定的国内专家出国培训和邀请国外专家来华培训无法按计划进行，结果导致出国经费无法支出；另一方面双方邮寄协议、生产资料和设备时间延长，老挝、泰国和柬埔寨示范基地建设所需设备、试剂国外运输费增长。已按照上级相关规定进行了经费预算调整工作，保证项目的顺利执行。

3. 下一步工作措施

在2021年度任务顺利执行的同时，2022年度分别与柬埔寨橡胶研究所、泰国橡胶局、云橡投资有限公司和越南橡胶研究所等单位联合，建成橡胶树高产高效综合栽培技术和抚管示范基地3个，各50亩，共150亩，集成示范中国组培苗、死皮综合防控、机械化采胶等技术；指导云橡投资有限公司建设天然橡胶凝标胶大混合水洗20号胶示范生产线一条，并开展质量一致性高的高性能轮胎胶原料凝固、保存、加工研究，为当地科研院所、生产单位和农户提供技术指导。项目将合作出版研究报告、制作宣传品和出版中英文专著1部。带动老挝等澜湄国家天然橡胶加工技术水平的提升，减少澜湄等国家间天然橡胶加工技术发展水平的差距。

4. 建议

根据项目执行中发现的问题收集各国提出的合作建议，建议今后项目覆盖更多领域，主要包括：澜湄国家橡胶联合加工中心项目；澜湄国家橡胶树专用肥生产项目；澜湄国家市场化准入和栽培技术示范项目；澜湄国家天然橡胶加工厂废水处理技术项目；澜湄国家产业扶贫合作项目；澜湄国家木材加工示范项目和罂粟替代种植项目等。利用天然橡胶种植和收益长期稳定的特点，大力开发优良植胶资源，提高当地农民思想认识，改善澜湄国家橡胶园基础设施，提高产业效益。

六、宣传报道

（一）宣传报道撰写规范

宣传报道应该实事求是，在技术试验示范的基础上，突出技术示范取得效果，需配上具体的数字、图片和重要意义，便于扩大澜湄项目影响，达到宣传的目的。

（二）宣传报道报告样本

以《中老天然橡胶产业合作，助力澜湄胶农增收》报道为例：

2021年4月12日至5月26日，老挝当地的胶工齐聚一堂，在电视机前观看中国热带农业科学院橡胶研究所的专家示范死皮康复技术和电动胶刀操作示范（图2-20）。

图 2-20 中国热带农业科学院试验场橡胶基地开展线上培训

中国热带农业科学院橡胶研究所多次应邀参加外交部举办的澜湄合作成果展，宣传示范电动割胶刀、高效割面营养增产素、"死皮康"死皮防控、缓控释配方施肥和胶乳产品等先进成果，将科研成果尽快地转化为企业生产力。通过与企业、国外科研单位共同建立示范基地，加强中国先进橡胶生产技术在海外企业和农村推广示范，全方位展示新技术优势，吸引当地农户投入到橡胶产业并实现脱贫致富。同时，在当地和中国开展技术培训和学习交流。2021年的主要工作之一就是与云橡投资有限责任公司合作共同建立联合研发中心，发挥企业在当地丰富的资源优势，指导产品检验工作开展和技术提升，通过联合攻关，相互促进，形成与当地社会经济融合发展的局面。

老挝橡胶总面积约450万亩，开割面积占70%。据初步统计，全国共有2268万余株死皮树，损失产量约9万t，折合损失约9.9亿元人民币（按1.1万元/t计）。按目前中国热带农业科学院橡胶研究所示范的橡胶树死皮康复综合技术恢复率40%计算，除去人工成本，每年能为老挝挽回近1.7亿元的损失，橡胶树死皮康复综合技术的应用对提高企业与当地胶农经济效益发挥了重要作用，提高了中国橡胶企业和科研院所在当地影响力，并辐射至周边国家。

在澜沧江—湄公河合作专项基金支持下，云垦集团云橡投资有限责任公司橡胶割胶技术示范的基地标准化种植和经济效益得到明显提升，单位面积经济效益提高了15%，高于当地平均生产水平。公司基地胶工技术水平和收入有效提升，由于省时省力还能提高收入，很多工人购买了家电、摩托车等，彻底放弃了之前赖以生存的罂粟种植，终于过上了阳光健康的幸福生活。

通过项目的实施，村民得到稳定持续的经济收入。中国热带农业科学院橡胶研究所已协助云橡投资有限公司在老挝建立割胶技术示范基地30亩，帮助培训老挝胶工120人次。在橡胶基地工作的老挝籍工人，年均收入都在20000元人民币以上，勤快的最高月均收入可达6400元，比老挝政府部门正科级工资还高30%多，在当地属于高收入水平（图2-21）。

图 2-21 老挝当地人进入橡胶基地工作的居住条件对比
左图为原居住条件；右图为现居住条件。

目前，云橡投资有限责任公司在老挝已建立21个橡胶种植基地，总面积达10.16万亩，带动当地农民发展胶园11万亩，累计投资人民币10.12亿元。公司累计免费培训了割胶及橡胶加工人员6000多人次，使自由胶林达到了增产增收，提高了项目地周边村民的割胶与橡胶加工技术，提高了周边村民的就业技能，增加了其自身收入，也为公司提供了充足的劳动力资源，为企业"走出去"提供了更广阔的发展空间。

第三章　橡胶树育苗技术合作成效

由于橡胶树生产周期长达30~40年，优质种苗在橡胶树生产中占有重要地位。本章详细介绍了橡胶树育苗技术进展、研发的组培苗技术、国外育苗技术存在的问题和育苗技术合作成效，为中国种苗技术输出和示范推广打下坚实基础。

第一节　育苗技术研究

橡胶树原产于南美洲亚马孙河流域，主产巴西、秘鲁等国家，其繁殖主要靠种子自我生长。1839年，美国化学家固特异（Charles Goodyear）发明的硫化橡胶法使橡胶制品大增，橡胶业的发展大大加快。亚马孙河流域的天然橡胶林难以满足日益增长的需求，迫切需要建立人工栽培橡胶园。英国人魏克汉姆（Henry Wickham）于1876年在巴西采集到7万颗橡胶种子，并将其安全运抵伦敦。伦敦植物园在温室中培育出橡胶树种苗，并随即移植到热带地区斯里兰卡的植物园。其后，以斯里兰卡为辐射源，通过人工采集种子，培育种苗，将橡胶树种植范围扩展至南亚、东南亚、大洋洲、非洲等宜种地区。1915年，荷兰园艺学家赫尔屯（Van Hetlen）发明了橡胶芽接技术，使得优良无性系得以扩繁，芽接苗取代实生苗成为橡胶树主体种植材料，天然橡胶产量大幅提升。按芽接粗度，芽接苗可分为大苗芽接苗、小苗芽接苗；按是否装袋培育，可分为地播裸根苗、袋育苗；按芽接前是否装袋，袋育苗可分为芽接桩袋装苗、袋装自育苗；按芽接时砧木发育阶段，芽接苗又分为大苗芽接苗、小苗芽接苗、幼嫩苗芽接苗、籽苗芽接苗；按芽条老幼态，可分为老态芽条（褐色芽片）芽接苗、幼态芽条（绿色芽片）芽接苗。目前，国内外橡胶生产上主要采用芽接苗作为定植材料，而在育苗生产上仍以橡胶树褐色芽接育苗技术为主，以橡胶树绿色芽接、籽苗芽接育苗技术为辅，生产裸根芽接桩或小苗芽接（袋）苗，或用裸根芽接桩装袋培育袋苗。中国从1973年开始橡胶树花药培养的研究工作，于1977年培养出数棵植株，并于1978年移栽成活。组织学和细胞学研究证明，花药体胚植株起源于花药壁的体细胞。随后，马来西亚、印度、法国、英国等国家分别从花药、花序、内珠被、原生质体培养获得体胚植株。橡胶树花药、内珠被体胚苗（也称组培苗）集芽接树和实生树的优点于一体，是一种自根幼态无性系，表现出生长快、产量高和发育时期从老态恢复到幼态等优点，是一种很有发展前途的新一代种植材料。然而其规模化繁育技术一直未能突破。中国热带农业科学院橡胶研究所2010年率先在世界上建立了橡胶树次生体胚循环增殖技术，突破了困扰育种界近 40 年的橡胶树组培苗规模化繁育技术，依托该技术每个工人每年可生产 2 万株体胚苗，是之前技术效率的 100 倍，使体胚苗走出实验室进入生产。所培育的橡胶树自根幼态无性系苗木(图 3-1)已在生产试种 2 万余亩，产量数据表明比芽接对照增产 20% 以上，可提前一年达到开割标准。

图 3-1 橡胶树种苗生产发展历程

在育苗容器上，橡胶研究所依据小型化苗木的特征，设计和制作出容量较小可控制根系定向生长的育苗筒及配套设备。育苗筒培育的橡胶苗，根系发达，株重轻至 0.5~1.0kg/个(袋苗：4~6kg/株)，育苗密度 1.5 万~2.0 万株/亩(袋苗：0.8 万~1 万株/亩)，苗木定植成活率达 95% 以上(袋苗：80%~90%)。技术获授权发明专利，成果评价为国际领先，入选"十三五"期间第一批热带南亚热带作物主推技术。针对常规塑料育苗筒回收难及少量塑料污染问题，研发出以聚丙烯酸(67%)和聚内酯型聚氨酯(28%)为主要成分的可降解育苗筒。采用可降解育苗筒育苗，进一步缩短育苗时间，种植更简单、快速。

第二节 组培苗技术研究

一、花药培养

利用杂种优势在水稻、玉米等多种作物培育出了产量高、抗性强的优良品种。而橡胶树为多年生异花授粉乔木，基因型高度杂合，杂种一代疯狂分离，因此无法利用杂种优势。通过花药培养获得单倍体植株，再进行染色体加倍获得纯合二倍体植株，就能在短期内获得大量具有各种遗传性的纯系，经纯系杂交和后期鉴定，有望培育出综合性状优良的品种，使橡胶树的杂种优势利用成为可能，为橡胶树育种开辟一条崭新的途径。由于花药培养在育种上广阔的应用前景，使其成为世界各国橡胶树育种家率先开始研究的再生体系，并最先经体胚发生途径获得了再生植株。虽然最终未获得花粉植株，但从花药壁发育而来的体细胞植株由于经过体胚发生途径，重新恢复了幼态，具有高产速生的优良特性，为橡胶树种苗培育提供了崭新的途径。

（一）花药培养的研究历程

由于巴西橡胶树基因型高度杂合，橡胶树育种家进行花药培养的初衷是为了能快速获得单倍体植株，进而加倍获得纯合二倍体，为橡胶树的杂种优势利用提供可能。1972年，斯里兰卡橡胶研究所的 Satchuthananthavale 和 Irugalbandara 最先进行橡胶树的花药培养，获得了花药壁而不是花粉的培养物。Satchuthananthavale（1973）、Paranjothy 和 Ghadimathi（1975）获得花药体胚。中国热带农业科学院于1973年开始花药培养研究。1977年年底至1978年春先后从海垦2、热研88-13两个品种诱导出113棵完整植株，并于1978年年底首次移栽成活，移栽成活率为30%，1979年移栽成活率提高到69%。组织学和细胞学研究证明，花药植株起源于花药壁的体细胞。次生体胚循环增殖所用初生胚以此方式获得，为二倍体胚状体。

中国科学院遗传研究所（现中国科学院遗传与发育生物学研究所）、广东省保亭热带作物研究所和广东省海南农垦橡胶研究所组成的橡胶花培协作组于1977年春培养出数棵植株，通过显微镜观察发现植株起源于花粉，2~3mm大小的胚状体为单倍体，而再生植株根尖细胞少部分为单倍体，大多数为非整倍体，未发现二倍体，研究者认为这是花粉植株。但经移栽未能成活。中国科学院遗传研究所于1978年、1979年从花药培养中获得5棵植株，并证明来源于花粉。中国科学院遗传研究所对花药胚状体和小植株根尖进行细胞学观察证明，所获得的胚状体和小植株确实来源于花粉，而且从胚状体到小植株这一段时间内，染色体数有逐渐增加的趋势，往往是以9的倍数增加。

随后，马来西亚、印度尼西亚、斯里兰卡等国家采用离体花药相继成功培育出花药壁二倍体植株。花药培养首先采集小孢子处于单核晚期，少数双核期的花蕾为外植体，经消毒后，剥出雄蕊，置于诱导培养基，经愈伤组织诱导、体胚发生与成熟、植株再生3个阶段获得小植株。花药再生技术是橡胶树组织培养的主要方式和遗传转化受体系统。目前，中国橡胶树花药培养研究处于世界领先水平。

（二）花药培养的通用流程

1. 外植体的采集和消毒

采集仅有少量雄花盛开，大部分雄花处于单核期，颜色为绿中带黄的花序，4℃放置一晚上或直接用镊子将小孢子处于单核期的雄花摘下。消毒程序：70%酒精消毒浸泡1分钟，0.1%~0.2%升汞消毒10分钟，无菌水清洗3~5遍。

2. 愈伤组织诱导

剥离雄蕊，将其接种于愈伤诱导培养基，26℃暗培养45~50天。通过高浓度的2, 4-D和细胞分裂素，促进薄壁细胞脱分化为愈伤组织，此时愈伤组织长至最大生长量。

3. 体胚发生

将45~50天的愈伤组织转移至体胚发生培养基（Hua et al., 2010），24℃暗培养50~60天，直至子叶型胚状体成熟。此培养基将大量元素调低至80%，添加0.1%活性炭有助于体胚发生(王泽云等,1978)。

4. 植株再生

将成熟胚状体转移至出苗培养基,26~28℃光照培养(光照强度为3500lx)。该培养基同样将大量元素调低至80%,添加0.1%活性炭,另外,将蔗糖浓度从愈伤诱导和体胚发生的7%降低为5%。花药植株再生体系如图3-2。

图3-2 橡胶树花药植株再生体系(黄天带供图)

(三) 花药植株的起源

关于橡胶树花药植株的起源有两个截然不同的观点。观点一:花药植株为单倍体。通过组织学和细胞学鉴定,证明花药培养花药壁和花粉都能形成愈伤组织,20~25天的花药愈伤组织,大多数细胞染色体为36条。而50天愈伤组织10%细胞为36条染色体,80%细胞为18条染色体。在药囊内看到单独的胚状体,在结构上不与体细胞愈伤组织相连,胚状体69.2%分裂相染色体为18条。再生植株未发现全部分裂相染色体数为18条的根尖,染色体数为18条的分裂相占32.4%。作者依据胚状体细胞绝大部分染色体数为18条,认为培育的花药植株是由花粉发育而来的单倍体。但再生植株种到大田后,其植株形态及细胞染色体均表现为二倍体。有人认为这是花粉植株自然加倍的结果。观点二:花药植株为二倍体。在海垦2的花药培养中,发现花药断口处、药端、药隔、药壁的薄壁细胞都可以形成愈伤组织,而花药中的花粉接种后很快解体死亡。经细胞学鉴定,25块愈伤组织270个分裂相28~36条染色体的占95.6%,27条染色体占4.4%,未看到18条染色体细胞;50个胚状体477个分裂相,28~36条的占95.2%,18条染色体的细胞只占0.4%。9棵植株159个分裂相染色体28~36条的分裂相占91.8%,18条染色体的分裂相仅占2.5%,属二倍体。全部胚状体起源于体细胞愈伤组织的外围。来自海垦1、海垦2的38棵花药植株,树龄为3.5~5年,除1棵生长不正常外,37棵植株的形态与无性系母本相同,未发生株间分离。如果陈正华等(1978)培育的是纯合单倍体植株,染色体自然加倍后应为纯合二倍体,其杂交后代基因型应相同,不出现性状分离。1998年,中国热带农业科学院橡胶研究所以陈正华等培育出来的6个花药植株无性系为父母本进行杂交组合,发现在试验条件较为一致的情况下,同一杂交组合的1年生授粉苗生长表现差异较大。因此推断陈正华等培育出来的花药植株不是纯合的单倍体植株,很可能是混倍体,在混倍体的生长过程中单倍体细胞竞争不过二倍体细胞,导致自然加倍后也不是纯合的双单倍体植株。

表明通过花药培养获得橡胶树纯合单倍体植株是极其困难的。

(四) 继代提高体胚诱导率

橡胶树愈伤组织诱导阶段为 50 天。组织切片结果表明，50 天的愈伤组织生长期实际上应划分为两个阶段，在 0～30 天处于细胞启动期和细胞分裂期，此时愈伤组织开始形成并迅速增殖。30 天后开始启动分化，愈伤组织边增殖边分化，35 天看到大量的胚性细胞团。因此推断 30 天是花药愈伤组织分化的关键时期，与此前愈伤诱导担负着完全不同的使命，是启动体胚分化的时间节点。中国热带农业科学院橡胶研究所对愈伤进行了继代研究，大大提高了体胚和正常体胚诱导率。

1. 适宜继代培养基的筛选

将同时处于愈伤组织迅速增长期和胚性表达期的 30 天花药愈伤组织转入继代培养基。愈伤组织在继代培养基中迅速增殖。20 天后愈伤达到最大生长量，此时转入体胚发生培养基。愈伤组织在体胚发生培养基中培养 10 天左右即可在愈伤表面看到乳白色、表面光滑的球形小胚，20 天可看到心形胚，30 天可看到鱼雷胚，40 天可看到子叶型胚状体，此后胚状体子叶继续长大，形成成熟的子叶型胚状体，刚刚成熟的胚状体淡黄色。与此同时，愈伤组织逐渐褐化解体。40 天时各个时期的胚状体同时存在，通常转入体胚发生培养基 2 个月左右，子叶型胚状体不再长大，培养基中胚状体的数目也不再变化。40～60 天在分化培养基中可观察到成熟的子叶型胚状体，此后胚状体逐渐老化、褐化。

花药愈伤组织在 9 种愈伤组织继代培养基(表 3-1)继代培养 1 次后，体细胞胚状体发生率产生明显差异。1～3 号培养基在所考察的 4 个与分化相关的指标(出胚愈伤数、胚状体数、正常胚状体数、成熟正常胚状体数)整体表现优于其余 6 个培养基。其中，2 号培养基继代培养后的愈伤组织分化表现最为优异。20 个愈伤组织有 9 个能诱导体胚发生，共分化 30 个胚状体，其中 12 个为正常胚状体，5 个能发育成熟。而最差的 7 号培养基仅有 2 个胚性愈伤组织，分化 2.33 个胚状体，其中仅 0.67 个为正常胚状体，且未能发育成熟。与直接转入分化培养基的 CK1 相比，2 号培养基的出胚愈伤数、胚状体数、正常胚状体数显著高于 CK1，成熟正常胚状体数也高于 CK1，但未达到显著水平。与在愈伤诱导培养基继代的 CK2 相比，2 号培养基的上述 4 个指标均高于 CK2，均达显著水平。CK1 与 CK2 相比，CK1 的 4 个指标均高于 CK2，但未达显著水平(表 3-2、图 3-3)。由此可见，仅仅在原

表 3-1　4 因素 3 水平 $L_9(3^4)$ 正交设计

试验号	6-BA (mg/L)	KT (mg/L)	3,4-D (mg/L)	ABA (mg/L)
1	0.1	0.1	0.1	0.13
2	0.1	0.3	0.3	0.013
3	0.1	0.9	0.9	0.0013
4	0.3	0.1	0.3	0.0013
5	0.3	0.3	0.3	0.13
6	0.3	0.9	0.1	0.013
7	0.9	0.1	0.9	0.013
8	0.9	0.3	0.1	0.0013
9	0.9	0.9	0.3	0.13

表 3-2 适宜继代培养基的筛选结果及分析

试验号	重复	愈伤数	出胚愈伤数	胚状体数	正常胚状体数	成熟正常胚状体数
1	1	20	8	19	15	9
	2	20	3	4	3	0
	3	20	7	14	4	1
	X̄	20	6±2.65 abc	12.33±7.64 b	7.33±6.66 ab	3.33±4.93 ab
2	1	20	11	30	9	2
	2	20	7	24	13	9
	3	20	9	36	14	4
	X̄	20	9±2 a	30±6 a	12±2.65 a	5±3.61 a
3	1	20	8	14	5	4
	2	20	6	11	3	1
	3	20	7	12	4	2
	X̄	20	7±1 ab	12.33±1.53 b	4±1 bc	2.33±1.53 ab
4	1	20	2	2	0	0
	2	20	3	4	2	1
	3	20	4	4	3	1
	X̄	20	3±1 cde	3.33±1.15 cd	1.67±1.53 c	0.67±0.58 b
5	1	20	8	13	6	1
	2	20	2	2	2	0
	3	20	3	4	3	1
	X̄	20	4.33±3.21 bcde	6.33±5.86 bcd	3.67±2.08 bc	0.67±0.58 b
6	1	20	0	0	0	0
	2	20	3	6	3	0
	3	20	2	2	1	0
	X̄	20	1.67±1.53 e	2.67±3.06 d	1.33±1.53 c	0±0 b
7	1	20	4	5	2	0
	2	20	1	1	0	0
	3	20	1	1	0	0
	X̄	20	2±1.73 de	2.33±2.31 d	0.67±1.15 c	0±0 b
8	1	20	7	15	8	3
	2	20	4	8	4	1
	3	20	4	8	4	2
	X̄	20	5±1.73 bcd	10.33±4.04 bc	5.33±2.31 bc	2±1 ab
9	1	20	1	1	0	0
	2	20	1	1	1	0
	3	20	5	8	2	0
	X̄	20	2.33±2.31 de	3.33±4.04 cd	1±1 c	0±0 b

(续)

试验号	重复	愈伤数	出胚愈伤数	胚状体数	正常胚状体数	成熟正常胚状体数
CK1	1	20	5	10	8	5
	2	20	3	3	1	0
	3	20	5	8	6	3
	X-	20	4.33±1.15 bcde	7±3.61 bcd	5±3.61 bc	2.67±2.52 ab
CK2	1	20	2	2	2	1
	2	20	3	3	1	0
	3	20	5	8	4	3
	X-	20	3.33±1.53 cde	4.36±3.21 cd	2.33±1.53 c	1.33±1.53 b

注：不同字母表示差异显著。

图 3-3 继代培养后愈伤组织体胚分化情况（黄天带等，2012）
左：未继代；中：在愈伤诱导培养基继代；右：在 2 号培养基继代。

有培养基继代培养并不能提高体胚分化率，而通过调节激素等培养基组成及含量，优化继代培养基配方才能获得更多、更好的胚状体。

2. 影响继代培养效果的因素分析

直观分析结果表明，6-BA 对胚性表达影响最大，其次是 KT，而 3，4-D、ABA 影响较小。4 种激素对出胚愈伤数的影响从大到小依次为 6-BA>KT>ABA>3，4-D，对于出胚愈伤数这一指标而言，最佳的激素组合为 6-BA 0.1mg/L+KT 0.3mg/L+ 3，4-D 0.3mg/L+ABA 0.13mg/L；4 种激素对胚状体数、正常胚状体数、成熟正常胚状体数的影响从大到小依次为 6-BA>KT>3，4-D>ABA，对于上述三个指标最佳激素组合为 6-BA 0.1mg/L+KT 0.3mg/L+3，4-D 0.3mg/L+ABA 0.013mg/L，即 2 号培养基。筛选出来的两种最佳激素组合仅 ABA 浓度不同，其余三种激素浓度完全一致，而且出胚愈伤数直观分析结果中 ABA 三个浓度极差仅为 0.78，表明三种浓度对出胚愈伤数影响差别不大。并且研究者更关注胚状体和正常胚状体诱导率，因此综合考虑，继代培养基的最佳激素组合为 6-BA 0.1mg/L+KT 0.3mg/L+3，4-D 0.3mg/L+ABA 0.013mg/L，即 2 号培养基（表 3-3）。

表 3-3 正交实验设计中体胚分化实验结果直观分析

分化指标	重复	6-BA(mg/L)	KT(mg/L)	3,4-D(mg/L)	ABA(mg/L)
出胚愈伤数	K1	7.33	3.67	4.22	4.22
	K2	3.00	6.11	4.78	4.22
	K3	3.11	3.67	4.44	5.00
	R	4.33	2.44	0.55	0.78
胚状体数	K1	18.22	6.00	8.44	7.33
	K2	4.11	15.55	12.22	11.67
	K3	5.33	6.11	7.00	8.66
	R	14.11	9.55	5.22	4.34
正常胚状体数	K1	7.78	3.22	4.66	4.00
	K2	2.22	7.00	4.89	4.67
	K3	2.33	2.11	2.78	3.67
	R	5.56	4.89	2.11	1.00
成熟正常胚状体数	K1	3.55	1.33	1.78	1.33
	K2	0.45	2.56	1.89	1.67
	K3	0.67	0.78	1.00	1.67
	R	3.11	1.78	0.89	0.33

橡胶树花药愈伤组织继代的程序及培养基：选取 30 天左右的初代愈伤组织，转入优化的继代培养基继代培养 1 次，培养条件为 26℃暗培养 20 天，待愈伤停止生长后转入体胚分化培养基。优化的愈伤继代培养基为改良 MS 培养基添加 6-BA 0.1mg/L+KT 0.3mg/L+3,4-D 0.3mg/L+ABA 0.01mg/L。与传统橡胶树花药再生体系相比，本研究增加了愈伤组织继代这一程序，并为其筛选专用培养基，使优化后的花药再生体系更契合花药培养过程，可高效获得橡胶树胚状体，正常胚状体比例也大幅提高。

(五)愈伤、体胚乳管发育情况

1. 花药愈伤的乳管分化

中国热带农业科学院热带生物技术研究所谭德冠等(2011)研究了花药愈伤组织的乳管分化。使用经典的染含胶组织的溴—碘染色法和免疫组织化学法，发现在愈伤诱导培养基培养 60 天的花药愈伤组织中存在乳管细胞，具备乳管细胞的典型特征，该类细胞被染成与树皮乳管细胞一样的棕色，细胞壁比周边细胞厚，单个或成簇出现。植物中乳管形态主要分为两类：有节乳管和无节乳管。橡胶树同时具有这两类乳管，均表现为延伸形态，花药愈伤组织中的乳管细胞表现为一种新的形态，为非延伸形态，与所报道的植物中乳管细胞形态不同(图 3-4)。此外，花药愈伤组织乳管细胞分化率与基因型的体胚发生能力负相关，体胚发生能力强的基因型其乳管分化能力弱，反之则强。

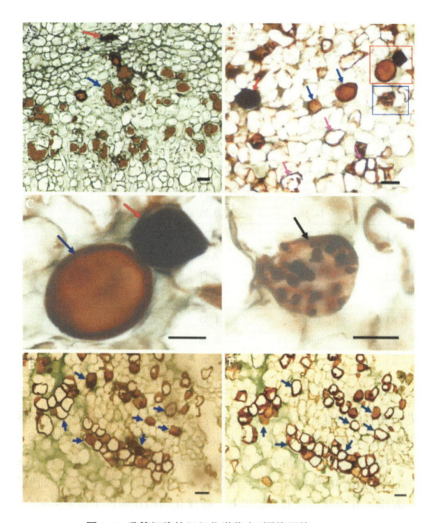

图 3-4 乳管细胞的组织化学鉴定(谭德冠等,2011)

A. 用碘—溴和固绿染色的橡胶树幼枝树皮的横切面,蓝色箭头表示初级乳管,红色箭头表示含单宁的细胞。B. 用碘-溴染色的愈伤组织横切面,蓝色箭头表示乳管,红色箭头表示含有单宁的细胞,粉红色箭头表示丢失胶乳成分的乳管。C. 放大 B 中的红色方形区域。D. 放大 B 中的蓝色方形区域,黑色箭头表示淀粉颗粒。E. 用碘—溴染色的愈伤组织纵切面。F. E 的相邻部分,E 中的蓝色箭头。F. 相同的乳管细胞,其中橡胶含量在一个切片可见,但在另一个切片不可见(标尺 A 为 30μm;B、E 和 F 为 20μm;C 和 D 为 10μm)。

2. 体胚的乳管分化

中国热带农业科学院橡胶研究所史敏晶等(2012)通过组织切片研究了花药愈伤组织正常体胚和畸形胚的乳管分化。表明发育至早期子叶胚的正常体胚和畸形胚都有乳管的分化。

(1)不同发育时期正常体胚的乳管分化

花药愈伤组织正常体胚的发生一般经过球形胚—心形胚—鱼雷胚以及子叶胚四个发育阶段。正常体胚不同发育阶段的乳管分化如图 3-5。特点:球形胚很小,半透明、球状(图 3-5A)。球形胚由形态较均匀一致的细胞组成,最外层细胞已经分化为原表皮,但没

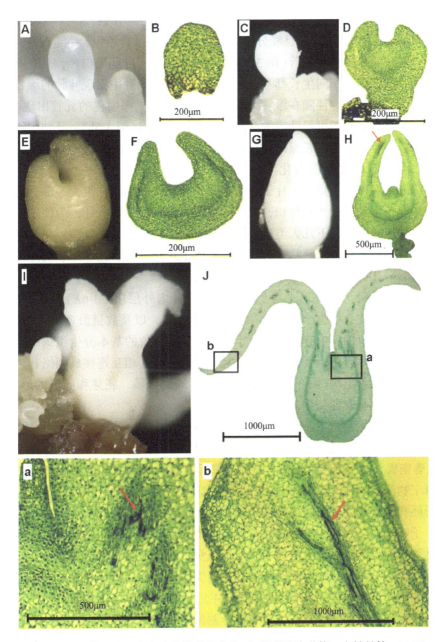

图 3-5 正常体胚不同发育阶段的乳管分化(红箭所示为乳管；史敏晶等，2012)

有原形成层出现，更没有初生乳管分化（图 3-5B）。心形胚中开始出现形态较小、分裂旺盛的细胞，可能是最初的原形成层，两侧的细胞分裂相对较快，在两翼出现突起，这种突起即是子叶原基，整个胚的形态表现出心形，但心形胚中没有乳管发生（图 3-5C、D）。鱼雷胚则已开始形成明显的原表皮和原形成层，组织分化比较明显，两翼更加突起，但仍然没有观察到初生乳管的分化（图 3-5E、F）。子叶胚由于形态上有较大的差别，本研究中将子叶胚分为两个阶段，即早期子叶胚和成熟子叶胚。早期子叶胚已经具备了 2 片内收、狭长的子叶，子叶还没有进行明显的横向生长，作为子叶胚典型的特征——胚芽已经出现，原形成层呈典型的"Y"形，同时已经分化出了明显的初生维管组织，伴随在维管组织周围可以观察到少量被染成褐色的乳管(图3-5G、H)。成熟的子叶胚亮白色，具有两片外展的宽阔子叶，子叶的横向和切向生长都基本完成(图3-5I)，子叶中出现叶脉的维管束，纵切面上可见维管束成团分布，伴随在维管束的周围有大量染成深褐色的乳管出现(图3-5J)，子叶的切向切面部分放大图可见清晰的深色乳管连接在一起(图3-5b)；胚轴中原形成层区域有少量乳管分化，但作为生长点的胚芽和胚根中未见到乳管(图3-5a)。

(2) 不同形态畸形胚的乳管分化

愈伤组织形成的体胚中具备2片子叶的正常子叶胚比例较低，很大一部分发育为畸形胚。这些畸形胚已生长成较大的体积，形态多样化，根据其外形特征，为便于后面研究的描述，这里将畸形胚分为以下几大类型：双层多子叶型、单层多子叶型、单片子叶型、鸟喙状、杯状、佛手状、有根麦芽状、有根麦粒状、不规则球形、圆球形、椭球形等。部分畸形体胚的乳管分化如图3-6。

① 双层多子叶的畸形胚外形上可见多片子叶，分内外层(图3-6A)，显微镜下观察，具有明显的单层原表皮、细胞小而细胞质浓的原形成层，以及数量最多的基本分生组织。表皮细胞、子叶的薄壁细胞中有大量的单宁积累，其他部位的基本分生组织中也有少量单宁积累。每片子叶中都有初生乳管分化，并且乳管数量多，相互连接成网络状，乳管周围也可以看见明显的维管组织(图3-6a)。胚轴的原形成层区域、胚芽和胚根的形态不正常，这些区域内都有初生乳管的分化(图3-6b)。

② 单层多子叶的畸形胚具有多片子叶，但子叶围绕成一层(图3-6C)，胚呈亮白色，具有界限分明的原表皮、基本分生组织和原形成层，原形成层区域也已经有维管组织出现，初生乳管密集，相互连接成网络。胚的下部即靠近愈伤组织的一端、胚体的外周有少量深色的单宁物质积累(图3-6D)，其他细胞中则没有明显的单宁等次生代谢物质，这一类型的畸形胚和正常子叶胚的内部结构比较接近。

③ 单片子叶型的胚仅有一片很大的子叶，胚轴球形(图3-6E)。显微观察可见，子叶中的初生乳管与初生维管组织相伴分布；原形成层区域也有明显的乳管分化；胚芽和胚根分别有2份，形态不正常。畸形胚着生的愈伤组织呈红褐色，内部含有大量单宁物质，但体胚的各种细胞中未见明显的单宁物质(图3-6F)。

④ 鸟喙状畸形胚可见球形的胚体上有一个侧偏的鸟喙状突起，胚洁白，外表面无明显可见的红色疣粒。显微观察结果表明，这种畸形胚中有少量初生乳管分化，分布在胚轴的原形成层区域；喙状突起部分有大量的单宁物质积累，无乳管分化；原形成层不明显，胚芽和胚根的分生组织可能缺失(图3-6H)。

⑤ 杯状的畸形胚外形上没有明显向外伸展的2片子叶，胚筒形(图3-6I)。有明显的乳管分化，并且在体胚的上端乳管分布成束，表明这一部分是叶脉维管束的区域，推测子叶的形态建成发生了畸变，导致子叶连接在一起。在靠近愈伤组织一端的部分细胞中含有单宁物质，其他部位较少积累单宁(图3-6J)。

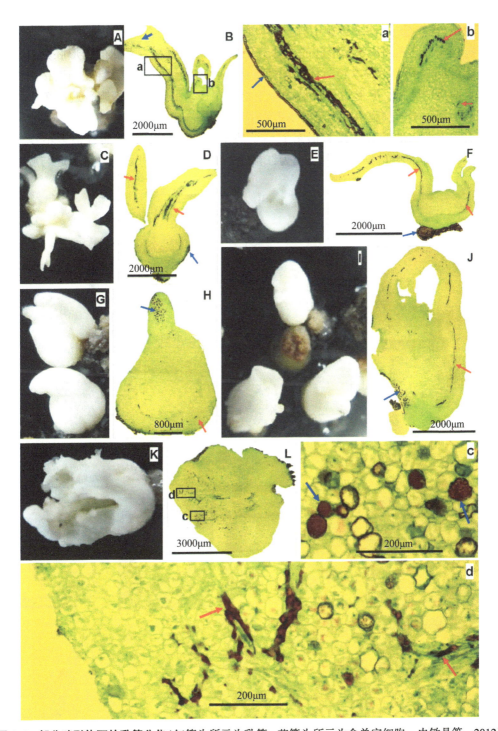

图 3-6 部分畸形体胚的乳管分化(红箭头所示为乳管；蓝箭头所示为含单宁细胞；史敏晶等，2012)

⑥佛手状的畸形胚有多枚外形不规则的子叶，表面不光滑，有很多小的突起(图 3-6K)。石蜡切片显微观察，该胚的形态不规则，原形成层不明显，没有明显的胚芽、胚轴以及胚根(图 3-6L)。有初生乳管分化，但数量较少，分布也没有规律，乳管细胞周围也可观察

到维管组织(图 3-6d)。很多细胞中有单宁物质积累(图 3-6c)。

⑦有根畸形胚和团块状畸形胚的乳管分化如图 3-7。有根麦芽状的畸形胚具有明显的幼根,无可见的子叶(图 3-7A)。体胚和幼根中分化出大量的乳管,且互相连接成网络系统;未见明显的胚芽,原形成层区域的分生组织很少。胚的表皮细胞普遍有单宁物质积累,靠近幼根一端的细胞中有大量的单宁物质积累(图 3-7B-a)。

⑧有根麦粒状的畸形胚没有形态上可见的子叶(图 3-7C),表面有很多不规则突起(图 3-7D),突起部分的细胞大多呈现为红褐色,有单宁物质积累,并且突起与胚主体相

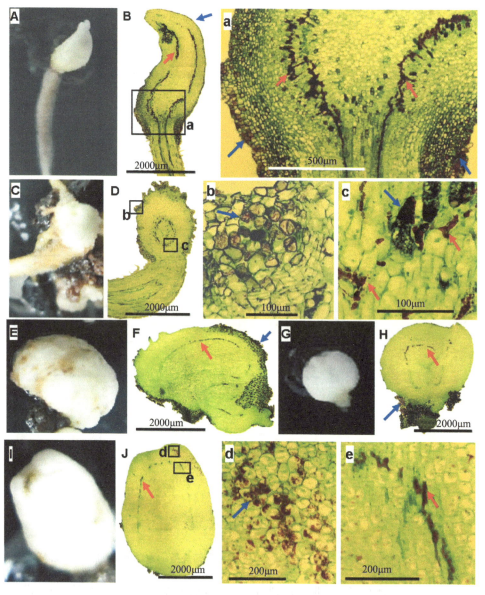

图 3-7 有根畸形胚和团块状畸形胚的乳管分化(红箭头所示为乳管,蓝箭头所示为单宁细胞;史敏晶等,2012)

连处有几层扁平的、似是正在进行分裂的细胞(图3-7b)。胚的中部有初生乳管和维管组织分化,乳管数量较少(紫红色),伴随乳管分化的位置有大量黑褐色的单宁物质积累(图3-7c),没有明显的原形成层、胚芽等分化组织。胚的基部已经生长出幼根,也已出现初生乳管以及初生维管组织的分化。

⑨不规则球状的畸形胚表面不光滑,有大量红褐色颗粒附着(图3-7E)。显微切片结果表明,该胚为没有明显的胚根和胚芽,更无类似于子叶的结构出现。内部原形成层不规则,伴生有少量的初生乳管。表层对应于红褐色疣粒的位置有大量含单宁的细胞(图3-7F)。

⑩球形的畸形胚为洁白的球形(图3-7G)。显微观察表明,该畸形胚虽然形态上呈现球形,但发育阶段并不是球形胚阶段,胚体内部有清晰的形态不正常的原形成层组织,初生乳管已经分化。原表皮界限不是很清晰,局部细胞似乎正在进行旺盛的分裂;未见明显的胚芽和胚根。基本分生组织的细胞中也有少量的红褐色单宁物质积累(图3-7H)。

⑪椭圆形畸形胚外观为近椭圆形,表面有少量红褐色颗粒分布(图3-7I)。显微观察可知,该胚没有明显的原形成层区域、胚芽和胚根,有初生乳管分化,但数量较少(图3-7J)。在胚的上端(愈伤组织的对应端)细胞中含有红色絮状物质,该物质可能是正在积累的单宁(图3-7d);表面附有少量突出的红褐色细胞团。顶部的乳管与维管组织相伴,成束分布(图3-7e),推测为子叶中叶脉的原形成层束区域,但子叶的形态建成出现故障。

由上述结果可知,畸形胚虽然形态差异很大,但都有初生乳管的分化,表明从发育时期来看这些畸形胚都已经达到了子叶胚时期,但是子叶的形态建成出现了问题,有的子叶多枚,有的子叶联体,而有的子叶缺失。畸形胚尤其是没有明显子叶结构的畸形胚的胚芽和胚根区域不明显,原形成层的界限也不清晰。畸形胚的组织细胞中普遍存在单宁积累,表面有红褐色疣粒的畸形胚中单宁更多,由此推测单宁物质在体胚中的积累不利于正常胚的形成。

(六) 通过微繁培育花药植株微型芽条用于籽苗芽接提高组培苗增殖效率

花药培养植株再生率(植株数/外植体数×100%)低,很多品种小于5%,由于花药愈伤组织诱导出来后就进入体胚发生环节,不能反复继代,因此需不断采集外植体。但一年仅能采集外植体2~3次,时间最多60天,因此每年培育的体胚苗数量有限,无法产业化。通过离体以芽繁芽的方式增殖体胚苗,再通过籽苗芽接扩繁,将能实现体胚苗指数级增长,解决体胚苗产业化问题。

1. 幼态微型芽条籽苗芽接的优势

传统芽接技术(大苗芽接、小苗芽接)将种子播种在地里或育苗袋,培育6个月至2年作为砧木,然后将芽片接到砧木上。芽接工蹲在地上、风吹日晒,工作环境差、劳动强度大、芽接效率低。橡胶树籽苗芽接技术是中国热带农业科学院橡胶研究所在传统芽接技术的基础上发展起来的一项新的橡胶树良种繁育技术,它应用催芽沙床培育2周龄籽苗进行离土芽接,移栽入容器培育成芽接苗,具有育苗时间短、植株根系完整、生长快、成活率高、土地利用率高、芽接劳动强度低、便于运输和定植等诸多技术优势。

橡胶树籽苗芽接技术的先进性在于将籽苗从沙床拔出,于室内进行芽接操作,这种离土芽接技术在橡胶芽接技术方面属于世界首创,改变了国内沿用了将近 100 年的大苗芽接技术,工作环境好、劳动强度小、芽接效率高。

籽苗芽接苗的砧木直径一般为 0.2~0.3cm,褐色芽条直径一般为 2~3cm,侧枝绿色芽条直径一般为 0.5~1.2cm。只能使用侧枝芽条中已经落叶的叶芽或鳞片芽,而带叶的叶芽都是不能利用的,芽条利用率低。

中国热带农业科学院热带生物技术研究所陈雄庭等(2007)发明了幼态微型芽条籽苗芽接法,通过微繁培育花药植株微型芽条,取微型芽条的芽作为接穗接到籽苗上,大大提高了组培苗的繁殖效率,解决了籽苗芽接传统芽片太大的问题。该法繁育的微型芽条直径只有 0.2~0.3cm。用微型幼态芽条进行籽苗芽接速度快,由于芽条小,所切的芽片小,开接口也小,所切芽片不用修整、不用剥除木质部就可直接插入芽接口,捆绑也较容易,从而提高芽接速度。相比用大田绿色芽条进行籽苗芽接,速度成倍提高。

褐色芽条每年大约以 20 倍的速度增殖。尽管这种方法繁殖率低,但由于这种方法简便,培育的芽条质量好,所以目前生产上仍然大量使用。绿色侧枝快速繁殖法培育橡胶芽条每年也只能以 200 倍的速度增殖。用组织培养方法培育橡胶幼态微型芽条每年可达 1000 倍以上的速度增殖,幼态微型芽条的培育是在室内进行,即工厂化生产,用较小的空间就能培育大量的幼态微型芽条;缺点是微型芽条培育的技术较复杂,需要较昂贵的设备,且耗电。

以幼龄花药体细胞植株为材料,用离体培养的方法培育的微型幼态芽条进行籽苗芽接,培育出来的幼态芽接无性系,这种种植材料高产速生。而用老态侧枝条芽籽苗芽接培育的仍是老态无性系。该项技术不但解决了籽苗芽接中接穗大与砧木小的问题,而且可培育出生长更快、产量更高的幼态芽接无性系,在生产上推广意义重大。

2. 幼态微型芽条籽苗芽接流程

(1) 幼态微型芽条的培育

将无菌幼龄花药体胚植株去叶,切成带 1 至数个腋芽的 2cm 左右的茎段或 1cm 左右的顶芽,按照生理方向直立插入芽条增殖培养基,茎段插入深度为 0.5cm 左右,顶芽为 0.3cm 左右。当新芽长到 4~5cm,再用同样方法切取顶芽或带腋芽的茎段接种到相同的培养基上进行幼态微型芽条的增殖,每代所需时间为 40~45 天。28℃光照培养。

(2) 籽苗砧木的培育

①种子的准备。实生树种子作为砧木产量最低,在中国 GT1 种子最适合作为砧木。采集不到 GT1,应选择当地推广品种的种子。橡胶树种子无明显休眠期,只要外界条件适宜,成熟的种子很快发芽,室温下种子发芽率下降很快,研究表明,室温存放半个月,发芽率下降 40%。因此,在胶果大量破裂的时期收集新鲜种子,尽快播种。

②种子的贮藏。适宜芽接的籽苗为展叶前,而橡胶树种子萌芽同步性高,同一天播种的种子,适宜芽接时间仅为 10 天左右,超过这个时间,芽接成活率大幅下降。因此,大规模籽苗芽接必须分期播种。而种子成熟期较为集中,常温下不耐贮藏。研究表明,低温可延长贮藏时间。

贮藏方法:对种子进行 7 天杀虫、杀菌熏蒸消毒,放入 15℃冷藏库保存。

播种催芽方法：准备长10m、宽1m的催芽床，按照2~3cm间距播种，以种背向上的平播方式，在不露发芽孔的前提下适当浅播，但温度较低时可播种稍深，播种深度以微露种背为好。每平方米播种1.5~2kg。

温度：橡胶种子在平均温度25℃左右时正常发芽，低于18℃，萌芽慢，发芽率显著降低。绝对温度低于10℃时不能发芽。秋末低温时，白天揭开催芽床荫棚，晒床以提高地温。在海南岛每年12月至翌年1~2月是最寒冷的季节，应在防寒的塑料大棚内进行。

水分：水分可使种子中呈凝胶态的原生质转化为溶胶状态，以加强代谢作用。最适于种子发芽的催芽床表层河砂的绝对含水量为6%~7%，橡胶种子的外种皮坚硬而有蜡质，吸水较慢。据测定，种子播后一周的吸水量，相当于种子重量的10%左右，其后吸水量极少。

氧气：种子吸水后开始萌发，需氧量急剧增加。在缺氧的条件下，种子不能正常萌芽，因此应适当浅播，用砂床作催芽床效果最好。催芽床是在普通苗床上铺上厚3~5cm的河砂（粒径0.5~1mm）或经腐熟的木屑、椰糠等。

在适宜的外界环境条件下，播种后5~7天开始萌发，10~15天为发芽盛期，至20天时发芽率可达80%~90%。在籽苗第一对真叶长度1~3cm时即可用于芽接。

③芽接与抚管。备育苗袋：芽接前用宽18cm、深35cm的塑料袋装好育苗基质备用。

开芽接口：在橡胶树籽苗第一对真叶长度达1~3cm至展叶期，上胚轴下部呈扁形，选择距离子叶2cm左右的上胚轴扁平面为芽接口，用医用手术刀片在两个扁平面交界处的棱划线开口，宽度为上胚轴周长1/3左右、长度1.3~1.5cm，保留0.5cm左右长的腹囊皮，以便夹托微型芽片。

切取微型芽片：从试管中取出部分叶子脱落或全部叶子脱落、茎粗为0.2cm左右的幼态微型芽条，洗净培养基，用医用手术刀片以内削法从下至上切取微型芽片，微型芽片的木质部不必去除，必要时对芽片的两端修整至与芽接口宽度相当或略小，每切取一个芽片随即接1株。

芽接：用市售的柔软而有韧性的塑料薄膜食品保鲜袋为材料，剪成宽0.8~1.0cm、长15~20cm的捆绑带备用。把微型芽片插在芽接口上，微型芽片的下端被腹囊皮夹托着，用捆绑带由下往上捆绑。芽接好的籽苗重新放到另一盛有浅水的容器中，以保持籽苗砧木的水分，防止萎蔫，以备栽苗。

栽苗：先往塑料袋土中淋水，以湿润土壤，然后用一根小木棒在土中插一个比籽苗砧木根系长度稍深的孔，将芽接好的苗的根部插入孔中，用手指回土并压实。栽苗完成后，淋好定根水，盖上遮光度为70%遮阳网。或将芽接好的籽苗假植在砂床中，待成活解绑后甚至切杆抽芽后再栽种到育苗袋，注意保湿和遮阳。冬季可以把芽接好的籽苗以高度密植的方式假植到塑料大棚的沙床中，天气转暖后再移植到育苗袋。

解绑：芽接35~40天观察芽接部位，确定伤口愈合并成活的芽接苗，用医用刀片将塑料绑带切断，除去塑料绑带。

切砧：芽接成活的籽苗，在砧木第一对真叶的上方将嫩芽摘除，再过2周左右，在砧木第一对真叶下方切砧。

抚管：淋水以保持土壤湿度，用遮光度为70%的遮阳网遮阳50~60天。

（3）影响芽接成活率的因素

①不同籽苗砧木物候期对芽接成活率的影响。选择4种不同发育时期的籽苗砧木进行芽接，分别为未长真叶前、第一对真叶古铜期、第一对真叶展叶期、第一对真叶成熟期。结果显示，不同籽苗砧木物候期对芽接成活率的影响很大，用未长真叶前至第一对真叶展叶期的籽苗作砧木的芽接成活率在80%以上，但用第一对真叶为稳定期的籽苗作砧木芽接成活率只有20%（表3-4）。

表3-4 籽苗砧木物候期对微型芽条芽接成活率的影响

砧木物候期	芽接株数	成活株数	芽接成活率(%)
未长真叶前	30	25	83
第一对真叶古铜期	30	30	100
第一对真叶展叶期	30	28	93
第一对真叶稳定期	30	6	20

②不同种类的芽片对芽接成活率的影响。从微型芽条种选取休眠芽、刚萌动的萌动芽、物候期未稳定的顶芽，分别接在第一对真叶为古铜期的籽苗砧木上。结果显示，不同种类的芽片芽接成活率差异较大，休眠芽芽接成活率最高，达100%，刚萌动的萌动芽次之，为83%；而未稳定的顶芽芽接成活率最低，为33%（表3-5）。

表3-5 不同种类芽片对籽苗芽接成活率的影响

芽片类型	芽接株数	成活株数	芽接成活率(%)
落叶休眠芽	30	30	100
萌动芽	30	25	83
未稳定的顶芽	30	10	33

③不同来源芽片对芽接成活率的影响。分别选取微型芽条休眠芽、大田苗圃绿色芽条已脱叶的休眠腋芽，接在第一对真叶为古铜期的籽苗砧木上。结果显示，不同来源的芽片对芽接成活率的影响很大。来源于微型芽条的芽片芽接成活率远高于来源于大田苗圃的芽片（表3-6）。

表3-6 不同来源的芽片对芽接成活率的影响

芽片来源	芽接株数	成活株数	芽接成活率(%)
微型幼态芽条	30	30	100
苗圃绿色芽条	30	7	23

（七）花药再生体系的缺陷与创新

花药是研究较早，最先获得体胚再生植株的外植体，经过近40年的研究，中国热带农业科学院橡胶研究所攻克这一难题，即克服了愈伤组织无法增殖，需反复采集外植体；体胚诱导率低；植株再生率低；外植体来源严重受季节限制，研究和生产无法常年进行；

剥离雄蕊难度大，效率低；外植体从室外采集，污染严重；体胚诱导基因型依赖严重。现在已经开始产业化。

二、内珠被培养

橡胶树的珠被由内外两层组成。外珠被发育成薄膜状外种皮；内珠被外表皮细胞发育成坚硬的"种壳"，外表皮以内的薄壁组织最后死亡解体，呈海绵状附在种壳内面。1980年，Carron尝试对内珠被进行离体培养，1985年诱导出紧致愈伤组织，经体胚发生途径再生植株，紧致愈伤组织不能长期继代，这一途径后来称为"初级体胚发生途径"。到目前为止，法国已将内珠被植株种植到法国象牙海岸、尼日利亚和泰国等国家，布置约65万的田间实验。法国内珠被紧实愈伤再生体系经过多年的发展，已取得了较大进展：胚性愈伤诱导率达到60%~100%，由体胚再生植株的频率达到30%(Carron等，1992)。中国热带农业科学院橡胶研究所黄天带等(2008)建立了国内橡胶树品种内珠被再生体系(图3-8)。

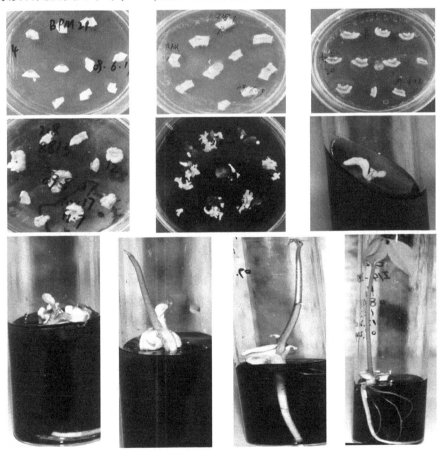

图3-8 橡胶树内珠被再生过程(黄天带供图)

(一) 研发历程

1982年，Carron和Enjalric证实巴西橡胶树的一种新的外植体：幼果内珠被与花药一样具有体胚发生能力，且与花药壁一样均来自体细胞，拥有与母树相同的基因型。1985年，Carron 和 Enjalric 从内珠被愈伤组织分化的几千个体胚获得了几十株再生植株。2008年，中国热带农业科学院橡胶研究所黄天带等获得了来自热研 7-33-97 和热研 88-13 的再生植株。整个再生过程包括取材和消毒、愈伤组织诱导、体胚诱导及成熟、胚状体萌发与植株再生。影响再生频率的主要因素包括基因型、固化剂、激素、碳源和培养条件等。

（二）再生过程

1. 取材和消毒

橡胶树春花、夏花、秋花授粉 45~75 天的幼果均可作为内珠被培养的外植体。此时的果壳幼嫩，种皮未硬化，种子外观为乳白色。Carron 等（1989）用的消毒程序为次氯酸钠（24%）消毒 20 分钟，然后在酒精中浸一下。本实验室采用的消毒程序为 75% 酒精浸泡 1 分钟，再以 0.1% 升汞浸 10 分钟，最后用无菌水清洗 4~5 遍。消毒后在超净条件下将果皮切开，取出种子，切除外珠被和内珠被外表皮，将包含珠心的内珠被切成片状接种到愈伤诱导培养基。种子外面有厚厚的果皮包被，是天然的无菌材料，因此内珠被接种污染率很低。即使在白粉病严重的季节，花药污染率达 30% 以上，内珠被污染率仍能控制在 10% 以内。

2. 愈伤组织诱导

内珠被接种到诱导愈伤组织的培养基上，20 天左右在外植体上产生黄色颗粒状愈伤组织。主要是内珠被内面靠近珠心和维管周细胞的部位增殖，因此尽量将外植体切成一边带珠心边缘的 5mm×3mm×0.5mm 大小。硝酸银有助于减轻外植体褐化。通常经过 5~10 天的延迟期，细胞开始分裂。快速预处理 5 分钟使外植体稍干燥可有效缩短延迟期，促进体胚发生，减少褐化。将外植体置于浸泡了液体培养基的 sorbarod cellulose blocks（以下简称 sorbarod）形成愈伤组织较琼脂及凝胶凝固的培养基早，而琼脂凝固的培养基褐化率最高，凝胶凝固的培养基褐化率最低。Carron 等研究了 PB260、PR107、RRIM600、PB235 4 个品种的再生频率，其中愈伤诱导率在 87%~99% 之间。愈伤诱导率最高为 PB235，最低为 PR107。中国热带农业科学院橡胶研究所研究了国内品种热研 7-33-97 和热研 88-13 的内珠被再生体系，愈伤组织诱导率分别为 84.9%、95.4%。15 天开始看到原胚细胞形成。

3. 胚胎发生表达

将愈伤组织转入胚性表达培养基，愈伤进一步发育，胚性愈伤诱导率在 36%~51% 之间。此阶段是整个再生过程最重要的，许多详细深入的研究在此阶段开展。基因型差异显著，胚性愈伤诱导率最高为 PB260，最低为 RRIM600。橡胶树内珠被体胚发生方式有两种，一种是单细胞起源，起源于分离的胚性细胞团，部分胚性细胞再分裂形成小的球形原胚；另一种是多细胞起源，起源于愈伤表面突起，这些突起持续分裂，形成球形原胚。此时的球形原胚未累积淀粉和蛋白质，呈半透明状。特定基因型在特定培养条件下遵从特定的体胚发生方式。若最后的子叶形胚状体为多细胞起源，则单细胞起源的胚状体发育为球形原胚后降解。PB260、PB235 为多细胞起源，RRIM600、PR107 为单细胞起源。25 天愈伤状态最理想，如果不及时继代或继代到不适宜的培养基，薄壁细胞累积多酚，分生组织活性下降，原胚细胞降解，愈伤褐化。琼脂、凝胶和 sorbarod 愈伤诱导率相当，凝胶胚性愈伤诱导率最高(13.5%)，其次琼脂(11.7%)，sorbarod 最低(0.42%)，因此凝胶是较理想的培养基固化剂。在愈伤组织诱导阶段，将 3，4-D 和 6-BA 浓度由 9μmol/L 降至 4.5μmol/L 更有利于胚状体诱导，研究表明此激素水平在 40~70 天均能保持较高水平的腐胺、亚精胺和精胺，以及低水平的过氧化酶活性；而对照(9μmol/L)早期检测到瞬时的高水平多胺产生，但同期也产生高的过氧化酶活性，导致愈伤褐化，体胚发生能力下降。愈伤的相对含水量保持在 93%~95%，水势保持在-0.9MPa 对于诱导体胚发生十分重要。Etienne 等提取了这个阶段内珠被愈伤组织的内源 IAA 和 ABA，研究表明只有外源 ABA、内源 IAA 能维持胚性表达，内源 ABA 浓度过高反而抑制胚胎发生。继代的时间也很重要，在 MH1 培养基培养 20~30 天必须继代一次，否则 20 天左右产生的胚性细胞会降解，而频繁更换 MH1 或在 MH1 培养的累积时间少于 40 天就转入 MH3 均无法形成胚性细胞。条件培养基(内珠被胚性悬浮系在含 19μmol/L ABA 培养基培养 40 天后的上清)加入 MH1 固体培养基可将胚性愈伤诱导能力从 4% 提高到 80%。供体树的年龄及繁殖方式影响胚性愈伤诱导率，7 年体胚植株>7 年芽接树>17 年芽接树。

4. 原胚发育

将胚性愈伤转入改良的 MH1 培养基，去掉硝酸银，愈伤组织基本停止生长，开始褐化、死亡。组织学研究表明，体胚在这个阶段进一步分化，表皮形成，出现维管束，形成乳管系统，皮层区开始累积淀粉，使得胚状体外观由半透明变为乳白色，子叶、根原基开始形成，发育为根冠的部位贮藏大量淀粉，胚状体的液泡开始积累贮藏蛋白质。部分已形成的球形原胚重新愈伤化从而消失。肉眼可看到形状各异的胚状体，但是大部分为畸形胚，缺乏茎尖分生组织，部分具有 2 个或 3 个乳管系统，部分多子叶或无子叶球形，无法正常萌发，只能形成根。平均每块胚性愈伤组织有 1.2~4.1 个胚状体。最多为 PB260，最低为 RRIM600。胚状体诱导率在 43%~209% 之间，品种间差异显著，最高为 PB260，最低为 RRIM600。在 0~20 天的愈伤组织诱导阶段通过使用透气的试管或添加 $KMnO_4$、AOA（氨基氧乙酸）、$AgNO_3$ 消除乙烯的影响，在 20~40 天添加多胺至 MH1 培养基可提高双极胚的比例。Carron 等(1998)研究了 RRIM 600、RRIM 712、RRIM 703、RRIM 729、IRCA 18、IRCA 130、IRCA 109、RRIC 100、PB 254、PB 217、PB 280、PB 255、PB 310、PB 330、PB 260、PR 107、AVROS 2037、GT 1 等 18 个基因型体胚分化能力的差异及易碎胚性愈伤组织诱导能力的差异。其中，RRIM 600、IRCA 18、IRCA 109、RRIC 100、PB 254、PB 217、PB 280、PB 310、PB 330、PB 260、PR 107、GT 1 等 12 个基因型观察到体胚发生，但是有一半胚胎发生能力非常有限且重复性差，只有 RRIM 600、PB 217、PB 280、PB 310、PB 260、PR 107 等 6 个基因型可以重复获得大量体细胞胚。

5. 体胚成熟

将体胚分离出来，接种到改良的 MS 培养基，大量元素为改良培养基 30%，微量元素为改良培养基 2 倍，添加 MH1 培养基的维生素，351mmol/L 蔗糖，0.5g/L 活性炭，2g/L 植物凝胶。通过体胚成熟阶段，部分胚状体可形成正常的二极结构，外观为白色梨形(子叶聚合)或子叶形。10μmol/L ABA 促进胚状体由球形发育成鱼雷形。条件培养基加入 MH1 固体培养基可提高心形和鱼雷形胚状体的诱导率。正常胚状体诱导率为 24%~95% 之间，最高为 PR107，最低为 PB235。

6. 体胚萌发

将成熟的胚状体转入含萌发培养基的试管，诱导胚状体萌发。细胞分裂素和腺嘌呤促进体胚萌发，其中 7μmol/L 腺嘌呤的萌发率达到 74%。

7. 植株发育

将萌发的胚状体转入植株发育培养基，植株再生率在 2%~31%。最高为 PR107，最低为 PB235。

8. 植株增殖

内珠被植株可以通过两种方式增殖：试管微繁和用过接穗通过室外芽接增殖。由于内珠被植株通过体胚发生实现重新幼态化，两种增殖方式繁殖的植株大田种植时在长势、产量上表现一致，均比老态的芽接树表现好。

9. 驯化和移栽

移栽过程需要 4~6 个月的时间才能进行大田种植。移栽过程可以分为 3 个部分：①断乳期：这个过程需要 4~6 周。组培苗在这个阶段逐渐适应室外环境，恢复茎尖生长，开始自养。在这个阶段管理上要注意定期喷水以保持温度在 20~30℃，湿度接近 100%，每两周喷一次试剂以杀死真菌，盖上塑料网以遮挡 50% 的阳光；②硬化期：逐渐解除定期喷水和遮阴，让组培苗完全适应室外环境。一旦茎尖恢复生长，就开始施肥，因为相对实生苗组培苗营养储存不足，施肥量不能高，且每星期施一次：头 4 周添加 1g/L 氮磷钾复合肥（N：P：K 为 10：5：10），然后在下一个 4 周添 1g/L 氮磷钾复合肥（N：P：K 为 20：20：20）；③幼苗期：该阶段管理同常规芽条圃，施肥 2g/L 氮磷钾复合肥（N：P：K 为 28：14：14）。所需时间视组培苗获得足够的生活力可以进行大田种植而定。通常 20 cm 的植株可以种到大田。

(三) 基因型对内珠被培养的影响

基因型是影响植物离体再生的最重要因素，橡胶树内珠被培养也不例外。

1. 参试基因型来源

于 2009 年 7 月，采集于中国热带农业科学院试验场热研 7-33-97 等 16 个基因型授粉后生长了两个月左右幼果，每个基因型采集 10 个幼果，基因型来源国及杂交亲本见表 3-7。

表 3-7 参试基因型来源及杂交亲本

编号	基因型	亲本（母本×父本）
1	热研 7-33-97	RRIM600×PR107
2	热研 88-13	RRIM600×pilB84
3	热研 8-79	热研 88-13×热研 217
4	热试 13	热研 217×热研 88-13
5	热研 8-333	热研 88-13×热研 217

(续)

编号	基因型	亲本(母本×父本)
6	热研78-2	热研2-14-39×热研B259
7	RRIM600	Tjirl×PB86
8	热试3	PB5/51×FORD351
9	热试8	IAN873×PB260
10	热试20	RRIM600×PB235
11	热试7	PB5/51×IAN873
12	热试6	PB5/51×IAN873
13	BPM24	GT1×AV1734
14	RRII105	—
15	IAN873	PB86×FA1717
16	PR107	初生代

2. 外植体的准备

幼果用洗衣粉洗涤和冲洗后，用75%乙醇消毒1分钟，0.1%升汞消毒10分钟，最后用无菌水冲洗3~5次。取出已消毒好的幼果的胚珠，将其外珠被去除，并切成0.3cm×0.5cm薄片。每个果单独接种。

3. 愈伤组织的诱导与体胚分化

将内珠被薄片放在愈伤诱导的培养基上(改良的MS添加6-BA 1mg/L、2,4-D 1mg/L、$AgNO_3$ 5mg/L、Phytagel 2g/L、蔗糖80g/L、椰子水50ml/L)，25℃暗培养15~20天后，转入继代培养基(改良MS添加6-BA 0.3mg/L、2,4-D 0.3mg/L、ABA 0.13mg/L、Phytagel 2g/L、蔗糖80g/L、椰子水50ml/L)上，继续25℃暗培养15~20天。最后，将愈伤组织转入体胚分化培养基(改良的MS培养基，添加6-BA 1mg/L、KT 3mg/L、NAA 0.2mg/L、GA_3 0.5mg/L、Phytagel 2g/L、蔗糖70g/L、活性炭1g/L、椰子水50ml/L)上，25℃暗培养30~50天，以诱导胚状体形成和成熟。

4. EST-SSRs聚类分析

基因组DNA提取、EST-SSRs引物设计、特异扩增及分型参照华玉伟等(2010)的方法。每对SSR引物检测一个位点，视每条多态性带为一个等位基因，相同迁移位置有带的记为1，无带的记为0。采用NTSYS软件的UPGMA方法进行聚类分析。

5. 不同基因型愈伤组织诱导及体胚分化

参试基因型均能够成功诱导胚性愈伤组织，愈伤组织为深黄色或浅黄色。不同基因型愈伤诱导率存在明显差异，愈伤组织诱导率在68.5%~100%之间，热研7-33-97、PR107、热研78-2、BPM24愈伤诱导率低于85%，其余基因型愈伤诱导率均高于90%(表3-8)。诱导愈伤组织类型也不同，除PR107诱导较为易碎愈伤组织，其他均为紧致愈伤组织(图3-9)。

表 3-8 不同基因型愈伤组织诱导和体胚分化

基因型	果数（个）	外植体数（块）	C%（%外植体）	E%（%外植体）	NE%（%外植体）	MNE%（%外植体）
热研 7-33-97	23	1440	84.93	130.56	1.53	0.21
热研 88-13	11	1550	95.42	23.10	0.13	0.00
热研 8-79	10	1230	98.62	0.57	0.00	0.00
热试 13	10	1010	91.88	0.00	0.00	0.00
热研 8-333	13	1720	99.13	0.00	0.00	0.00
热研 78-2	11	1040	68.46	0.00	0.00	0.00
热试 7	14	1640	100.00	0.00	0.00	0.00
RRIM600	10	1240	94.27	0.00	0.00	0.00
热试 3	9	860	99.88	0.00	0.00	0.00
热试 8	11	1390	99.71	0.00	0.00	0.00
热试 6	12	1160	88.79	0.00	0.00	0.00
BPM24	10	1150	75.22	0.00	0.00	0.00
热试 20	10	650	100.00	112.46	21.85	2.62
PR107	10	1170	74.70	2.39	0.00	0.00
RRII105	13	1790	96.87	3.18	0.22	0.00
IAN873	29	3948	100.00	0.03	0.00	0.00

注：C%为愈伤诱导率；E%为胚状体诱导率；NE%为正常胚状体诱导率；MNE%为成熟正常胚状体诱导率。

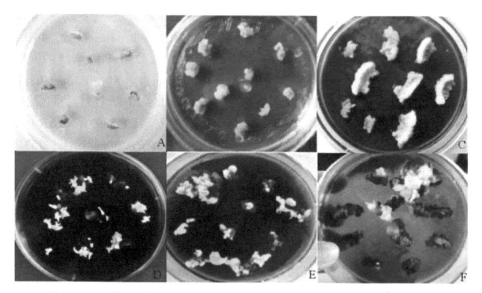

图 3-9 不同基因型橡胶树内珠被愈伤组织诱导及体胚发生（黄天带等，2012）
A. 热研 7-33-97 紧致愈伤组织；B. PR107 较碎愈伤组织；C. 热研 88-13 紧致愈伤组织；D. 热研 7-33-97 体胚发生；E. 热试 20 体胚发生；F. 热研 88-13 体胚发生。

参试基因型胚状体诱导率存在明显差别，诱导率为 0%~130.56%，其中 9 个基因型未能诱导出胚状体，BPM24、热研 8-79 胚状体诱导率低于 1%，RRII105、PR107 胚状体诱导率低于5%，热研88-13、热试20、热研7-33-97胚状体诱导率较高，为23.1%~130.56%。基因型间正常胚状体诱导率也存在较大差别，仅热试20、热研7-33-97、RRII105和PR107能诱导出正常胚状体，诱导率为0.13%~21.85%，热试20的正常胚状体诱导率最高，达21.85%。

(四) 系谱与愈伤组织诱导及体胚分化分析

1. 参试基因型系谱分析

根据参试基因型亲缘关系，将13个基因型亲缘关系转换为系谱图（图3-10），热研78-2、BPM24和RRII105与上述13个基因型无共同亲本，未归入该图。根据系谱图参试13个基因型可以分为4个群体，分别为P1(IAN873)，含IAN873亲缘；P2(IAN873、PB5/51)，含IAN873或PB5/51亲缘；P3(RRIM600)，含RRIM600亲缘和P4(热研217)，含热研217亲缘。

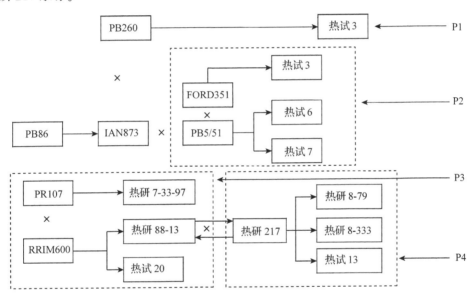

图3-10 部分供试基因型系谱图(黄天带等，2012)

2. 系谱与体胚发生关系

依据参试基因型在同一培养基上体胚发生能力水平，16个基因型可以划分为Ⅰ体胚发生能力强、Ⅱ体胚发生能力中等、Ⅲ体胚发生能力弱和Ⅳ未能体胚发生等四种类型。Ⅰ类包括热研88-13、热试20和热研7-33-97；Ⅱ类包括RRII105和PR107；Ⅲ类包括IAN873和热研8-79；其他9个基因型为Ⅳ类。

通过体胚发生能力与16个基因型的系谱比较，系谱与体胚发生能力强弱具有很强的相关性，如系谱P3群体与体胚发生Ⅰ类拟合，P1、P2和P4与体胚发生Ⅳ类拟合，即具有RRIM600亲缘的基因型体胚分化能力强；具有IAN873、PB5/51和热研217亲缘的基因型体胚分化能力弱或无体胚分化能力。特别说明的是，热研8-79属Ⅲ类，系谱分析归入无体胚分化能力的P4群体，两者出入不大；IAN873属Ⅲ类，作为P1、P2群体的共同亲本，导致P1、P2无体胚分化能力，两者出入不大；RRII105和PR107属Ⅱ类，RRII105

未归入图 3-10，PR107 作为热研 7-33-97 的亲本，归入 P3（Ⅰ类）。

3. EST-SSRs 聚类分析与体胚分化关系

25 对 EST-SSRs 引物对参试的 16 个基因型进行遗传分析，共检测到 78 个多态性位点，每对引物检测到的等位基因数为 2~5 个，平均每对引物检测到 3.12 个等位基因（图 3-11）。16 个基因型相似系数在 0.56~0.89 之间，平均相似系数为 0.70，表明遗传分化较大。

依据 16 个基因型间遗传相似性系数和体胚分化频率分析发现，遗传相似性系数与体胚发生能力之间并不具备直接相关性，体胚发生能力强弱基因型在 UPGM 聚类分析图中交错分布（图 3-12）。热研 7-33-97 与 BPM24 相似性系数较大，为 0.835，体胚分化频率差距较大，分别为 130.56% 和 0；热研 7-33-97 和热试 20 遗传相似性系数差别较大，仅为 0.684，体胚分化频率较为相似，分别为 130.56% 和 112.46%。

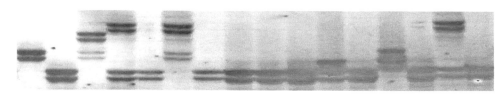

图 3-11　引物 80 对 16 种基因型的扩增效果（黄天带等，2012）

泳道 1~16 分别为参试基因型 1~16。

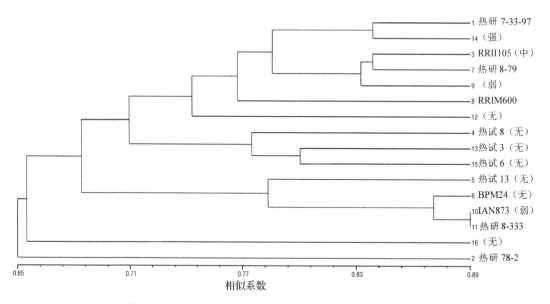

图 3-12　16 种基因型的遗传关系树状图（黄天带等，2012）

强：体胚分化率 > 10%；中：1% < 体胚分化率 ≤ 10%；弱：0 < 体胚分化率 ≤ 1%；无：无体胚发生能力。

（五）橡胶树愈伤组织的诱导与体胚发生受基因型影响

参试 16 个基因型均能诱导出愈伤组织，但是仅有 3 个基因型能够获得较多的胚状体，同时，9 个基因型愈伤组织诱导率在 68.46%~100% 之间，但无法诱导体胚发生，由此可见，橡胶树内珠被形成愈伤组织的能力和愈伤组织的分化能力之间不存在明显的相关性，类似的情况在棉花、小麦有报道。二者可能分别具有不同的遗传基础。这一推断在一年生作物已得到愈来愈多的分子遗传学和普通遗传学证明。由此推断，橡胶树内珠被愈伤组织诱导率与体胚发生率很可能也是由不同的基因控制。而相当一部分愈伤组织不具备体胚分化能力，因此今后研究的重点不是提高愈伤组织诱导率，而应侧重于提高愈伤组织体胚分化率。

(六) 橡胶树体胚发生能力受遗传控制

目前，橡胶树栽培品种由魏克汉1876年种植的46株母树不断杂交培育而成，普遍认为其遗传基础狭窄，本研究聚类结果也支持这一观点。组织培养反应是遗传基础的体现，因此理论上橡胶树组织培养基因型间不存在显著差异。而本研究发现基因型明显影响橡胶树愈伤组织诱导率和体胚分化率。可能原因是组织培养效率是数量性状，而橡胶树是异花授粉作物，高度杂合，控制组织培养效率的基因在基因型间高度分离，而组织培养效率不是育种目标，因此在长期的选择过程这些基因在不同基因型聚合的程度不同。如果在育种过程将体胚发生能力作为选择目标，不断聚合高体胚发生能力基因，将有助于通过遗传改良现有橡胶树的体胚发生能力。在玉米已有通过育种手段改良综合性状优良但难以进行离体培养的多个成功例子，Petolino等(1988)通过一轮轮回选择方法将花药培养能力提高6倍，Rosati等(1994)经两轮选择后基础群体的幼胚再生能力增加了近1倍。

(七) 系谱分析和聚类分析方法在橡胶树内珠被培养中的应用前景

基因型和培养基是影响组织培养最重要的两个因素。不同的基因型适用不同的培养基。本实验研究了系谱和聚类分析两种遗传分析方法与16种基因型内珠被组织培养反应的拟合程度。结果表明，系谱分析比聚类分析结果更准确。体胚发生能力强弱基因型在UPGM聚类分析图中交错分布；而系谱分析显示具有RRIM600亲缘的基因型P3分化能力强；具有IAN873、PB5/51和热研217亲缘的基因型体胚分化能力弱或无体胚分化能力。在甘蓝型油菜花药培养也观察到某些含有相同亲本的F1和F2代材料对培养的反应相似。因此，需要开发针对IAN873、PB5/51、热研217家族的不同于本研究的培养基。通过系谱指导橡胶树组织培养，取回一个基因型先查清其亲缘关系，然后选择对应的培养基将会有效减少组织培养的盲目性，达到事半功倍的效果。而要想将分子方法应用于橡胶树组织培养仅通过EST-SSR聚类分析是无法实现的，因为EST-SSR引物扫描的是全基因组，而组织培养特性由特定基因控制，根据已克隆的体胚分化基因序列设计引物进行聚类分析，结果将更可靠。体胚分化特异引物扩增结果的聚类分析与组培结果的拟合程度值得进一步深入研究。

三、叶片培养

由于叶片作为外植体更容易获得，克服了花药和内珠被严重受季节限制的缺陷。目前，印度、中国均开展了叶片培养研究。2007年，印度橡胶研究所Kala等首次报道通过橡胶树离体叶片的培养得到了再生植株，并开展利用叶片诱导的易碎胚性愈伤组织进行转基因研究。但总体而言，叶片培养仍不够成熟，目前仅 RRII105 一个品种再生植株，且缺乏大田试种数据。

(一) 印度研究进展

1. 技术流程

外植体采集和消毒：采集温室生长 6 个月 RRII105 的芽接袋装苗处于成熟前期的叶片，此时叶片为淡绿色，叶片表面在光下有明显光泽。用商用漂白剂清洗，再在流水下完全冲洗干净，然后转入含几滴吐温 20 的 0.15% 升汞溶液，振荡后，用无菌蒸馏水清洗干净，用无菌滤纸吸干表面水分。

愈伤诱导：将每片小叶切成 1cm×1cm 的小块，转入愈伤诱导培养基，近轴面贴培养基。愈伤诱导培养基含高浓度硝酸钙和 2,4-D，暗培养 40 天。

愈伤增殖：将愈伤组织从叶片上切下来，转入愈伤增殖培养基。愈伤增殖培养基降低钙离子浓度、2,4-D 和 6-BA 浓度，提高蔗糖浓度，添加精氨酸，每 3 周继代一次，共 3 次，可形成易碎胚性愈伤组织。20mg/L 硝酸银可改变愈伤结构，使愈伤组织更松散易碎。

胚性愈伤启动：将易碎胚性愈伤组织转入胚性愈伤启动培养基，胚性愈伤从初始愈伤块不同部位形成，首先是一个黄色突起，随后在一个月内进一步增殖为金黄色愈伤团，诱导率为 38%，10mg/L 硝酸银提高胚性愈伤诱导率至 43%。胚性愈伤启动培养基进一步提高蔗糖浓度，添加脯氨酸和谷氨酰胺，添加 GA3 和 KT，降低水解酪蛋白浓度。

体胚诱导：将胚性愈伤转入体胚诱导培养基诱导球形胚。体胚诱导培养基进一步降低硝酸钙浓度和 NAA 浓度，其他成分与胚性愈伤启动培养基相同。培养 50 天可看到球形胚。

体胚成熟：将球形胚转入体胚成熟培养基促进球形胚进一步发育成子叶型胚。体胚成熟培养基大量元素降低为 1/2，提高椰子水浓度至 10%，提高 6-BA 浓度至 4.4μmol/L，添加麦芽提取物、GA3 和 IBA。

植株再生：将成熟子叶型胚状体转入出苗培养基诱导植株再生。出苗培养基成分很简单，将大量元素降低为 1/2，蔗糖浓度降低至 30g/L，不添加任何激素。

愈伤诱导、愈伤增殖、胚性愈伤诱导、体胚成熟、植株再生培养基见表 3-9。

表 3-9 叶片培养基

培养基成分	愈伤诱导	愈伤增殖	胚性愈伤诱导	体胚诱导	体胚成熟	植株再生
基本培养基	MS+四水硝酸钙(1.2g/L)	MS+四水硝酸钙(800mg/L)	MS+四水硝酸钙(800mg/L)	MS+四水硝酸钙(250mg/L)	1/2 改良 MS	1/2 改良 MS
维生素	B5	B5	B5	B5	B5	MS
蔗糖	20g/L	40g/L	60g/L	60g/L	60g/L	30g/L
有机添加物	水解酪蛋白(1g/L)、椰子水(5%)	水解酪蛋白(1g/L)、椰子水(5%)	水解酪蛋白(300mg/L)、椰子水(5%)	水解酪蛋白(300mg/L)、椰子水(5%)	水解酪蛋白(400mg/L)、椰子水(10%)、麦芽提取物(150mg/L)	—

(续)

培养基成分	愈伤诱导	愈伤增殖	胚性愈伤诱导	体胚诱导	体胚成熟	植株再生
L-半胱氨酸	50mg/L	50mg/L	50mg/L	50mg/L	—	—
谷氨酰胺	—	—	200mg/L	200mg/L	—	—
精氨酸	—	40mg/L	40mg/L	40mg/L	40mg/L	—
激素	2,4-D(5.4μmol/L)、BA(4.4μmol/L)和NAA(1.08μmol/L)	2,4-D(1.8μmol/L)、BA(2.2μmol/L)和NAA(1.08μmol/L)	BA(2.2μmol/L)、GA3(2.9μmol/L)、KT(1.25μmol/L)和NAA(1.08μmol/L)	BA(2.2μmol/L)、GA3(2.9μmol/L)、KT(1.25μmol/L)、ABA(0.75μmol/L)和NAA(0.54μmol/L)	BA(4.4μmol/L)、GA3(4.4μmol/L)、KT(1.3μmol/L)和IBA(0.49μmol/L)	—
pH	5.6	5.6	5.7	5.7	5.6	5.6

2. 外植体来源对体胚发生的影响

2009年，Kala等研究不同外植体来源的叶片培养对橡胶树体细胞胚发生的影响，结果发现，胚性愈伤组织发生的时间和频率存在显著差异，来源于组培苗和袋装芽接苗的叶片可获得胚性愈伤组织，而来源于成年芽接树的叶片几乎不能诱导出具有胚性的愈伤组织。

3. 硝酸银对叶片愈伤结构和体胚发生能力的影响

2013年，Kala等研究了硝酸银对橡胶树叶片体细胞胚发生能力的影响，结果发现：添加20mg/L的硝酸银于愈伤组织增殖培养基的第2和第3次继代培养中，可改善愈伤组织的结构，使其颜色更黄、更碎，从而提高体细胞胚发生能力。添加10mg/L硝酸银至胚性愈伤起始培养基，胚性愈伤形成率从38%提高至43%（表3-10）。

表3-10 硝酸银对胚性愈伤形成的影响

硝酸银(mg/L)	胚性愈伤诱导率*(%)
0	38.33
5	40.00
10	43.33
20	43.33
CK	1.41

注：* 每一个值是三次重复的，每个重复含20个样品。

(二)中国研究进展

2011年，中国热带农业科学院橡胶研究所开展了叶片培养的研究，孙爱花等以淡绿期或稳定期橡胶树无菌组培苗叶片为外植体，研究不同激素及其配比对叶片愈伤组织的诱导，结果表明，当6-BA浓度一定时，随着NAA浓度的提高，愈伤诱导率有逐步提高的趋势，达到1.5mg/L时，其诱导率最高；而当6-BA浓度>1.5mg/L时，愈伤诱导率呈现下降的趋势；通过KT与NAA的不同浓度配比组合发现，大多数培养基的愈伤诱导率都低于10%，其中有些还为0；NAA浓度相同时，6-BA的愈伤组织诱导能力明显好于KT。由此可知，橡胶树叶片愈伤组织的诱导必须依赖于植物激素，在不含激素或单独使用某种激素的培养基中均不能诱导愈伤组织的形成，其最佳培养基为改良MS培养基+1.5mg/L NAA+1.0 mg/L 6-BA，其诱导率达到26.7%，但未诱导出胚状体。

2014年，海南大学欧阳超以1年生热研7-33-97芽接苗叶片为外植体，研究了预处理、叶片切取部位、基本培养基、3种激素(6-BA、NAA、2,4-D)、pH值、暗培养时间、外植体放置方式、物候期及取材时期对愈伤组织诱导的影响，分析了橡胶树叶片(预处理含主脉叶块、预处理不含主脉叶块、未预处理含主脉叶块、未预处理不含主脉叶块)经离体培养后脱分化过程中丙二醛(MDA)含量、可溶性糖含量、过氧化物酶(POD)及过氧化氢酶(CAT)活性，初步了解橡胶叶片离体培养细胞脱分化机制。结果表明，最适基本培养基为MS培养基，pH 5.8产出愈伤组织效率最高，pH 4.6和7.0均未诱导出愈伤组织，暗培养42天有利于愈伤诱导，叶片正面朝上放置于培养基为最佳接种方式，淡绿期愈伤至诱导率最高，萌动期和稳定期叶片较难诱导出愈伤组织，6月为最佳取材时间，3月和9月次之，12月最差，含主脉叶块愈伤诱导率高于不含主脉叶块。用MS+3mg/L 6-BA+0.5mg/L 2,4-D+0.2mg/L NAA液体培养基对叶片预处理有利于提升愈伤诱导率，最佳愈伤诱导培养基为MS+3mg/L 6-BA+0.5mg/L 2,4-D+0.2mg/L NAA+4%蔗糖+3g/L植物凝胶。丙二醛含量随着培养时间增加呈先降后升再降再升的趋势，拐点分别出现在第14天、21天、42天，预处理含主脉叶块在3个拐点处的丙二醛含量均最低；可溶性糖含量随着培养时间的增加呈先降后升的趋势，最低点出现在第42天，此处预处理含主脉叶块可溶性糖含量最低；POD酶活性随着培养时间的增加呈先升后降再升再降的趋势，两个活性高峰分别出现在第14天和第42天，预处理含主脉叶块在这两点处的POD酶活性最高，CAT酶活性随着培养时间的增加与POD酶活性变化趋势相似，两个活性高峰也分别出现在第14天和第42天，预处理含主脉叶块在这两点处的CAT酶活性最高。

四、悬浮培养

悬浮细胞培养体系具有生物反应器和为遗传基因工程技术提供细胞水平上的理想材料的功能。Wilson等(1976)将来源于橡胶树幼茎的褐化坏死和白色疏松的两种不同形态的愈伤组织进行悬浮培养，然后将悬浮培养物转移至固体培养基中培养，愈伤质量得到极大的改善，愈伤均变得脆性，且生长活跃，说明悬浮培养可以改良愈伤组织的质量，再将该种改良后的愈伤进行悬浮培养，能建立良好的悬浮培养系。Veissire等(1994)对来源于种子幼胚的胚性愈伤进行悬浮培养，将悬浮培养细胞转移至只含有10^{-5}mol ABA的固体培养基上培养2个月，获得胚状体。中国热带农业科学院橡胶研究所吴紫云等(2010)利用花药愈伤建立悬浮培养系，该体系在进行长期继代培养中能保持细胞的胚性，同时系统研究悬浮细胞生长动力学，并将悬浮培养细胞转移至固体培养基培养，可形成胚性愈伤组织。上述报道均不能在悬浮培养系中直接形成体胚。中国科学院刘桂珍和陈正华(1999)在悬浮培养系中悬浮细胞能直接分化出体胚，他们发现用甘油来代替蔗糖作为碳源培养效果好，悬浮培养系中有大量球形胚直接发生，但仍需将球形胚转移至固体培养基中培养才能进一步发育成成熟的子叶胚。

五、原生质体培养

原生质体为单细胞，橡胶树瞬时转化效率高达50%以上，转化细胞直接再生为植株，具有转化效率高、再生植株纯合的优点，是最理想的基因工程受体。国内外不少学者对橡胶树原生质体的分离和培养进行了大量的探索。Cailloux和Lleras(1979)、Othman和Paranjothy(1980)最先从橡胶树茎尖和嫩叶中分离出原生质体，Wilson和Power(1989)、Cazaux和d'Auzac(1991)从橡胶树茎、叶和愈伤组织分离的原生质体培养中观察到细胞壁再生和细胞分裂现象，Cazaux和d'Auzac(1994)从橡胶树胚性愈伤组织来源的原生质体培养中首次获得小愈伤组织，Sushamakumari等(2000)采用KPR培养基结合看护培养的方法从橡胶树PRII105胚性悬浮细胞来源原生质体的培养中首次成功获得了完整的再生植株。中国热带农业科学院橡胶研究所戴雪梅等(2012，2013)分别从热研7-33-97和热研8-79悬浮细胞分离的原生质体获得再生植株(图3-13)。

戴雪梅等(2012)以橡胶树热研7-33-97花药和内珠被为起始外植体分别诱导愈伤组织，进行悬浮培养建立稳定的胚性悬浮细胞系，并分别对其进行原生质体的分离和培养研究，分析比较不同起始外植体来源原生质体的产量、活力及其在看护培养过程中的分裂生长、体胚发生及植株再生情况。结果显示，在含1.5%纤维素酶、0.15%果胶酶和0.5%离析酶的酶液中酶解处理12小时后，花药和内珠被来源的悬浮细胞原生质体产量分别为7.6×10^6个/mL PCV和12×10^6个/mL PCV，平均活力分别为75.2%和83.9%；在看护培养基上这两种来源的原生质体均能发生持续分裂，45天后从5×10^5个原生质体形成2mm以上的小愈伤组织数分别为247个和480个；经体胚诱导培养60天后获得的体胚数分别为56个和18个，最终花药来源原生质体发育的体胚约有4.7%转化成完整植株，而内珠被来源的原生质体没能得到正常的植株。结果表明，经花药培养建立的胚性悬浮细胞系是获得具

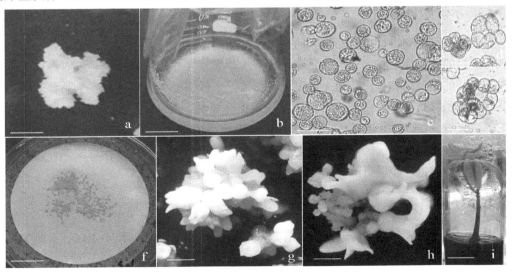

图3-13 橡胶树原生质体再生过程(戴雪梅等，2012)

有植株再生能力原生质体的最佳材料。

然而已报道的原生质体再生体系植株再生率都不高,可获得再生植株品种仅RRII105、热研7-33-97和热研8-79。

六、微繁

以茎尖为外植体直接分化丛生芽,进而获得再生植株,这种技术可以避免体细胞胚胎发生过程中导致的细胞变异情况发生。但橡胶树的茎尖分化力极低,直接以其母株茎尖为外植体进行培养很难获得成功,而只有以橡胶树种子幼苗的茎尖为外植体才能培养成功。Mascarebhas等(1982)、Carron等(1982)、Asseara等(1998)、Huang等(2004)均以种子幼茎为外植体获得再生植株,但由于种子苗存在性状分离,不能保持其母株优良性状,因此所获得的再生植株也没有实际应用价值(图3-14)。

图3-14 实生苗微繁(黄天带供图)
A. 茎段腋芽生长;B. 茎尖伸长;C. 茎尖诱导丛生芽;D. 伸长腋芽在增殖培养基诱导丛生芽;E. 诱导生根。

七、未授粉胚珠培养

橡胶育种家最初进行该方面研究的初衷也与花药培养一样,期望获得单倍体植株,进而获得纯合的二倍体植株。未授粉胚珠培养技术难度较大并且依赖基因型。对海垦1进行未授粉胚珠的大量培养,仅获得1株再生植株,但未做细胞学鉴定。对多个品种系的未授粉胚珠进行诱导培养,但仅获得4株再生的单倍体植株。对11个品系进行未授粉胚珠诱导培养,仅有云研74-1007获得再生植株。对海垦2的花药和未授粉胚珠进行比较培养,发现后者的体胚发生率远远低于前者,表明未授粉胚珠培养较花药培养难度大,技术体系不够成熟,仍需进一步进行改良。

八、子房培养

对11个橡胶树品系的子房进行离体培养,只有云研73-477、云研74-1007、云研72-729 3个品系获得再生植株,但植株诱导率均极低。

九、橡胶树易碎胚性愈伤组织再生技术

经直接体胚发生只能获得少量的再生植株，并且必须不断采集果实以获得外植体。1993 年，Montoro 等通过改变愈伤诱导培养基的成分（把 KT 或 3,4-D 的浓度从 4.5μmol/L 降到 0.45μmol/L，或是把蔗糖浓度提高到 351mmol/L，或是把 Ca^{2+} 浓度提高到 12mmol/L）从橡胶树内珠被诱导出易碎胚性愈伤组织。这种愈伤组织可以增殖，长期继代达 5 年仍能诱导体胚发生，有效避免了内珠被直接体胚发生体系必须不断采集外植体、消毒的繁重体力劳动，从而不受季节等外界条件的影响，使得相关研究可以常年进行。随后中国、印度从内珠被初生愈伤、花药初生愈伤、叶片初生愈伤均诱导出易碎胚性愈伤，并再生植株。

（一）以内珠被初始愈伤为外植体诱导易碎胚性愈伤组织

1. 法国研究进展

整个体系包括如下几个步骤：获得可增殖的易碎胚性愈伤组织（4~18 个月），胚性愈伤组织增殖（20 天一代），体胚发生及植株再生（6 个月），炼苗移栽（6 个月），大田实验。胚性最好的 PB260 经此体系每个工人每年可生产几千株植株。

（1）易碎胚性愈伤组织的诱导

起始材料与内珠被直接体胚发生相同。如上所述，通过改变培养基的成分，可以从内珠被愈伤组织上诱导易碎颗粒。在愈伤诱导培养基转接 4~6 次，这种现象能进一步诱导，但阻止胚性表达。仅仅易碎还不够，愈伤还必须有很强的增殖能力。通常只有不到 5% 的愈伤组织符合要求。自 1993 年获得第一个可长期继代的胚性愈伤系后，法国国际农业研究发展中心 CIRAD 又先后获得了 15 个易碎愈伤系，但是部分由于增殖频率太低舍弃，部分因再生能力有限舍弃，最后只有两个易碎愈伤系有高的增殖能力及高的再生能力。组织学表明，使用适合的培养基可以保持易碎愈伤组织系的胚性。易碎胚性愈伤组织的稳定需要通过在低激素的培养基进一步的继代获得，稳定的材料结构一致，继代过程具有持续增殖能力。12mmol/L 钙离子可以有效刺激易碎胚性愈伤组织及原胚的形成，但是长期在此浓度培养则抑制胚状体进一步发育。进一步研究发现，愈伤在此条件下膨胀压、吸水力、氮的吸收及蛋白质合成降低，而渗透压升高，导致了愈伤结构及形态的改变。

（2）愈伤组织的长期继代及增殖

易碎胚性愈伤组织通过固体和液体培养基长期保存，通常采用固体培养基。具体做法为每两周在低生长素、低细胞分裂素、高钙离子浓度的愈伤增殖培养基继代，培养基命名为 MH，包含如下成分：30mmol/L $AgNO_3$，1.34μmol/L 6-BA，1.34μmol/L 3,4-D，9mmol/L $CaCl_2$，0.5μmol/L ABA，234mmol/L 蔗糖，2g/L Phytagel。继代的同时实现愈伤组织的增殖，增殖系数为每代 5~6。在这个阶段，愈伤结构一致，由未分化的细胞、胚性细胞和正在降解的分化细胞组成。将愈伤组织保存培养基的 $CaCl_2$ 浓度从 3mmol/L 提高到 9mmol/L，体胚数量和体胚萌发率都提高了 2 倍。Martre 等研究了易碎愈伤组织在 RITA（automated temporary immersion apparatus，CIRAD 发明的瞬时浸润装置）保存的生理反应，发现浸润 1 分钟的愈伤相对生长率与固体和液体对照相当，1 小时、12 小时、24 小时处理则下降了 60%，浸润阶段所有处理的呼吸速率相当，然而非浸润阶段 12 小时和 24 小时两

个处理的呼吸速率分别增加了 140%~164%。同时，总的腺苷酸浓度及 ATP/ADP 比值保持不变或下降。所有处理的腺苷酸能荷相当，SOD 活性及脂类过氧化反应随浸润时间延长而提高，尤其是 12 小时和 2 小时两个处理。非浸润时间超过 24 小时后则无论浸润时间长短均检测不到脂类过氧化反应。研究结果显示，浸润阶段诱导了实质的氧化压力，浸润时间影响不大。肉眼很难区分胚性和非胚性愈伤组织，Charbit 等获得了 28 条差异表达的 cDNAs，其中 5 条可在诱导出胚前区分胚性及非胚性愈伤组织。Carron 等研究了 18 个品种诱导易碎胚性愈伤组织的区别，其中 RRIM 600、RRIM 703、RRIC 100、PB 254、PB 280、PB 255、PB 260、PR 107、GT1 等 9 个基因型能够诱导易碎愈伤组织，但只有 PB 280、PB 260、PR 107 能够形成胚性愈伤系，可长期继代，并保持体胚发生能力。

(3) 体胚发生和植株再生

每次增殖培养结束后获得的愈伤组织都可以通过逐步去除激素用于诱导植株再生。胚状体的诱导和成熟均在 RITA 完成。该装置间隔一段时间(体胚发生 12h 萌发 6h)释放液体培养基浸泡一会(体胚发生 1 分钟、萌发 15 分钟)胚性愈伤组织。对常规固体培养与 RITA 在体胚发生能力的区别的研究表明，RITA 在体胚发生，胚状体成熟、干燥及萌发均优于常规固体培养。在最好的培养条件下，RITA 的体胚产量是常规固体培养的 3~4 倍，即每克鲜重愈伤组织可诱导 400 个胚状体。在转入 RITA 前胚性愈伤组织必须先在固体培养基诱导培养 10 天，且 6-BA 与 3,4-D 的浓度必须降低。RITA 培养的体胚更一致、同步，并且使异常胚的比例降低了一半，促进体胚萌发。12 周不浸润可以使体胚保持很好的干燥状态。在萌发阶段瞬时浸润极大刺激根的发育(+60%)及胚轴的伸长(+35%)，同时增加了同步性，降低了工作量。对子叶形体胚和合子胚的生化特性成苗能力的比较发现，子叶形体胚与成熟的合子胚(水势>16 w)的成苗能力相当(50%~60%)，两者的含水量、渗透压、膨胀压相当，水势则相当于 13 w 的合子胚；部分脱水有助于两者成苗；子叶形体胚的蛋白质、淀粉浓度与合子胚相当，然而体积却远小于合子胚(干重仅为合子胚的 1/30)，储藏物比合子胚低 20 倍。这解释了体胚植株活力弱及发育成完整植株耗时长。10μmol/L 的 ABA 对体胚发育有明显促进，2.5μmol/L ZIP 或 7μmol/L 腺嘌呤(Adenine)提高鱼雷形胚状体变绿的频率。浸泡时间及频率是影响增殖效率最关键的因素，其次是培养基及容器体积，瞬时浸润有效减轻液体培养的玻璃化现象，获得的植株移栽成活率高于来自固体和液体培养的植株。在体胚诱导培养基添加麦芽糖较葡萄糖、果糖、蔗糖抑制愈伤组织生长，但是出现胚性细胞的时间早，胚状体数量多，而其他 3 种碳源促进愈伤组织的生长。研究表明，由于麦芽糖水解慢，造成碳缺失，使内源六碳糖维持低水平是促使愈伤向体胚发生方向转变的一个重要生化信号。140g/L 聚乙二醇(PEG)和 10μmol/L 脱落酸(ABA)体胚发育最理想。研究表明，PEG 和 ABA 促进大量体胚分化及向鱼雷形胚转变，在鱼雷形胚阶段积累淀粉、贮藏蛋白和甘油三酰酯等物质，同时呼吸速率下降。

通过内珠被初始愈伤建立易碎胚性愈伤系在 PB260 较为成功，需要 10~18 个月，诱导率小于千分之一。CIRAD 利用这个技术在 PB 217、PB 314、RRIM 600、RRIM 703、PB 254、BPM 24 和 PR 107 均未成功，仅分别从 RRIM 703 和 PR 107 诱导出一个系，但这两个系胚性再生率很差。

2. 中国研究进展

中国热带农业科学院橡胶研究所李哲等以热研 88-13 幼嫩种子的内珠被为外植体诱导出初生紧致愈伤组织，随后在含 11.0mmol/L $CaCl_2$ 的继代培养基中，77.4%的愈伤组织褐化死亡，22.2%的愈伤组织保持紧致的状态，逐渐衰老；但有 1 块愈伤组织逐渐变得松软易碎，逐渐成为易碎胚性愈伤组织，诱导率为 0.4%；经过连续多代继代培养，数量逐渐增多，约 6 个月时，每 1 代(25 天左右)可以增殖 3 倍以上，逐渐得到了大量的易碎胚性愈伤组织。在含其他浓度 $CaCl_2$ 的继代培养基中，愈伤组织褐化死亡或逐渐衰老，未得到易碎胚性愈伤组织。组织学证明长期继代培养的易碎胚性愈伤组织维持了胚性的状态（表3-11）。取继代培养 2 年多的易碎胚性愈伤组织诱导体细胞胚，得到了 16000 多个体细胞胚，再生 115 株植株（图 3-15）。

表 3-11 不同 $CaCl_2$ 浓度对内珠被紧致胚性愈伤组组合继代培养的影响

$CaCl_2$(μmol/L)	褐化愈伤组织(%)	紧致胚性愈伤组织(%)	易碎胚性愈伤组织(%)
0.0	58.5	41.5	0
1.0	62.3	37.7	0
3.0	64.5	35.5	0
5.0	68.4	31.6	0
7.0	73.6	26.4	0
9.0	76.1	23.9	0
11.0	77.4	22.2	0.4
13.0	82.3	17.7	0

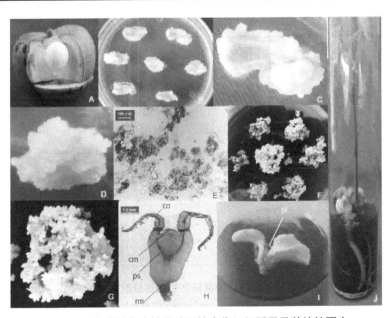

图 3-15 橡胶树内珠被易碎胚性愈伤组织诱导及其植株再生

A：橡胶树幼嫩果实中的幼嫩种子；B、C：橡胶树品种热研 88-13 内珠被诱导出的鲜黄色紧致颗粒状胚性愈伤组织；D：继代培养 2 年多的易碎胚性愈伤组织；E：继代培养 2 年多的内珠被易碎胚性愈伤组织的组织切片(标尺为 100μm)；F、G：内珠被易碎胚性愈伤组织诱导出体细胞胚；H：成熟体细胞胚组织学切片[co 为子叶(cotyledon)；cm 为茎端分生组织(caulinary meristem)；rm 为根端分生组织(root meristem)；ps 为原形成层束(procambial strand)]；标尺为 1.0mm；I：体细胞胚萌发[pl 为胚芽(plumule)]；J：再生植株。

(二)以胚状体子叶为外植体诱导易碎胚性愈伤组织

法国国际农业研究发展中心(CIRAD)以内珠被初生或经长期继代易碎胚性愈伤组织诱导的幼嫩子叶胚为外植体诱导易碎胚性愈伤组织,增加了可获得易碎胚性愈伤组织系的基因型,大幅提高易碎胚性愈伤组织诱导率(图3-16)。具体方法为将幼嫩子叶胚沿胚轴纵切为两部分,每部分都含部分胚和子叶,将切口紧贴易碎胚性愈伤组织诱导培养基,直至易

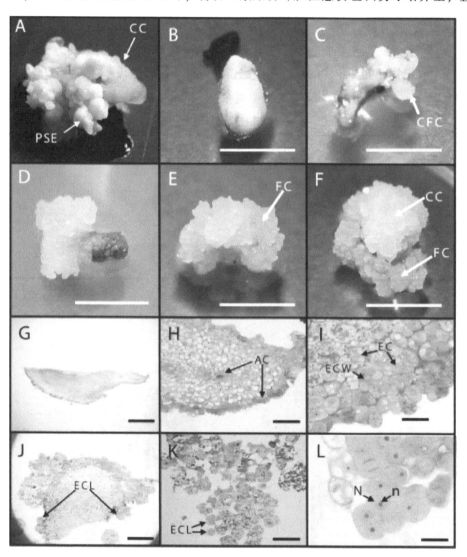

图3-16 橡胶树幼嫩子叶胚诱导易碎胚性愈伤组织(Lardet et al., 2009)

A:具有初生体细胞胚(PSE)的紧密愈伤组织(CC);B:培养1周后的体胚外植体;C:培养3周后的体胚外植体,CFC:易碎的愈伤组织团块;D和E:培养2个月和3个月后,在体胚外植体上形成脆性愈伤组织;F:培养2.5个月后在体胚外植体上形成易碎和紧密的愈伤组织;FC:易碎愈伤组织,CC:紧密愈伤组织;G:培养1周后的体胚外植体纵切面;H:表皮和维管周围的活跃细胞(AC);I:下表皮细胞层中的胚性细胞(EC),ECW:细胞壁增大;J:培养3周后体胚外植体的纵切面,ECL:胚性细胞团;K:体胚外植体培养6周后形成的易碎胚性愈伤组织;L:活跃的胚性细胞的详细信息(N:细胞核,n:核仁)。

碎胚性愈伤组织长至 30~50mg。然后将愈伤分离下来，转入愈伤维持培养基，直至愈伤增殖率稳定。利用该方法，建立了 PB260、PB217 和 RRIM 703 的愈伤系，PB260 和 PB217 通过初生胚诱导易碎胚性愈伤组织系，易碎胚性愈伤系诱导率从通过内珠被初生愈伤诱导易碎胚性愈伤组织系的 0.72‰ 提高到 1.09‰，PB217 从不能诱导优化至诱导率为 0.3‰。RRIM 703 以易碎胚性愈伤组织分化的体胚诱导易碎胚性愈伤系，诱导率从通过内珠被初生愈伤诱导的 0.69‰ 提高到 25.6‰~39.2‰，再以上述易碎胚性愈伤组织分化的体胚诱导易碎胚性愈伤系，诱导率仍高达 26.3‰。PB260 获得易碎胚性愈伤组织系的时间从 10~18 个月缩短至 7~10 个月。从组织切片结果显示，易碎胚性愈伤组织主要从子叶表皮和维管组织形成（图 3-16）。海南大学栾林莉等（2019）通过接种针刺热研 7-33-97 幼嫩子叶胚，45~50 天可诱导出易碎胚性愈伤组织，每 20 天继代 1 次，继代 3 次后，可得到颜色鲜黄、结构疏松、小颗粒状、生长良好的愈伤组织系（图 3-17）。

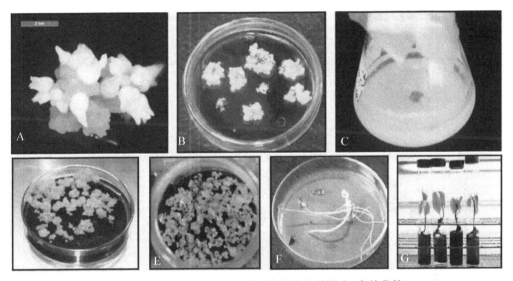

图 3-17　橡胶树幼嫩子叶诱导的易碎胚性愈伤及其再生（栾林莉等，2019）
A. 橡胶树花药幼嫩子叶胚；B. 花药幼嫩子叶胚诱导的易碎胚性愈伤组织；C. 花药幼嫩子叶胚性愈伤组织培养的胚性细胞悬浮系；D. 胚性愈伤组织增殖；E. 体胚发生；F. 体胚萌发；G. 完整植株。

（三）以花药愈伤组织为外植体诱导易碎胚性愈伤组织

中国热带农业科学院生物技术研究所赵辉等将 30~50 天的花药脱分化愈伤组织转入胚诱导培养基暗培养 3 个月后，从部分褐化的脱分化愈伤组织上长出新鲜、松散、深黄色、透明的胚性愈伤组织，之后从这些胚性愈伤组织中进一步分化出球形、心形、鱼雷形胚等。试验表明：①心形胚及前期的胚性组织能继代增殖，多次继代增殖后的组织，经胚诱导过程 1~3 个月能成倍形成鱼雷形胚，大大提高了橡胶花药组培的成胚率；②胚性愈伤是适合长期继代和增殖保存的最好材料，经 2 年的继代保存增殖率和成胚率不下降；③在继代增殖培养基上，胚性组织按原有形态增殖，通过选取同一生理阶段的胚性组织进行继代，可控制体胚发育过程，促进体胚发育同步进行。中国热带农业科学院橡胶研究所倪燕妹等将单核靠边期的橡胶树热研 8-79 雄蕊接种到花药愈伤诱导培养基 M1［改良 MS+

2.0mg/L 2, 4-D、1.0 mg/L NAA+1.0mg/L KT+0.1g/L 肌醇+70g/L 蔗糖+5%（v/v）椰子水+2.0g/L 植物凝胶（Phytagel）]培养50天，取颜色鲜黄、状态良好的初生愈伤组织接种到新鲜的 M1 上，10天继代一次，多次继代后可形成易碎胚性愈伤组织，此愈伤可长期继代、增殖迅速，体胚分化能力强，维持2年其增殖率和体胚分化率保持不变，并再生植株（图3-18）。但未提到易碎胚性愈伤组织诱导率。

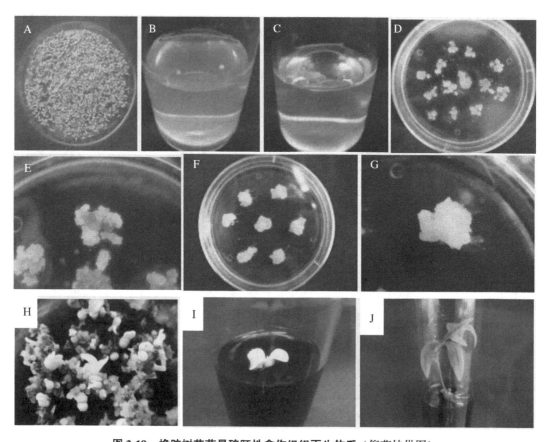

图3-18 橡胶树花药易碎胚性愈伤组织再生体系（倪燕妹供图）
A. 花蕾；B. 雄蕊；C. 紧致的花药初级愈伤；D~E. 从初级愈伤组织周围长出新愈伤；F~G. 易碎胚性愈伤组织；H. 易碎胚性愈伤组织长出大量体细胞胚；I. 成熟体细胞胚；J. 再生植株。

（四）以叶片初生愈伤组织为外植体诱导易碎胚性愈伤组织

印度橡胶研究所 Kala 等通过橡胶树组培苗或芽接苗淡绿期离体叶片初生愈伤组织，在愈伤继代培养基和胚性起始培养基添加硝酸银，诱导出易碎胚性愈伤组织，胚性愈伤组织诱导率为43.3%，并再生植株（图3-19）。

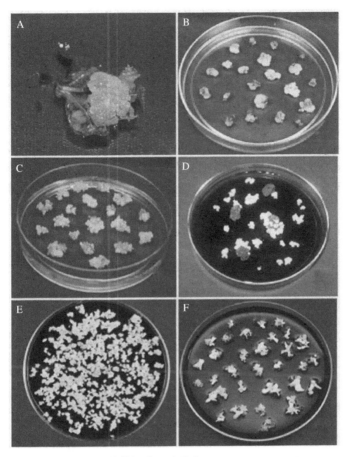

图 3-19 叶片体细胞胚胎发生(Kala et al., 2013)

A. 叶片外植体愈伤组织诱导；B. 愈伤组织在不含 AgNO$_3$ 的培养基中增殖；C. 愈伤组织在添加 AgNO$_3$ 的培养基中增殖；D. 胚性愈伤组织的诱导；E. 胚性愈伤组织增殖；F. 体细胞胚。

十、橡胶树次生体胚循环增殖技术

次生体胚发生是指从体细胞胚上再生体细胞胚的现象，其最显著的特点是通过一次初生体胚发生可以循环增殖体细胞胚，避免了反复从自然环境中收集外植体，并且繁殖效率高。印度橡胶研究所对橡胶树的次生体胚发生技术进行了首次报道，将内珠被子叶型初生胚进行继代培养，以诱导次生胚的产生，并且认为添加 4 mg/L 2,4-D 和 5%的蔗糖浓度可提高橡胶树内珠被循环体细胞胚的发生。2008 年后，印度、法国和中国又对次生体胚发生技术进行了相继报道。印度通过叶片培养获得了次生体胚，它来源于从初生胚得到的再生植株的子叶下胚轴，次级胚的形成会抑制植株的生长，反之，植株茎和根的生长也会阻碍次级胚的形成。与初生胚相比，次生胚更健康、更大。体胚成熟结果表明，次生胚成熟（含芽点）低于初生胚，成熟率为 40%，而初生胚为 75%；次生胚植株再生率仅 25%。法国、海南大学以体细胞胚胎为外植体成功诱导出愈伤组织，愈伤组织经过继代增殖和筛选，最终得以建立可增殖胚性愈伤组织系，并经体胚发生再生植株。

上述方法次生胚诱导率低、植株再生率低，无法产业化。中国热带农业科学院橡胶研究所 Hua 等（2010）以初生胚为外植体，将初生胚切成小块，以诱导次生愈伤组织和次生体胚的产生，再将次生胚用同样方法切成小块，诱导次生愈伤组织和次生体胚，通过胚到胚的循环体胚发生繁殖体细胞胚，最后诱导次生体胚植株再生。此技术大幅提高子叶型体细胞胚诱导率和植株再生率，次生体胚与花药和内珠被初生体胚相比：子叶更大，与合子胚相似；再生植株更健壮，主根粗壮、须根发达、植株高、叶片大。该次生体胚循环增殖技术，年体胚增殖系数达 1000、植株再生频率为 60%、体胚植株移栽成活率达 75%。因此，该次生体胚发生技术不但效率高，而且有效避免了对气候和季节的依赖，是发展规模化繁殖橡胶树体胚苗最为有效的途径。以此技术为核心，建成全球首个橡胶树体胚苗规模化繁育示范基地，年生产能力超 100 万株，基地包含内部全部洁净装修的 2778m^2 现代化组培工厂，2800m^2 驯化大棚和 20 亩育苗荫棚（图 3-20）。

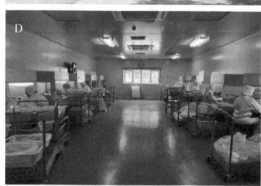
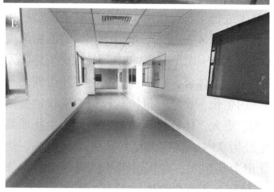

图 3-20　全球首个橡胶树体胚苗规模化繁育示范基地（一）

图 3-20 全球首个橡胶树体胚苗规模化繁育示范基地（二）

A. 基地全貌；B. 基地门口；C. 灭菌室；D. 接种室；E. 参观走廊；F. 培养室；G~I. 驯化大棚和育苗荫棚；J. 沙床炼苗；K. 育苗荫棚；L. 袋育苗。

中国热带农业科学院橡胶研究所对常规培养试管进行改进，不仅降低了植株再生污染率，而且显著提高了次生体胚植株再生率和移栽成活率。利用染色体制片和流式细胞仪，对 1~10 个增殖世代的次生体胚植株的染色体数目及 DNA 含量进行了分析，发现其次生体胚植株染色体数目以 $2n=36$ 为主，且 DNA 含量与芽接无性系相同，说明次生体胚植株在染色体、分子水平保持遗传稳定。比较了植物凝胶和蔗糖对植株再生的影响，表明植物凝胶和蔗糖浓度对植株再生率及植株健壮程度有显著影响，在橡胶树体细胞胚植株再生培养基中，植物凝胶和蔗糖最佳用量分别为 1 g/L 和 50 g/L。研究了生根剂对长势较弱的橡胶树次生体胚苗移栽成活率和根系生长的影响，结果表明，国光生根剂比生根壮苗提苗灵的效果好,浸根条件下,国光生根剂稀释倍数为14000倍时,体胚苗的移栽成活率最高,达82.2%,比清水浸根处理高14.4%。

(一)次生体胚循环增殖技术

1. 植物材料和培养条件

采集处于单核期巴西橡胶树未成熟花蕾,并对花蕾进行表面消毒,用75%酒精浸泡1分钟,接着用0.1%氯化汞消毒10分钟,最后用无菌蒸馏水清洗3~5遍。收集去除萼片和花托后的花药并直接放置在愈伤组织诱导培养基。培养基在121℃灭菌20分钟,高压灭菌前将pH值调整为5.8。愈伤诱导和体胚发生培养条件为28℃黑暗培养。体胚萌发和植株再生,培养条件为28℃光照16小时。

2. 初级体细胞胚胎发生

花药培养在100mm×20mm培养皿,基本培养基为MS的愈伤诱导培养基(MSC),含3.0 mmol/L $CaCl_2$、7.0μmol/L KT、8.1μmol/L NAA、6.8μmol/L 2,4-D、204.5 mmol/L蔗糖和2.2g/L phytagel。50天后,将培养物转移到体胚发生培养基(MSE),基本培养基为MS-大量元素为4/5MSC、2.2μmol/L 6-BA、14.0μmol/L KT、1.4μmol/L GA_3、0.1μmol/L NAA、3.8μmol/L ABA、204.5 mol/L蔗糖和2.2 g/L phytagel,培养于100mm×20mm培养皿中。30天后,统计再生的子叶胚/花药愈伤比例。花药来源的胚状体被称为初生胚状体。

3. 次级体细胞胚胎发生

成熟子叶或花药来源的初生胚和异常初生胚被切割成3mm×3mm片段,并在MSC,100mm×20mm培养皿中培养25天,然后直接转移到100mm×20mm培养皿中的MSE培养基上培养2个月。为了建立可重复的体细胞胚发生程序,次级胚胎发生的过程被重复了3个连续循环。对再生成熟子叶与供体胚块的比例进行了统计。

4. 植株再生

将次生子叶型体胚置于基于MS的植株再生培养基(MSR),含KT(Kinetin激动素)0.23μM、IAA(吲哚乙酸)0.11μmol/L、GA3(赤霉素)8.7μmol/L,装在30mm×200mm试管中。2个月后统计植株再生率。

5. 炼苗

将处于稳定期具备根、茎、叶、株高≥4.0cm的完整植株小心从试管中取出,在清水中清洗培养基,并去除老化的组织,放入50%多菌灵可湿性粉剂800~1000倍溶液浸泡根部5~10秒,5cm×5cm株行距假植于沙床上,深度埋到根颈以上1cm,浇定根水。以平铺深度>20cm、粒径1~3mm的河沙作为基质铺在架空苗床上。苗床上部架设半圆形薄膜拱棚,上覆盖70%遮光度的遮阴网。

假植后保持覆膜,4天后掀开两侧拱膜约10cm高,后逐渐打开拱膜,直至20天时完全打开,在此期间保持河沙湿润。炼苗20天喷叶面肥,叶面肥含腐植酸≥3%、大量元素≥20%,之后每10天喷1次。温度保持在25~35℃,相对湿度70%~90%。

6. 装袋

移栽前先将基质浇透水,再移入处于稳定期至顶芽萌动期在沙床炼好的苗,回填土压紧，浇定根水。育苗基质由过筛（孔径2.0cm×2.0cm）的黄心土与椰糠按体积2∶1的比例均匀混合。育苗袋高30cm，下半部留有若干排水孔。移栽后注意保持育苗袋湿润，3周后施第一次肥[5%氯化钾复合肥（N-P_2O_5-K_2O：15-15-15）和0.1%的尿素混合溶液]，之后每隔1个月施1次肥，一般3~4个月可出圃。出圃前1周停止浇水。温度保持在25~35℃，相对湿度保持在60%~80%。移栽后15天内，用遮光度为70%的遮阴网遮阴，后期逐渐打开遮阴网。在此期间视情况进行病虫害管理。次生体胚规模化繁育体系的整个过程如图3-21。

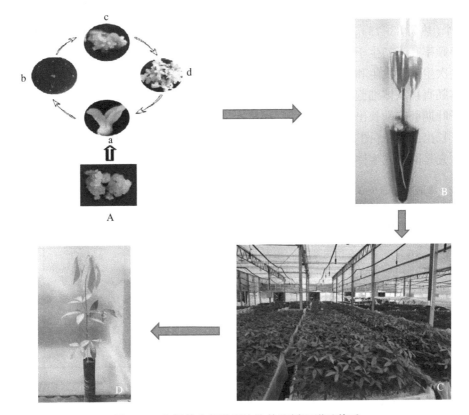

图3-21 自根幼态无性系次生体胚循环增殖体系

第一步，初生胚诱导：花药来源的胚性愈伤组织（A）产生初生子叶胚（a）；第二步，次生胚循环增殖：子叶型的初（次）生胚被切成3.0mm×3.0mm的方块（b，箭头标记）并转移到MSC培养基诱导次级胚性愈伤组织（c），然后次级胚胎（d）在MSE培养基上产生。（a~d）可以以循环方式反复进行；第三步，植株再生：子叶型胚再生为具有根、茎、叶的完整植株（B）；第四步，炼苗：完整植株在沙床炼苗；第五步，装袋：炼好的苗装袋培育至高度达60cm左右出圃。

（二）影响次生体胚再生体系的因素

1. 初生和次生体胚发生

（1）初生和次生体胚发生效率

单核靠边期花药在愈伤诱导培养基上培养50天后，转移到体胚发生培养基，30天后，花药愈伤产生初生胚。每块愈伤组织分别产生0.6个（热研7-33-97）和0.09个（热研88-13）初生子叶胚。3次循环均观察到次生体胚发生。两个无性系3次循环的每个胚块诱导子叶期胚数目分别为0.58个、0.64个和0.67个(热研7-33-97),0.27个、0.44个和0.47个(热研88-13)。两个无性系的数据表明,第1次与第2次、第3次循环次生体胚发生频率有显著性差异,第2次与第3次则无显著性差异(表3-12),即次生体胚发生频率随次生体胚发生次数增加呈先上升后保持稳定的趋势。体胚增殖系数同样随次生体胚发生频率增加呈先上升后保持稳定的趋势,且除了第一个循环的热研88-13外,其他循环的增殖系数均高于10.0(表3-13)。

与初生子叶胚同样的培养条件下,初生异常胚同样能够诱导出成熟的子叶胚,并具有较高的次生体胚发生频率,如每个初生异常胚胚块诱导子叶期胚数目为0.64(热研7-33-97)和0.93个(热研88-13),见表3-13。这一结果表明,初生异常胚不仅能诱导次生子叶胚而且诱导频率高于初生子叶胚,尤其是热研88-13,一个异常胚块能诱导0.93个子叶胚。

直接次生体胚发生和间接次生体胚发生在本研究中均被观察到,直接次生体胚发生是指新生体胚直接从体细胞胚上长出而不经过胚性愈伤组织诱导的现象,在本研究中次生胚直接从子叶期胚末端长出(图3-22A)。间接次生体胚发生是指新生体胚从愈伤化体胚的愈伤组织上长出的现象(图3-22B)。一般胚块胚性愈伤组织接种到体胚发生培养基上培养1个月后,先是间接次生体胚发生,随后直接次生体胚发生开始大量发生。

表3-12 橡胶树热研7-33-97和热研88-13花药愈伤和初级子叶胚和初级异常胚胚块体胚发生率

无性系	特征	花药愈伤	初级子叶胚			初级异常胚
			第一个循环	第二个循环	第三个循环	
热研7-33-97	胚状体数		32	30	13	
	胚块/愈伤数	140	728	707	315	520
	分化的子叶胚数	84	423	451	210	331
	比例	0.6	0.58 b	0.64 a	0.67 a	0.64
	增殖系数		13.2 b	15.0 a	16.2 a	
热研88-13	胚状体数		16	8	7	
	胚块/愈伤数	138	406	210	175	168
	分化的子叶胚数	13	110	93	83	156
	比例	0.09	0.27 b	0.44 a	0.47 a	0.93
	增殖系数		6.9 b	11.6 a	11.9 a	

注:小写字母相同表示在0.5%水平差异不显著(卡方测验)。

(2)胚块来源及营养成分对次生体胚发生的影响

热研7-33-97和热研88-13 Part Ⅲ平均每个胚块诱导了0.76个和0.64个次生胚,高于Part Ⅰ和Part Ⅱ(表3-13)。结果表明,同一个胚的不同部位次生体胚发生能力不同,基部的体胚发生能力更高。

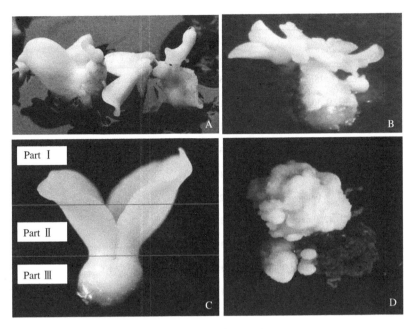

图 3-22 次级体胚发生

直接(A)，箭头，和间接次级体胚发生(B)，(C)将子叶胚分成三部分培养，部分Ⅰ：上部；部分Ⅱ：中部；部分Ⅲ：基部。初级异常胚(D)(Hua 等，2010)。

随着 $FeSO_4$ 浓度升高，热研 7-33-97 次生胚与初生胚块比例先保持随后下降，热研 88-13 先下降随后维持在同一水平(表 3-14)。表明，低浓度的 $FeSO_4$ 有益于次生体胚发生。相反的，高浓度的 $CaCl_2$ 提高了次生体胚发生能力，在愈伤诱导培养基添加 9.0mmol/L 和 6.0mmol/L $CaCl_2$，热研 7-33-97 和热研 88-13 次生胚诱导系数分别达到 0.75 和 0.64 (表 3-14)。

表 3-13 来自第三次循环的橡胶树成熟子叶胚不同部位次生体胚发生能力

无性系	来源	胚块数(块)	分化胚数(个)	比例
热研 7-33-97	Part Ⅰ	35	12	0.34b
	Part Ⅱ	105	42	0.40b
	Part Ⅲ	21	16	0.76a
热研 88-13	Part Ⅰ	21	4	0.19b
	Part Ⅱ	85	30	0.35b
	Part Ⅲ	55	35	0.64a

表 3-14 FeSO$_4$ 和 CaCl$_2$ 对热研 7-33-97 和热研 88-13 第三代体胚次生体胚发生的影响

无性系	培养基	胚块数（块）	分化胚块数（个）	比例
热研 7-33-97	FeSO$_4$ 0.18mmol/L[1]	315	210	0.67a
	FeSO$_4$ 0.36mmol/L	182	117	0.64a
	FeSO$_4$ 0.54mmol/L	182	90	0.49b
	CaCl$_2$ 3.0mmol/L[1]	315	210	0.67b
	CaCl$_2$ 6.0mmol/L	167	103	0.62b
	CaCl$_2$ 9.0mmol/L	210	158	0.75a
	CaCl$_2$ 12.0mmol/L	189	60	0.32c
热研 88-13	FeSO$_4$ 0.18mmol/L[1]	175	83	0.47a
	FeSO$_4$ 0.36mmol/L	175	64	0.37b
	FeSO$_4$ 0.54mmol/L	175	64	0.37b
	CaCl$_2$ 3.0mmol/L	175	83	0.47b
	CaCl$_2$ 6.0mmol/L	220	140	0.64a
	CaCl$_2$ 9.0mmol/L	161	56	0.35c
	CaCl$_2$ 12.0mmol/L	189	12	0.06d

注：培养基为 MSC，1 为对照培养基。

2. 植株再生

(1) 2,4-D 对植株再生的影响

2,4-D 浓度对植株再生具有显著影响。热研 7-33-97 在添加 4.5μmol/L 和 9.0μmmol/L 2,4-D 植株再生培养基植株再生频率最高，但两个浓度没有显著差异；热研 88-13 在添加 13.5μmmol/L 2,4-D 的植株再生培养基植株再生频率最高，达到 75.0%（表 3-15）。

表 3-15 2,4-D 浓度对热研 73397 和热研 88-13 第三代体胚植株再生的影响

浓度(μmol/L)	热研 7-33-97			热研 88-13		
	体胚数	再生植株数	百分比(%)	体胚数	再生植株数	百分比(%)
0	92	52	56.5b	40	14	35.0d
4.5	80	68	85.0a	72	30	41.7c
9.0	82	70	85.4a	66	42	63.6b
13.5	60	28	46.7b	72	54	75.0a
18.0	80	40	50.0b	42	26	61.9b

(2) 植物凝胶和蔗糖对植株再生的影响

中国热带农业科学院橡胶研究所以巴西橡胶树无性系热研 7-33-97 成熟体细胞双子叶次生胚状体为材料，以添加 0.23μmol/L KT，0.11μmol/L IAA 和 8.7μmol/L GA3 的 MS

培养基为植株再生培养基,研究了添加不同用量的植物凝胶和蔗糖对巴西橡胶树体胚植株再生和生长的影响。结果表明:在橡胶树体细胞胚植株再生培养基中,不同用量的植物凝胶对植株再生频率和植株生长状况有显著影响,较低浓度(0~1g/L)时,随着用量增加,植株再生频率提高,但较高浓度(1~4g/L)时,随着用量增加,植株生长受到抑制。植物凝胶添加1g/L时植株生长最好,植株再生率为(86.4±5.7)%,株高5cm以上的占(53±9.4)%,带叶植株为(81.7±3)%;而蔗糖对植株再生频率影响不显著,但对再生植株生长的影响显著,低蔗糖(20~30g/L)时促进植株抽叶但抑制茎秆伸长,高蔗糖(70~80g/L)时显著抑制抽叶,但促进茎秆伸长。蔗糖添加50g/L时植株生长最好,株高5cm以上的占(57.6±5.4)%,株高5cm以上带叶植株占(46.3±12.3)%,均为最高,且从外观来看,在50g/L时植株茎秆和根都较为粗壮。因此,在橡胶树体细胞胚植株再生培养基中,植物凝胶和蔗糖最佳用量分别为1g/L和50g/L。

(3)植物凝胶对橡胶树胚状体植株再生和生长的影响

对于植株再生而言,培养基中添加不同用量的植物凝胶,显著影响胚状体植株再生。在添加1~4g/L植物凝胶的培养基中,橡胶树胚状体的抽芽率、生根率和抽芽生根率均显著高于添加0~0.5g/L植物凝胶的培养基;在添加1~4g/L植物凝胶的不同培养基中,其抽芽率、生根率和抽芽生根率没有显著差异。根据同样效果最低浓度原则,橡胶树胚状体植株再生培养基植物凝胶的添加量应以1g/L为宜,在该浓度下,橡胶树胚状体抽芽率86.4%、生根率97.4%、抽芽生根率86.4%,均处于较高水平,说明该浓度利于橡胶树胚状体植株的再生(图3-23、表3-16)。

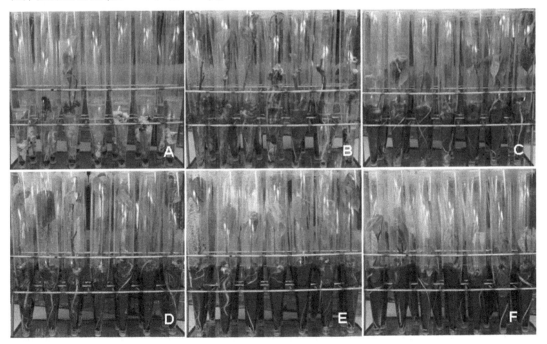

图3-23 植物凝胶对体胚植株再生和再生植株生长的影响(顾晓川等,2018)

A~F代表植物凝胶浓度,A. 0g/L;B. 0.3g/L;C.0.5g/L;D. 1g/L;E.2g/L;F.4g/L。

对于再生植株生长而言，培养基中添加不同用量的植物凝胶，显著影响再生植株的生长。在添加 1~4g/L 植物凝胶的培养基中，5cm 以上植株率和带叶植株率显著高于添加 0~0.5g/L 植物凝胶的培养基，表明植物凝胶用量在 1~4g/L 时，有利于再生植株的生长。但是，过高植物凝胶用量也影响植株生长，如植物凝胶添加量 1g/L 时，5cm 以上植株率最高，为 $(53±9.4)\%$；当植物凝胶用量达 4g/L 时，培养物表现为营养不良、植株矮小、叶片过早出现黄化和脱落等症状，植株生长全面受到抑制，5cm 以上植株率为 0（图 3-23F）。综合株高 5cm 以上植株率、根长 5cm 以上植株率和带叶植株率 3 个参数，培养基中添加 1g/L 植物凝胶，最利于橡胶树胚状体再生植株的生长。综合体胚植株再生和再生植株生长的各种指标数据，橡胶树胚植株再生培养基中添加植物凝胶浓度 1g/L 时，既有利于植株再生，又有利于再生植株的生长。

表 3-16 植物凝胶对体胚植株再生和再生植株生长的影响

浓度处理 (g/L)	体胚植株再生指标			再生植株生长指标		
	抽芽率 (%)	长根率 (%)	抽芽长根率 (%)	5 cm 以上植株率 (%)	根长 5 cm 以上植株率 (%)	带叶植株率 (%)
0	(16.8±7.9)e	(26.7±7.8)c	(16.8±7.9)d	(7.3±7.1)de	(16.8±7.9)d	(9.7±4)d
0.3	(69.8±15.7)bc	(77±16.2)b	(67.4±15.9)bc	(46.1±20.1)ab	(72±12.3)b	(24.6±18.7)cd
0.5	(61.9±18)cd	(88.1±10.9)ab	(54.8±18)c	(23.8±14.9)cd	(71.4±14.3)b	(38.1±8.2)bc
1	(86.4±5.7)ab	(97.4±4.4)a	(86.4±5.7)ab	(53±9.4)a	(95.1±4.3)a	(81.7±3)a
2	(76.9±7.7)ab	(97.4±4.4)a	(76.9±7.7)ab	(30.8±7.7)bc	(97.4±4.4)a	(53.8±13.3)b
4	(92.7±0.3)a	(100±0)a	(92.7±0.3)a	0	(97.6±4.1)a	(73.4±10.3)a

注：同列数据后小写字母表示差异显著性（$P<0.05$）。

(4) 蔗糖对橡胶树胚状体植株再生和生长的影响

对于植株再生而言，添加蔗糖的培养基，不论是胚状体植株再生，还是再生植株生长，均明显优于无蔗糖培养基。但通过统计分析发现，在添加蔗糖 5~80g/L 的不同培养基中，其胚状体的抽芽率、生根率、抽芽生根率均没有显著差别（表 3-17），表明在含蔗糖培养基中，蔗糖添加量对橡胶树胚状体植株再生频率没有显著影响。对于再生植株生长而言，培养基中添加不同用量的蔗糖，显著影响胚状体再生植株的生长（表 3-17）。第一，随着蔗糖添加量的增加，5cm 以上植株率有显著性的增加，在蔗糖 80g/L 时达到了最大值 59%；第二，根长 5cm 以上植株率在蔗糖 10g/L 达到峰值，且在 10~80g/L 范围内无明显差异；第三，带叶植株率随着蔗糖添加量的增加先升高再下降，其峰值为 20~40g/L。此外，在植株外观形态上，当蔗糖较低时，表现为植株矮小，根系生长和叶片发育均受显著影响，并表现出营养不良、叶片过早出现黄化、脱落等症状（图 3-24）；浓度过高则表现为叶片生长发育受抑制（图 3-24）。上述结果表明，蔗糖作为培养基主要的营养成分，在合适的浓度范围内可以促进橡胶树体胚植株的生长，主要表现在促进株高增加、根系生长和叶片发育三个方面。为了筛选最为适宜橡胶树胚状体再生和植株生长的蔗糖用量，对 20~80g/L 蔗糖用量进行了细化研究（表 3-18），与上述实验结果相似，低蔗糖时（20~30g/L）

促进植株抽叶但抑制茎秆伸长，高蔗糖时(70~80g/L)显著抑制抽叶但促进茎秆伸长。从体胚植株再生和植株生长指标具体分析来看，5cm 以上植株率在 50g/L 时达到最大值 57.6%，且 5cm 以上带叶植株率在 50g/L 时也达到最大值 46.3%。从外观来看，在 50g/L 时植株茎秆和根都较为粗壮(图3-25)，故蔗糖最适用量为 50g/L。

表 3-17 蔗糖对体胚植株再生和再生植株生长的影响

浓度 (g/L)	体胚植株再生指标			再生植株生长指标		
	抽芽率 (%)	长根率 (%)	抽芽长根率 (%)	5cm 以上植株率(%)	根长 5cm 以上植株率(%)	带叶植株率(%)
0	(63.2±8.8)a	(48.9±11.5)b	(31.9±9.1)b	0	(12.1±3.8)c	(2.4±4.1)bc
5	(79.4±8.9)a	(92.3±0.6)a	(72.1±10.9)a	(2.4±4.1)c	(80±10.5)a	(12.9±4.6)bc
10	(65.4±13.9)a	(90.3±10.9)a	(65.4±13.9)a	(9.9±3.8)c	(80.2±10.8)a	(22.5±7.8)b
20	(81±10.9)a	(92.9±7.1)a	(78.6±14.3)a	(35.7±7.1)b	(88.1±10.9)a	(66.7±18)a
40	(71.4±7.1)a	(92.9±0)a	(71.4±7.1)a	(40.5±10.9)b	(90.5±4.1)a	(54.8±8.2)a
80	(79.5±4.4)a	(97.4±4.4)a	(79.5±4.4)a	(59±8.9)a	(87.2±11.8)a	(17.9±17.8)bc

注：同列数据后小写字母表示差异显著性($P<0.05$)。

图 3-24 蔗糖对体胚植株再生和再生植株生长的影响(顾晓川等，2018)
A~F 为蔗糖浓度；A. 0g/L；B. 5g/L；C. 10g/L；D. 20g/L；E. 40g/L；F. 80g/L。

表 3-18 蔗糖用量细化实验

浓度 (g/L)	体胚植株再生指标			体胚植株再生指标			
	抽芽率(%)	长根率(%)	抽芽长根率(%)	5cm 以上植株率(%)	根长 5cm 以上植株率(%)	带叶植株率(%)	5cm 以上带叶植株率(%)
20	(90.5±9.5)a	(92.1±9.9)a	(84.1±5.5)a	(38.1±4.8)b	(82.6±7.7)a	(68.3±16.7)a	(34.9±9.9)ab
30	(84±9.8)a	(92±5.4)a	(80.8±8)a	(40.2±4.5)ab	(84±11.3)a	(59.7±7.1)ab	(37±6.5)ab
40	(78.6±9.9)a	(98.2±3)a	(78.6±9.9)a	(49.9±9.2)ab	(84.8±8.5)a	(51.7±1.5)ab	(38.1±5.9)ab
50	(80.5±4)a	(95.1±4.8)a	(80.5±4)a	(57.6±5.4)a	(84.7±15.8)a	(54.6±15.3)ab	(46.3±12.3)a
60	(82.5±7.3)a	(93.7±2.7)a	(76.2±17.2)a	(52.4±9.5)a	(77.9±3.6)a	(54±12)a	(38.1±17.2)ab
70	(79.4±7.3)a	(96.8±2.7)a	(79.4±7.3)a	(52.4±12.6)ab	(83.5±11.7)a	(39.7±5.5)bc	(36.5±7.3)ab
80	(81±9.5)a	(96.8±5.5)a	(81±9.5)a	(47.6±12.6)ab	(69±4.1)a	(28.6±8.2)c	(20.6±5.5)b

注：同列数据后小写字母表示差异显著性($P<0.05$)。

图 3-25 蔗糖用量细化实验(顾晓川等，2018)

X. 5cm 以下带叶植株(20g/L)；Y. 5cm 以上带叶植株(50g/L)；Z. 5cm 以上光秆植株(80g/L)。

(5)试管改进对植株再生和移栽的影响

体胚的植株再生是大规模繁殖橡胶树体胚植株的重要步骤。截至目前，植株再生培养基中激素种类及浓度和胚状体成熟度等与植株再生的关系已得到详细研究。但是，这些研究均局限于植株再生培养基成分的优化。

植物组培苗的工厂化生产是许多植物快速繁殖的重要途径。然而，污染已成为增加生产成本的重要因素，污染的原因主要是由于培养材料带菌、生产器具带菌、培养基污染、培养物生长环境污染、操作不规范等因素造成的。生长环境污染已经成为植物组培苗工厂化生产污染的主要来源，其控制方法主要有接种室与培养室定期消毒与净化、控制培养室的相对湿度等，即控制培养环境而非培养器皿的改进。

橡胶树已经建立了自根幼态无性系规模化繁殖体系。但是，在工厂化生产过程中同样遇到了环境污染的问题，中国热带农业科学院橡胶研究所改造了橡胶树体胚植株再生试管，将不透气塑料盖改成透气塑料盖。研究结果表明，新型试管显著提高了植株再生率和移栽成活率，降低污染率。

(6) 改造试管对体胚植株再生和污染控制的影响

改造后试管的试管盖由盖子、空气过滤膜、密封垫圈和压膜片组成，盖子上有透气槽和透气孔。透气孔周边有3个均匀分布卡槽，用于压膜片固定空气过滤膜；透气槽用于空气过滤膜的放置；压膜片具有6个扇形孔，用于减少空气过度流通，压膜片的周边具有3个卡口；试管盖内部具有一个硅胶垫圈槽，用于密封垫圈放置（图3-26）。使用时，将空气过滤膜装到螺口盖的透气槽内，然后，将压膜片装于空气过滤膜的上方，通过旋紧实现空气过滤膜的固定，最后，将密封垫片垫于螺口盖的内侧，螺旋到锥形试管上实现橡胶树体胚植株培养环境的透气和无菌。

图3-26　透气试管及其对橡胶树体胚植株生长和移栽的影响
A. 改进前（5）和后（4）的试管盖，改进后试管盖由带透气孔的盖子（1）、压膜片（2）和空气过滤膜（3）组成；B. 改进前后试管对再生植株生长的影响，左为改进试管；右为原试管；C. 原试管培养植株移栽情况；D. 改进试管培养植株移栽情况。

通过3个工作人员使用改造后的试管来测试试管改造后对植株再生的影响。1个月后对污染率和出苗率进行了统计，结果显示改造后试管污染率明显下降，如改造前试管污染率最低为7.0%，改造后试管最高污染率仅为6.2%，其他两位人员污染率控制在5%以内（表3-19）。另外，改造后试管的出苗率明显提升，即使出苗率最低的2号工作人员出苗率没有达到显著差异，也由35.90%提高到38.90%，其他两位人员提高幅度在10%以上，最高达15.9%，达到显著差异（表3-19）。

表 3-19 增加试管透气性对出苗及污染控制的影响

接种人	试管类型	体胚数	污染数	出苗数	未出苗数	污染率(%)	出苗率(%)
1	透气试管	567	35	336	196	6.2a	63.2a
	老式试管	357	42	168	147	11.8b	53.3b
2	透气试管	535	18	201	316	3.4a	38.9a
	老式试管	222	24	71	127	10.8b	35.9b
3	透气试管	504	19	315	120	3.8a	72.4a
	老式试管	600	42	315	243	7b	56.5b

注：分别标注 a 和 b 说明透气试管使用对出苗率和污染控制具有显著影响，字母相同表示差异不显著，下同；置信度为 $P=0.05$。

除了在污染率和出苗率上存在差异外，植株的叶片颜色也存在明显的不同，改造后试管培育的植株叶片颜色为深绿色，改造前试管叶片颜色为浅绿色(图 3-26B)。

(7)试管改造对体胚植株移栽的影响

对改造前后试管的热研 7-33-97 和 PR107 两个品种的再生植株进行了移栽，结果显示两个品种的成活率均明显高于使用改造前试管培育的体胚植株。改造后试管培育体胚植株的移栽成活率均高于 80%，原试管培育植株成活率均低于 80%，仅为 78.3%，最高提高了 5.9%，改造前后两个品种均达到了显著差异。同时，保湿的时间明显缩短，用改造试管培育的体胚苗仅需保湿 14 天，改造前试管需长达 30 天(表 3-20)。

表 3-20 增加试管透气性对体胚苗移栽成活率的影响

品种	移栽株数	成活株数	成活率(%)	保湿时间(天)
PR107	1589	1318	82.9a	14 天
热研 7-33-97	1027	867	84.4a	14 天
对照	2314	1812	78.3b	30 天

注：分别标注 a 和 b 说明透气试管使用对出苗率和污染控制具有显著影响；置信度为 $P=0.05$。

(8)循环次生体胚发生自根幼态无性系与其他自根幼态无性系方法比较

目前，获得自根幼态无性系的方法共有四种：第一种是传统方法。以花药或内珠被为外植体，诱导致密胚性愈伤组织、体细胞胚和植株，整个过程无法实现扩繁；第二种是生物反应器。通过花药或内珠被诱导初生致密愈伤组织，然后通过长期继代诱导易碎胚性愈伤组织、体细胞胚和植株，易碎胚性愈伤组织可以实现扩繁；第三种是微繁。以传统方法获得少量体胚植株后通过茎段微繁的方式扩繁，最后再诱导生根；第四种为次生体胚发生。以幼嫩或成熟子叶胚为外植体，通过直接次生体胚发生或将体细胞胚切成胚块诱导次生胚，再诱导植株再生，其中次生体胚阶段可实现扩繁(表 3-21、图 3-27)。与前三种方法相比，第四种由中国热带农业科学院橡胶研究所发明的次生体胚循环增殖技术将体细胞胚切成胚块可实现自根幼态无性系的高效扩繁，且再生的植株恢复幼态。

表 3-21 获得自根幼态无性系的方法比较

策略	传统方法	生物反应器	微繁	次生体胚发生
过程	花药或内珠被	易碎胚性愈伤	体胚植株	幼嫩或成熟子叶胚
	胚性愈伤	易碎胚性愈伤	植株	次级体胚
	体细胞胚	体细胞胚	植株	次级体胚
	植株	植株	植株生根	植株
参考文献	王泽云等(1980)、Carron 和 Enjarlric(1982)	Veisseire 等(1994)、Etienne 等(1997b)	陈雄庭等(1998)	Asokan 等(2002)、Hua 等(2010)

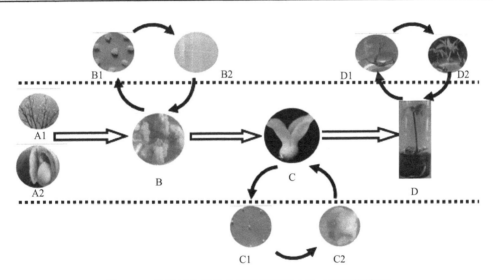

图 3-27 橡胶树自根幼态无性系繁育方法（华玉伟供图）

A1. 外植体(花药)；A2. 外植体(内珠被)；B. 愈伤组织增殖；B1. 胚性愈伤组织；B2. 悬浮系；C. 体细胞胚增殖；C1. 胚块；C2. 球型原胚；D. 试管苗微繁；D1. 试管苗茎段；D2. 芽伸长。

3. 移栽

（1）移栽成活率

大苗移栽成活率高达 94%，中苗达 79%，小苗 68%，平均移栽成活率 75%（图 3-28）。

（2）生根剂对体胚苗移栽成活率和根系形态建成的影响

2019 年，中国热带农业科学橡胶研究所以热研 7-33-97 橡胶树组培苗为试验材料，采用随机区组试验方法，研究了生根剂种类、浓度和处理方式对长势较弱的橡胶树 4~7cm 次生体胚苗移栽成活率和根系生长的影响，结果表明：国光生根剂比生根壮苗提苗灵的效

图 3-28 大、中、小体胚苗（成镜等，2019）

果好，浸根条件下，国光生根剂稀释倍数为 14000 倍效果最好，体胚苗的移栽成活率最高，达 82.2%。比清水浸根和淋根分别高 14.4% 和 1.1%。移栽后 25 天，体胚的抽芽率可以达到 72.2%，比清水浸根和清水淋根分别高 7.7%、3.3%，育苗时间缩短了 7 天左右。根系生长指标都优于生根壮苗提苗灵（表 3-22、表 3-23、图 3-29）。

表 3-22 不同生根剂处理对组培苗移栽影响

处理	成活率(%)	抽芽率(%)
1	75.5±0.11a	73.3±0.1a
2	75.6±0.06a	50.0±0.0bc
3	82.2±0.10a	72.2±0.1a
4	67.8±0.04a	47.8±0.0cd
5	75.6±0.03a	68.9±0.1a
6	68.9±0.13a	46.6±0.0cd
7	43.3±0.07b	36.7±0.0cde
8	34.4±0.09b	32.2±0.1de
9	35.5±0.03b	31.1±0.0de
10	43.3±0.02b	38.9±0.0cde
11	33.3±0.12b	28.9±0.1e
12	35.6±0.07b	32.2±0.1de
13	67.8±0.11a	64.5±0.1ab
14	81.1±0.09a	68.9±0.1a

注：同列数据后小写字母表示差异性显著（$P<0.05$）。下同。处理 1，国光生根剂稀释 12000 倍浸根；处理 2，国光生根剂稀释 13000 倍浸根；处理 3，国光生根剂稀释 14000 倍浸根；处理 4，国光生根剂稀释 12000 倍淋根；处理 5，国光生根剂稀释 13000 倍淋根；处理 6，国光生根剂稀释 14000 倍淋根；处理 7，生根壮苗提苗灵稀释 1000 倍浸根；处理 8，生根壮苗提苗灵稀释 1100 倍浸根；处理 9，生根壮苗提苗灵稀释 1200 倍浸根；处理 10，生根壮苗提苗灵稀释 1000 倍淋根；处理 11，生根壮苗提苗灵稀释 1100 倍淋根；处理 12，生根壮苗提苗灵稀释 1200 倍淋根；处理 13，清水浸根；处理 14，清水淋根，下同。

表3-23 不同生根剂处理对组培苗驯化苗根系形态建成影响

处理	根系总长度(cm)	根系表面积(cm²)	根系平均直径(mm)	根尖数(个)
1	160.8±11.3b	45.1±4.7	0.892±0.04ab	250.0±60.0b
2	157.3±15.6b	43.6±4.73	0.882±0.03abc	289.0±58.1ab
3	137.5±7.6b	39.3±1.88	0.912±0.05a	299.3±224.7ab
4	178.6±15.6ab	44.9±9.07	0.796±0.06abcd	299.7±139.3ab
5	201.1±75.4ab	51.2±12.6	0.868±0.02abc	408.3±139.3ab
6	198.2±42.3ab	47.5±10.77	0.762±0.03abcd	346.0±196.5ab
7	179.3±19.3ab	36.8±4.77	0.653±0.01d	263.7±46.8b
8	255.0±40.3a	53.15±6.9	0.667±0.03d	467.3±35.0ab
9	152.6±32.7b	35.7±7.91	0.749±0.05abcd	332.7±34.9b
10	173.0±29.2b	38.16±6.82	0.701±0.02cd	603.7±86.2a
11	144.7±22.7b	37.0±9.59	0.800±0.09abcd	248.0±110.8b
12	198.6±40.9ab	46.2±6.85	0.755±0.09abcd	404.0±291.3ab
13	194.1±7.1ab	43.1±1.55	0.708±0.02cd	524.0±92.2ab
14	177.9±24.8ab	40.25±3.91	0.726±0.05bcd	312.0±97.6ab

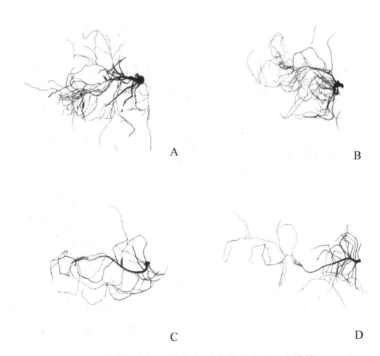

图3-29 生根剂对橡胶树组培苗根系生长的影响(成镜等, 2019)

A. 稀释14000倍国光生根剂浸根; B. 稀释1000倍生根壮苗提苗灵淋根; C. 清水浸根; D. 清水淋根。

4. 装袋

统计了10个批次, 每批次225~3412株, 装袋成活率在94%~98%之间, 平均成活率为 96%(表 3-24)。

表 3-24 装袋成活率

批次	装袋数	成活数	死亡数	成活率(%)
1	1020	979	41	96
2	1582	1480	102	94
4	1445	1414	30	98
5	1402	1323	80	94
8	225	219	6	97
9	3412	3329	83	97
10	972	928	44	95
平均	10058	9672	386	96

5. 次生体胚再生植株提高对低温的忍耐度

中国热带农业科学院橡胶研究所杨加伟等(2012)比较了 1 蓬叶稳定的热研 7-33-97 老态芽接苗和次生体胚组培苗(自根幼态无性系)对 5℃低温的耐受能力,测定了叶片的相对电导率、可溶性糖含量和游离脯氨酸含量等生理指标,并进行叶片受害调查。结果显示,自根幼态无性系叶片相对电导率低于老态芽接苗,可溶性糖含量和游离脯氨酸含量均高于老态芽接苗。此外,对 5℃处理 4 天后叶片受害情况调查发现,自根幼态无性系大部分叶片未受害,而老态芽接苗叶片几乎全部干枯或脱落。因此,室内低温模拟实验表明,自根幼态无性系在耐低温能力方面较老态芽接无性系更强,这为自根幼态无性系的生产应用提供了更广阔的前景。

(1)相对电导率

老态芽接苗和自根幼态无性系在 5℃低温处理下,随着处理时间的延长,两种材料叶片的相对电导率均呈上升趋势,表明植株均受到低温寒害。但是,自根幼态无性系叶片相对电导率的增长速度明显低于芽接苗,5℃处理 12 小时后两者的相对电导率便出现显著差异($P<0.05$),如图 3-30。经过 84 小时的 5℃处理后,自根幼态无性系叶片的相对电导率仅从处理前的 $(17.13\pm1.70)\%$ 增加到 $(28.48\pm3.58)\%$,而芽接苗叶片的相对电导率从处理前的 $(18.26\pm1.50)\%$ 增加到 $(73.17\pm1.99)\%$,差异极显著($P<0.01$)。

(2)可溶性糖含量

在低温处理前,自根幼态无性系和老态芽接苗叶片可溶性糖含量无显著差异,分别为 (41.49 ± 2.18) mg/g 干样和 (36.29 ± 5.99) mg/g 干样。随着低温处理时间的延长,自根幼态无性系和芽接苗叶片可溶性糖含量都上升。但是,自根幼态无性系叶片可溶性糖含量的上升幅度和速度明显高于芽接苗,5℃处理 12 小时后便出现显著差异($P<0.05$),如图 3-31。处理 84 小时后,自根幼态无性系叶片可溶性糖含量达到 (99.03 ± 3.24) mg/g 干样,而芽接苗叶片可溶性糖含量仅为 (60.81 ± 7.38) mg/g 干样,大大低于自根幼态无性系,差异极显著($P<0.01$)。

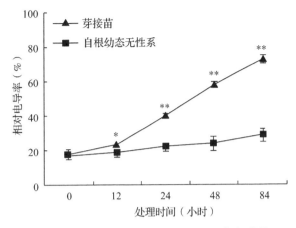

图 3-30 低温下不同材料相对电导率的变化（杨加伟等，2012）

注：* 表示差异显著，$P<0.05$；** 表示差异极显著，$P<0.01$。

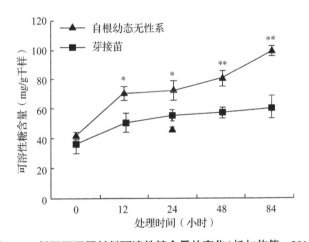

图 3-31 低温下不同材料可溶性糖含量的变化（杨加伟等，2012）

(3) 游离脯氨酸含量分析

低温处理前，自根幼态无性系和老态芽接苗叶片游离脯氨酸含量便存在差异，分别为 (0.65 ± 0.04) mg/g 干样和 (0.52 ± 0.06) mg/g 干样。随着低温处理时间的延长，自根幼态无性系和芽接苗叶片游离脯氨酸含量均增加。但是，自根幼态无性系叶片游离脯氨酸含量的上升幅度和速度都高于芽接苗，5℃处理 12 小时后便出现极显著差异（$P<0.01$），如图 3-32。此外，在低温处理 48 小时后，自根幼态无性系叶片中的游离脯氨酸还会急剧上升，而芽接苗叶片则没有出现此现象。最终在处理 84 小时后，自根幼态无性系叶片脯氨酸含量为 (2.78 ± 0.16) mg/g 干样，而芽接苗叶片脯氨酸含量仅为 (1.01 ± 0.11) mg/g 干样。

(4) 叶片低温受害情况

自根幼态无性系和老态芽接苗 28℃ 恢复培养 5 天后，植株低温寒害症状趋于稳定。芽接苗叶片基本全部干枯或落叶，而自根幼态无性系植株只有少量的叶片变黄或脱落

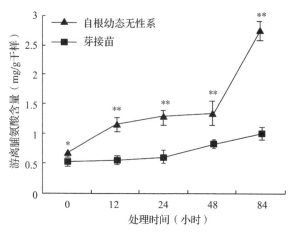

图 3-32　低温下不同材料游离脯氨酸含量的变化（杨加伟等，2012）

（图 3-33A）。对叶片的受害率统计结果显示，传统的芽接苗植株叶片受害率达到（93.52±9.45）%，而自根幼态无性系植株叶片受害率仅为（28.95±17.45）%，远低于芽接苗（图 3-33B）。

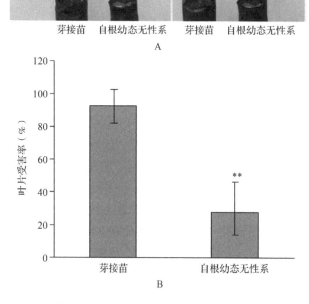

图 3-33　不同材料 28℃ 恢复培养 5 天后的表型分析（杨加伟等，2012）
A. 经低温处理，芽接苗叶片几乎全部干枯（左图）或脱落（右图），而自根幼态无性系只有少部分叶片变黄。
B. 低温处理后芽接苗与自根幼态无性系叶片受害率统计（**表示差异极显著，$P<0.01$）。

十一、小孢子培养

植物游离小孢子培养是获得植物单倍体的有效途径,既可缩短获得自交系的年限,也可在短期内得到大量高度纯合的单倍体植株,能快速纯合目标性状,增加选择机率,加快育种进程,提高育种效率。目前已在小麦、大麦、玉米、甘蓝型油菜、大白菜等多种作物中成功建立了游离小孢子培养体系。

中国热带农业科学院热带生物技术研究所谭德冠等(2011)以橡胶树海垦2号品种为材料,对橡胶树游离小孢子培养体系进行了初步研究,发现小孢子的提取采用间接研磨法优于直接研磨法,结果污染率低、杂质少、培养效果好。对小孢子分别进行高温热击、饥饿培养基(Starvation Medium) B溶液、对照预处理试验,发现用饥饿培养基(Starvation Medium) B溶液预处理小孢子2天有利于小孢子分化。碳源比较发现麦芽糖培养效果较蔗糖好。对诱导培养基的组分、pH研究发现,以改良N6为基本培养基添加外源激素2,4-D 0.5gm/L、KT 0.5mg/L,pH 6.6时诱导效果好,小孢子分化率达8.33%。小孢子的分化以B途径为主,初步获得小孢子分化的细胞团和微愈伤。同时,以橡胶树小孢子为受体进行电激转化试验,瞬时表达结果证明外源基因已导入部分小孢子基因组中。

(一)游离小孢子提取方法的比较

直接研磨法是目前分离纯化小孢子最常用的方法,在油菜等作物的小孢子培养中被广泛应用,可在较短时间内分离出大量的小孢子,工作量小且效率高。但在分离橡胶树小孢子时却发现污染率较高,达55%,而且花药壁等碎片较多(表3-25、图3-34A),这些碎片杂质在培养基中会释放酚类等有毒物质,会影响小孢子培养效果。间接研磨法工作量虽较大,但可完全避免污染现象发生,杂质少,易于获得分离纯净的小孢子(表3-25、图3-34B),利于后续培养。间接研磨法只是对雄蕊进行研磨分离,可去除花托、花瓣、花萼所形成的碎片杂质的影响,故其分离出的小孢子杂质较少;而直接研磨法是对整朵雄花进行研磨分离,故其分离出的小孢子杂质较多。同时,在间接研磨法中,雄蕊在固体培养基上预培养2天后,未消毒彻底的雄蕊能完全表现出其污染状态,挑选未污染的雄蕊进行研磨分离小孢子,可完全避免污染现象的发生。

直接研磨法:即加入1mL NLN-16无菌滤液于无菌研钵内,充分研磨雄花,100目网筛过滤后,将滤液收集至10mL的离心管中,800r/分钟离心5分钟,弃上清液,重新加入培养液离心,重复3次,调整小孢子的密度为$1 \sim 1.2 \times 10^6$个/mL进行下一步培养。

间接研磨法:即对雄花剥离雄蕊,接种至橡胶树花药培养第1培养基,预培养2天,收集雄蕊于无菌研钵内,充分研磨,后续步骤同直接研磨法。小孢子液体培养基均通过0.22μm滤膜抽滤灭菌。

表3-25 小孢子不同提取方法的效果

提取方法	接种皿数(个)	污染皿数(个)	污染率(%)	杂质	工作效率
直接研磨法	20	11	55	多	高,工作量小
间接研磨法	20	0	0	少	低,工作量大

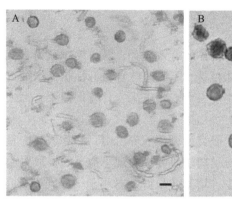
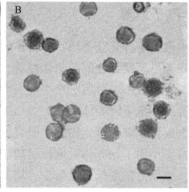

图 3-34　小孢子不同提取方法的效果(谭德冠等,2011)
A 为直接研磨法提取的效果;B 为间接研磨法提取的效果。

(二)不同预处理对橡胶树小孢子分化的影响

小孢子的预处理对其分化的影响极为关键,不同预处理对橡胶树小孢子分化的影响见表 3-26。由表 3-26 可见,不经过预处理而直接进行浅层培养,小孢子根本不分化;对小孢子进行 33℃高温热击预处理 2 天,在随后的培养中也未能观察到小孢子分化;只有采用 Starvation Medium B(含 KCl 1.49 g/L、MgSO4·7H$_2$O 0.25 g/L、CaCl$_2$ 0.11 g/L、KH$_2$PO$_4$ 0.14 g/L、甘露醇 54.7 g/L,pH 7.0)溶液预处理 2 天,在随后的培养中发现部分小孢子能分化,形成二分体和细胞团。这表明,采用甘露醇作为小孢子的预处理剂,并在预处理液中添加一定浓度的无机盐,有利于小孢子分化。

表 3-26　不同预处理对橡胶树小孢子分化的影响

小孢子预处理方法	小孢子分化情况
对照	未见小孢子萌动、分裂
33℃高温热击处理	未见小孢子萌动、分裂
Starvation Medium B	培养至第 6 天部分小孢子萌动,第 10d 小孢子开始分裂

(三)诱导培养基的组分对小孢子分化的影响

分别以蔗糖和麦芽糖作为小孢子培养基中的碳源,研究培养基组分对小孢子分化的影响。结果表明,只有麦芽糖作为小孢子诱导培养基的碳源,小孢子才具分化力(表 3-27)。比较表 3-27 中处理 5~9,发现诱导培养基在组分一致的条件下,pH 的变化对小孢子分化有一定的影响。pH 为 5.8 时,小孢子不分化;当 pH 为 6.6 时,小孢子分化频率显著高于其他处理,达 8.33%;然后随着诱导培养基 pH 值的升高,小孢子分化频率呈下降趋势。这表明诱导培养基的 pH 为 6.6 时培养效果最好。比较表 3-29 中处理 7、10、11,发现培养液中 2,4-D、KT 浓度均为 0.5mg/L 时小孢子分化频率最高,而当培养液中不含此两种外源激素时,小孢子不分化,外源激素过高,也会抑制小孢子的分化。

表 3-27　各培养基组分对橡胶树小孢子分化的影响

处理	2,4-D(mg/L)	KT(mg/L)	碳源	pH	小孢子分化频率（平均值±标准差,%）
1	0.5	0.5	麦芽糖13%	5.8	0e
2	0.5	0.5	麦芽糖13%	6.2	0e
3	0.5	0.5	麦芽糖13%	6.6	0e
4	0.5	0.5	麦芽糖13%	7.0	0e
5	0.5	0.5	麦芽糖9%	5.8	0e
6	0.5	0.5	麦芽糖9%	6.2	2.17±0.76c
7	0.5	0.5	麦芽糖9%	6.6	8.33±1.26a
8	0.5	0.5	麦芽糖9%	7.0	6.83±0.76b
9	0.5	0.5	麦芽糖9%	7.4	3.17±0.76c
10	1	1	麦芽糖9%	6.6	6.17±1.04b
11	0	0	麦芽糖9%	6.6	0e

注：观察培养10天小孢子，随机统计200个小孢子中含分裂小孢子的数量，重复3次。小孢子分化频率=分裂的小孢子数/观察小孢子的总数×100%。作LSR方差分析，不同字母表示差异显著。

(四)游离小孢子分化过程

合适的预处理后，小孢子在合适的液体诱导培养基中浅层静止培养，培养至第10天，小孢子进行第1次分裂，出现二分体(图3-35A)，分裂以均等分裂方式为主，表明小孢子的分化以B途径为主；在培养至第20天左右，小孢子分化形成细胞团(图3-35B)；在培养至第35天时形成微愈伤块(图3-35C、D)。那些未能进行脱分化的小孢子，胞核逐渐退化，最终胞核解体，在培养至45天时只剩下空的细胞壳(图3-35E)。

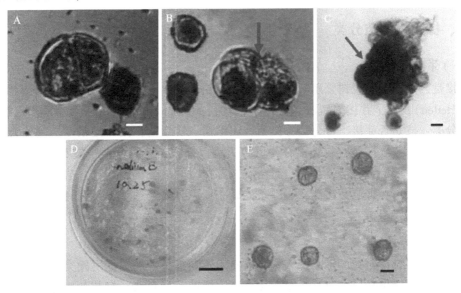

图 3-35　橡胶树游离小孢子分化过程(谭德冠等，2011)

A为二分体；B为细胞团(箭头所示)；C、D为微愈伤；E为胞核解体的小孢子。标尺：A，B=10μm；C，E=20μm；D=1cm。

(五)游离小孢子瞬时表达

经 GUS 化学组织法显色,发现对照中没有任何小孢子染上蓝色;经 Starvation Medium B 预处理小孢子 2 天后再电激转化,发现有部分小孢子细胞中出现明显的蓝色,表明外源基因的确已导入小孢子基因组中(图3-36);不经预培养、直接电激转化的处理则没有检测到任何小孢子出现蓝色的变化。上述结果表明,电激转化前小孢子的预培养极为重要,只有经 Starvation Medium B 溶液预培养的小孢子易于导入外源基因,而未经预培养的小孢子没有转化效果。

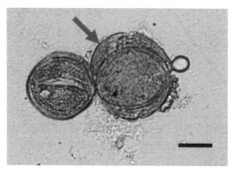

图 3-36 经 Starvation Medium B 预处理后的橡胶树
小孢子瞬时表达情况(谭德冠等,2011)
箭头所示为已导入外源基因的小孢子。标尺=10μm。

第三节 澜湄国家育苗现状

一、橡胶树种苗分类

(一)芽接苗分类

芽接是当前巴西橡胶树繁殖优良品种种植材料的主要方式之一。1915年,荷兰人赫尔屯(VanHetlen)发明了芽接繁殖法,为橡胶树优良品种的大面积推广奠定了基础。不同的芽接苗分类:按是否芽接,可分为芽接苗、组培苗、实生苗;按芽接粗度,可分为大苗芽接苗、小苗芽接苗;按是否装袋培育,可分为地播裸根苗、袋育苗;按芽接前是否装袋,袋育苗可分为芽接桩袋装苗、袋装自育苗;按芽接时间早晚,袋装自育苗又分为小苗芽接苗、幼嫩苗芽接苗、籽苗芽接苗;按芽条老幼态,可分为老态芽条(褐色芽片)芽接苗、幼态芽条(绿色芽片)芽接苗。

(二)育苗方式

随着橡胶树育苗研究的不断深入,育苗技术不断提高。现根据出圃类型特点,分为外芽接桩育苗、芽接桩袋装育苗、小苗芽接育苗、嫩苗芽接育苗、籽苗芽接育苗、小筒苗育苗和组培育苗等 7 种育苗方式。

1. 芽接桩育苗

芽接桩育苗流程是砧木苗备耕→种子催芽→砧木田移栽→苗木抚管、增殖圃管理→芽接→起苗→出圃。此方法是20世纪80~90年代国内外推行的主要育苗方式。为了使当年定植胶苗的生长量大和翌年能顺利越冬，中国一般在早春定植芽接桩胶苗。但受春旱、春寒威胁，定植胶苗发根较慢，根的生势较弱，成活率低。

2. 芽接桩袋育苗

此方法育苗流程是砧木苗备耕→种子催芽→砧木田移栽→苗木抚管、增殖圃管理→芽接→解绑切杆→起苗装袋→芽接桩袋苗抚管→出圃。这种育苗方法的缺点是育苗周期长、育苗成本较高等，是中国目前仍然沿用的育苗方法。

3. 小苗芽接育苗

小苗芽接育苗（green budding）也称为绿色芽片芽接育苗，其育苗流程是营养土备制→营养土装袋→种子催芽→合格籽苗移栽到砧木田育苗袋→苗木抚管、增殖圃管理→绿色芽片芽接→砧木处理（解绑切杆）→芽接苗抚管→达标出圃。马来西亚橡胶研究院在20世纪60年代提出橡胶小苗芽接技术，并在此后几经改进，于1985年推出了2~4个月龄（不含催芽时间）小苗芽接育苗技术。斯里兰卡橡胶研究所在1994年也推出了2~4个月龄（不含催芽时间）的小苗芽接育苗技术，并在生产上推广应用。

小苗芽接育苗法使用苗龄2~4个月的袋育实生苗作砧木，用绿色芽片作接穗，芽接成活率可达85%以上，具有芽条繁殖快、苗木留圃时间短、芽接成活率高、节省捆绑材料等优点。该技术培育的2~3蓬叶袋装苗，与使用传统育苗方式相比，大大缩短了育苗时间，降低了育苗成本。

由于中国植胶区的纬度较高，橡胶种子秋熟后不久是冬春低温期，国外4月龄左右的小苗芽接育苗法在中国大部分植胶地区不适用。而很多东南亚国家无低温影响，得以大面积推广，是目前最广泛应用的重要育苗方式。

4. 嫩苗芽接育苗

橡胶嫩苗芽接（young budding）是在橡胶小苗芽接基础上发展的一种育种繁殖新技术，是指当砧木长到约2个月时，在十分幼嫩的砧木上进行芽接。此方法育苗流程是砧木苗备耕→种子催芽→砧木田移栽到育苗袋→苗木抚管约2个月、培养幼嫩芽条→小型绿色芽条芽接→解绑、砧木处理→芽接苗抚管→出圃。

嫩苗芽接优点是大大减少种植材料成本，培育周期短，10个月可出圃；剥皮不受顶蓬叶生长状况的影响，无论老化程度如何，不同成熟阶段均可利用；同一批砧木可供嫩苗芽接的比例比普通小苗芽接的高；易于操作，大田定植成活后几乎不会回枯，能提高定植效率，降低定植成本；小塑料袋培育的嫩苗芽接苗长到3蓬叶时，可用作大田种植。可培育成较老的种植材料，成本和投入与常规2蓬叶袋育苗相近，2蓬叶较老的嫩苗芽接苗与常规的2蓬叶小苗生长速度相近，并且可以缩短橡胶树的非生产期。

与小苗芽接育苗一样，受纬度与气候影响，此方法在中国大部分植胶地区不适用。

5. 籽苗芽接育苗

籽苗芽接育苗流程是天然橡胶种子园→种子采集、筛选→催芽、籽苗培育→2~3周后，对健壮籽苗芽接→移植到营养袋→芽片愈合管理→解绑→摘顶→车间抚管→炼苗→达标出圃。

林位夫、黄守锋等经过多年研究，成功地研究出离土芽接和留叶防止接穗回枯等橡胶树籽苗育苗技术。采用播种后2~3周龄的籽苗（胚苗）作砧木，用小型绿色芽条、组织培养芽条、新抽嫩枝等作接穗，芽接成活率可达85%以上，在苗圃育苗6~8个月，可育成接穗茎秆直径达0.4cm以上、具2~6蓬叶的橡胶籽苗芽接苗。

与橡胶树芽接桩育苗方法相比，这种育苗方法培育袋苗的优点是缩短育苗时间3~12个月；籽苗芽接是在室内操作台上进行的，降低了劳动强度；由于砧木小，从而使袋育苗小型化，便于运输和定植，降低育苗成本，提高了单位面积苗圃生产率。

籽苗芽接技术在国内已较为成熟，但广东省广垦橡胶集团有限公司派技术成熟的籽苗芽接人员在马来西亚、柬埔寨等国家试推时，成活率较低，效果不理想，这可能是由于当地温度较高、雨季较多等天气原因造成的，具体原因还有待进一步研究。值得一提的是，因柬埔寨橡胶种子收获季节是在7~8月，籽苗芽接苗培育成2~3蓬叶苗后已至12月，错过种植季节，而不能及时出圃，需等到第二年6~8月，与普通袋育苗无时间差优势。另外，在没有良种补贴的背景下，籽苗芽接苗因所需基础设施投入成本较大，工人技术要求水平高，不适宜短期育苗基地，故较难推广。

6. 小筒苗育苗

小筒苗育苗技术是通过对育苗容器进行改进，集成了橡胶树籽苗芽接技术或小苗芽接育苗技术、控根技术、基质培养技术及滴灌技术等的一套林木苗木悬空培养技术。

中国热带农业科学院橡胶研究所承担的"橡胶树小筒苗育苗技术研发与示范"项目，经过长达8年的研究和不断改进，于2014年通过了农业部的成果鉴定，专家一致认为"橡胶树小筒苗育苗技术研发与示范"达到国际领先水平。印度Cheerakuzhy公司也将小筒苗育苗技术在小苗芽接的应用方面做得较为成熟。该技术的特点是单位面积育苗量大，育苗材料损耗少，育苗时间短，1~2个月可芽接，10个月可出圃，减少了育苗生产对生态环境的影响。该技术采用标准化育苗设施、标准化抚育技术和标准化出圃质量管理体系，解决了目前林木苗木生产中劳动强度大、人为质量影响大而育苗生产效率低，以及容器苗根系短且缠绕或伤根大等长期存在的问题，提高了育苗生产效益，为林木育苗工厂化生产打下了基础。

但目前该技术尚未大面积推广应用，可能是其对芽接工、淋水供水、水肥配套、基质选择和制作、遮阴棚配套的技术要求较高，且短期生产成本较高，不适宜短期经营，对运输路况和运输距离有一定的影响。广东省广垦橡胶集团有限公司计划在柬埔寨进行小规模尝试。

（三）接穗品种选择

芽接是一种通过无性繁殖方式进行扩繁的育苗方式，增殖苗的接穗即是所需培育的品种。

1. 接穗品种对砧木的影响

接穗也能影响砧木。研究发现，低产砧木上芽接生长势旺盛的优良无性系接穗，可促进低产砧木的生长，增加砧木的乳管列数和胶乳产量。选用同一砧木的不同品系接穗木质部生长差异由接穗自身的生长特性决定，且接穗品系对砧木的生长不存在明显影响。

2. 国内外接穗品种的选择

马来西亚、泰国、印度尼西亚和柬埔寨等大部分东南亚国家的气候条件与中国相比，具有无寒害和风害的两大明显差异。因而，各个国家根据各自的气候、水文环境和国情等特点，在品种选择方面也略有不同。如柬埔寨因有6个月旱季的因素，所以主推高产抗旱品种为PB350、PB260、RRIV124和IRCA130等品种。

目前，广东省广垦橡胶集团有限公司在马来西亚广垦（婆联）橡胶有限公司种苗基地有RRIM2025、RRIM3001、RRIM2007、PB260和PB350等5个品种；广垦（柬埔寨）农业科技公司有PB260、RRIM600、RRIM3001、PB350、RRIM2002、RRIM928、RRIM2024、RRIM2025、热研8-79和RRIV124等10个品种。

（四）砧木品种选择

1. 砧木对产量的影响

砧木是橡胶芽接树种植材料的重要组成部分。砧木质量的优劣对芽接树的生长、产胶以及抗性方面有明显影响。将2个品种橡胶树芽接到已知品系的实生苗和未经选择的"野生"实生苗上，在芽接无性系中发现芽接"野生"实生苗的无性系产量最低。马来西亚有研究发现，高产无性系实生苗砧木和低产无性系实生苗砧木芽接同一种接穗，前者比后者产量高13%~20%。印度尼西亚橡胶研究所研究发现，同一接穗用选择过的无性系实生苗作砧木和用未经过选择的无性系实生苗作砧木进行芽接对比，前者产量比后者高30%。杨少斧等研究发现，高产无性系实生苗作砧木的芽接苗，比用低产无性系种子实生苗作砧木的芽接苗产量提高16.7%~32.8%。刘维殷等的研究表明，优良实生砧木与低劣实生砧木相比提高产量13%~40%。在锯砧后4年半内，砧木的大小对接穗的生长还有影响，开割率随砧木的增大而增加。

2. 砧木对接穗的影响

优良砧木能够促进幼树期接穗的生长，提高接穗的树皮厚度和树皮中乳管列数。橡胶砧木与接穗对产量和生长上存在着相互影响。陈俊明等研究发现，因砧木材料不同，橡胶树接穗干含和干胶产量受到砧木的显著影响，选用优良砧木胶乳产量可以较大幅度增加橡胶树接穗干含和产量。

3. 国内外砧木品种的选择

在开割日期上，有性系砧木对无性系接穗的影响非常大，并因无性系的不同而改变。因此，应根据砧木的母树来源而不是根据其大小来选择砧木。

目前适合国内橡胶树育苗生产实际的砧木以RRIM600、GT1和PR107品种为主，RRIM600作为高产亲本，GT1、PR107作为高产抗寒亲本（2008年受寒害率平均0.45级）。马来西亚在砧木选择使用方面，除GT1外，还选择推荐PB5/51、RRIM712和RRIM901等。目前，柬埔寨的私人育苗场对砧木品系的选择针对性不强，较为粗放混乱，多为小农户采集，中间商收购转卖为主，品种不一，多以GT1、PB260和RRIM600为主，PR107的种子并不多见。一般要选用成熟，饱满，新鲜较重，花纹鲜明光亮，亲缘关系近，砧穗的亲和力好，综合优良性状多，无明显劣势性状的有性种子作为砧木品种。

二、国外橡胶树种苗生产概况

柬埔寨橡胶主产区有特本克蒙省、磅通省、腊塔那基里省、磅湛省和上丁省。主要种植品种为 PB260、GT1、RRIM600、PB260、GT1、RRIV4、RRIV121 和 RRIV124。栽培模式为株距 3m×6m。根据土壤情况设置机械化肥沟,间作柱花草、葛藤等植物,辅助移动灌溉和叶面肥混施系统。割制为 3 天一刀,乙烯利浓度 2.5%,每年涂 4 次。存在问题是适合柬埔寨应用的天然橡胶生产技术成果少,政府没有培训机制和培训能力,全国性缺少熟练割胶工人,小胶农的生产技术仍然落后,导致产量低下、胶园死皮发生率高(达 15%以上)。

缅甸橡胶主要产自孟邦、克伦邦、德林达依省、勃固省和仰光省。主栽品种为 JVP-80、GT-1、PB-260 和 BPM-24 等。栽培模式为株距 3m×6m,根据土壤情况设置机械化肥沟,间作柱花草、葛藤等植物。割制 3 天一刀,乙烯利浓度 2.5%,每年 5 次。存在问题是适合缅甸应用的天然橡胶生产技术成果少,政府没有培训机制和培训能力,全国性缺少熟练割胶工人,小胶农的生产技术仍然落后,导致产量低下、胶园死皮发生严重。由于缺乏机械和技术,缅甸仅出口胶片。其中,胶乳产品大部分销往中国,同时还出口到新加坡、印度尼西亚、马来西亚、越南、韩国、印度、日本等国家。

缅甸橡胶种植材料以芽接桩袋苗和无性系种子为主。每年生产芽接桩袋苗约 100 万株,主要品种为 RRIM600、RRIM623、RRIM717、PB235、PB260、PR255、PR261、GT1、BPM24、RRIC100。每年生产无性系种子 50 万粒左右(如 PBIG 等)。为了筛选和培育出因地制宜的橡胶品种,缅甸多年生作物管理局(MPCE)进行了大量的引种和杂交试验。

老挝橡胶树种植始于 1930 年,由法国殖民政府首次引入,位于巴塞省巴江区,距巴色镇 9~13km。由于橡胶是引种植物,当地农民对其认识不足,且橡胶初加工业发展滞后,很长一段时期内没有被推广种植。1990 年,位于甘蒙省的一家公司从泰国引进 RRIM600 的幼苗,在他曲区种植了 80hm^2;1992 年,又在 Hinboun 区种植了 23hm^2 的同品系幼苗;1994 年,老挝北部琅南塔省坝枯村建立了一个 400hm^2 的橡胶园;1996 年,在首都万象的桑通区和塔帕巴区分别种植了 3.5~4hm^2 的橡胶,较好地带动当地橡胶种植业。中国政府针对金三角地区出台罂粟替代种植相关政策后,中资企业进入老挝,开始投资种植橡胶。2000 年后,在老挝北部橡胶种植成功先例的带动,以及老挝土地租赁和特许经营权等相关政策的开放,促使了老挝橡胶种植业的大规模发展,许多外国公司在老挝投资橡胶种植园,橡胶种植业逐渐发展成全国范围内的规模性产业。老挝天然橡胶产业起步较晚,但发展迅猛。2003 年,老挝橡胶种植面积 0.09 万 hm^2,2007 年 2.86 万 hm^2,2010 年达 23.4 万 hm^2,2013 年 24.94 万 hm^2,2018 年达到 25.79 万 hm^2,是 2003 年的近 300 倍。老挝的橡胶种植主要集中在北部,北部九省包括了丰沙里省、琅南塔省、波乔省、川圹省、华潘省、琅勃拉邦省、乌多姆塞省、沙耶武里省、万象及万象直辖市,土地总面积为 13.25 万 km^2,人口为 305.5 万人。2018 年北部的种植面积为 15.09 万 hm^2,占比 54.85%;中部占比 17.34%;南部占比 27.81%。2018 年开割面积达 12.14 万 hm^2。

泰国橡胶种植始于 19 世纪末,至今已有 120 多年的历史。1899 年旅泰华人许心美从马来西亚引进了第一批橡胶苗,并在董里府试种,拉开了泰国橡胶产业发展的帷幕。但由于泰国政府对天然橡胶的经济价值缺乏充分认识，种植规模相对较小，产业发展缓慢。第二次世界大战和朝鲜战争的相继爆发，刺激了全球天然橡胶的需求，推高了天然橡胶价格，泰国橡胶面积迅速扩张至 64 万 hm^2。20 世纪 70 年代末期在世界银行的资助下，泰国天然橡胶更新计划顺利推行。1991 年，泰国天然橡胶产量达 134 万 t，超越了印度尼西亚和马来西亚，成为第一大天然橡胶生产国和第一出口国。受全球天然橡胶价格周期性上涨的刺激，2010—2013 年泰国迎来新种的小高峰，4 年间新种面积累计增加 91.7 万 hm^2，占 2006—2020 年新增面积的 47.3%。但产业扩张势头并未持续，随着全球天然橡胶市场持续低迷，泰国新增橡胶速度大幅放缓，胶园更新保持在年均 1.3% 的水平增长。2006—2020 年间，泰国橡胶种植面积以年均 3% 的速率减少，随着胶园开割程度逐渐成熟，产能逐步释放，割胶面积趋近总面积。泰国地势呈北高南低，自西北向东南倾斜。自南到北均适宜种植橡胶，植胶区大致可划分为南部、中部、东北和北部四大部分。其中，南部地区气候环境和土壤条件较为优越，是泰国传统植胶区，随着泰国种植结构调整，南部地区种植面积有所缩减，东北部地区资源潜力充分开发，2020 年四大植胶区种植面积占比依次为 59.5%、10.8%、23.6% 和 6.2%，产量占比分别为 62.2%、9.4%、23.6% 和 4.8%。

第四节　育苗技术合作成效

一、技术培训方案

为了更好地取得示范效果，首先采用中英文撰写实验方案发给国外的合作方。具体参考《橡胶树组培苗育苗技术方案（袋育苗）》。

（一）育苗设施要求

1. 育苗荫棚

与育苗棚棚高 3~5m，顶层覆盖 75% 左右遮光度的黑色遮阳网。基础条件较好的建议在顶部装上雾化喷头，可以在缓苗期喷雾降温保湿。

2. 培养容器要求

建议用直径 10cm、高度 30cm 左右的育苗袋（杯）。

3. 育苗基质

育苗基质宜用黄棕壤、红壤等与椰糠按体积 2∶1 的比例进行配制（严禁使用根病区胶园土壤和塘泥）。也可在保证袋育苗正常生长的前提下，因地制宜选择基质种类及配比。可以按照 1∶1000 育苗基质的重量比，在配置营养基质的时候添加复合肥，可以缩短缓苗期，减少黄化落叶情况。

4. 育苗流程

（1）移栽

应选择处于叶片稳定期至顶芽萌动期、有明显主根、株高不小于 5.0cm、不少于 1 蓬叶的沙床苗移植到育苗袋，淋足定根水，如根系过长或弯曲度大，可适当修剪，注意修剪时需要保留一定数量的侧根。

(2) 降温保湿

装袋育苗前应做好降温保湿准备，拉好遮阳网。移栽后 3 个月，遮阳网保持荫蔽状态，空气湿度保持在 60%~80% 为宜。根据天气和基质湿度情况，育苗设施条件较好的每天早晚喷雾 5 分钟，1~5 天淋水 1 次，当表层土泛白变干立即少量淋水保湿。第 2 蓬新叶抽出稳定后，可以在早晚打开遮阳网驯化炼苗，每天的开网炼苗时间逐步延长，尽量避免高温强光灼伤嫩叶，15 天内可以全部开网，直至出圃。

(3) 水肥管理

移栽 3 周后淋第一次水肥，水肥宜选配比为质量分数为 0.5% 的氯化钾型复合肥和 0.1% 的尿素的混合溶液，每株淋约 150mL。之后每隔 1 个月施水肥 1 次，每次水肥浓度增加 50%，最高不得超过 1.5%，一般施肥 3 次~4 次可出圃。

(4) 温度管理

根据温度情况，开启喷淋降温或水暖加温，温度保持在 25~35℃。

(5) 病虫害管理

重点防治根腐病、白粉病、炭疽病和蚧壳虫等。

(二) 出圃质量要求

1. 基本要求

种源来自品种纯正、优质高产的母本园或母株，植株完整无损伤，具有完整根系和叶片；叶片色泽正常，处于稳定期至顶芽萌动期；无污染，无病虫害；增殖世代数 ≤10；品种纯度 ≥99%，变异率 ≤5%。

2. 株高

袋育苗的株高应不小于 45.0cm。

3. 叶片

叶蓬数不少于 3，顶叶处于老化稳定期。育苗袋(杯)直径不小于 10cm，高度不小于 30cm，无检疫性病虫害。

(三) 栽培技术方案

1. 试验区布置

热研 7-33-97 组培苗育苗 2500 株，试验布置 1800 株。以 RRIM600 嫁接苗作为对照布置 1800 株，每个试验单元 600 株。试验设置 3 个重复，株行距 3m×7m(表 3-28)。

表 3-28　实验方案设计

重复 1	重复 2	重复 3
热研 7-33-97 组培苗	RRIM600 芽接苗	热研 7-33-97 组培
RRIM600 芽接苗	热研 7-33-97 组培苗	RRIM600 芽接苗

2. 种植技术

修好种植平台，防治水土流失，挖穴规格深 0.5m，宽不小于 0.4m。底肥施用有机肥 5~10kg/株，覆土后种植橡胶树组培苗，注意种植时候用小刀从底部向上划开育苗袋，撕开一半时候放进种植穴，回填表层土壤后，再撕开剩下一半育苗袋并将其移除，再次回填表层土壤，将离根部 10cm 外围土壤压实，做一个"锅底状"储水窝。种植深度袋口往上 5cm，浇足定根水。

3. 施肥技术

橡胶树专用肥（复合肥，$N-P_2O_5-K_2O = 21-13-11$）底肥 0.25kg/株，第一年 3 月、6 月、9 月分别施肥 0.2kg/株/次；第二年 3 月、6 月、9 月分别施肥 0.4kg/株、0.3kg/株、0.3kg/株；第三年 3 月、6 月、9 月分别施肥 0.5kg/株、0.4kg/株、0.4kg/株。

二、示范效果

示范效果如图 3-37 至图 3-49。

图 3-37　橡胶树组培苗繁育中心

图 3-38　次生体胚继代扩繁

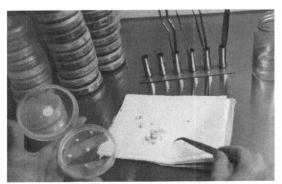

图 3-39　体胚到植株再生

图 3-40 试管苗沙床驯化炼苗

图 3-41 基质配制及育苗移植

图 3-42 施肥效果　　　　　　图 3-43 装袋育苗

图 3-44 田间管理及高效间作模式　　　　　　图 3-45 热研 7-33-97 组培苗整齐林段

第三章　橡胶树育苗技术合作成效

图 3-46　向柬埔寨橡胶研究所输出热研 7-33-97 组培苗

中国自主培育橡胶树组培苗首次走出国门落户柬埔寨

中国热带农业科学院橡胶所精心培育的2500株热研73397组培苗于6月10日抵达柬埔寨，将由柬埔寨橡胶研究所负责在橡胶主产区特本克蒙省进行示范种植。这是中国橡胶树组培苗首次走出国门落户柬埔寨，中柬农业务实合作又开新花。

橡胶树自根幼态无性系(组培苗)高效快繁技术体系是由中国热科院橡胶所自主研发建立，在国际上首次实现了橡胶树组培苗的规模化生产应用。该技术还获得了"2021中国农业农村重大新技术"。与老态芽接无性系相比，组培苗恢复了种苗的幼态性，生长速度快10%到20%，产量提高20%到30%，在海南、广东、云南等地累计推广应用2万多亩，是新一代优势种植材料。

图 3-47　向柬埔寨橡胶研究所输出组培苗报道

图 3-48　柬埔寨橡胶研究所收到热研 7-33-97 组培苗　　图 3-49　柬埔寨橡胶研究所专家种植组培苗

第四章 天然橡胶初加工技术合作成效

天然橡胶是重要的战略资源和工业原料,也是澜湄等国家重要的经济作物。在天然橡胶的生产方面,澜湄国家自然条件优越,土地肥沃,劳动力成本也相对低廉,但受资金匮乏、技术落后、人才滞后和基础设施薄弱等因素的制约,部分澜湄国家尤其是柬埔寨、缅甸、老挝大多仍以传统烟片胶的加工为主,并没有建立起天然橡胶技术分级橡胶加工技术体系及产品开发平台。中国天然橡胶资源虽有限,但却因长期致力于高产、高效、高质橡胶加工技术的研发,在新技术及新产品的开发与储备上具有较大优势。落实开展澜湄地区天然橡胶加工科技合作,实施天然橡胶加工技术的输出与帮扶,以点带面,从而促进澜湄区域天然橡胶加工技术水平提升及产业可持续发展,不仅是响应国家对于促进澜湄合作的要求,扩大农业科技领域的交流与合作,对接"一带一路"倡议、助力东盟共同体建设和地区一体化进程,促进落实联合国2030年可持续发展议程,同时也是中国橡胶加工技术走出去引领澜湄地区橡胶加工科技发展水平的重要契机。

第一节 天然橡胶初加工工艺技术与设备

天然橡胶的初加工特指以巴西橡胶树流出的胶乳及各种"杂胶"(杯凝胶、自凝胶块、胶线、皮屑胶和泥胶等)为原料,经过适当工艺处理,生产各种生胶和浓缩胶乳等天然橡胶初产品的过程。自1852年美国化学家固特异发明了橡胶硫化法,使天然橡胶成为一种正式的工业原料以来,天然橡胶初加工业的生产工艺、加工设备不断改进和完善,加工成本和原材料、能源消耗不断降低,加工产品品种不断增加、品质不断提升,并已成为重要的不可替代的战略资源。

一、天然橡胶初加工产品

(一)天然橡胶

1. 天然橡胶特性

天然橡胶是一种以聚异戊二烯为主要成分的天然高分子化合物,分子式是$(C_5H_8)n$,是应用最广的通用橡胶。

天然橡胶生胶的玻璃化温度(T_g)为-72℃,粘流温度(T_f)为130℃,开始分解温度(T_{d1})为200℃,激烈分解温度(T_{d2})为270℃。一旦天然橡胶硫化后,其T_g上升,也再不会发生粘流。

在 0～100℃ 范围内，天然橡胶回弹率在 50%～85% 之间，其弹性模量仅为钢的 1/3000，伸长率可达 1000%，拉伸到 350% 后，永久变形仅为 15%。在弹性材料中，天然橡胶的生胶、混炼胶、硫化胶的强度都比较高，其原因在于它的自补强性，即拉伸时会使天然橡胶大分子链沿应力方向取向形成结晶。

作为非极性物质的天然橡胶，可溶于非极性溶剂和非极性油中，是一种优良的绝缘材料。但当天然橡胶硫化后，因引入极性因素，如硫磺、促进剂等，从而使绝缘性能下降。因此，天然橡胶不耐环己烷、汽油、苯等介质，未硫化橡胶能在上述介质中溶解，而硫化橡胶则溶胀。相反，天然橡胶不溶于极性的丙酮、乙醇中，更不溶于水中，能耐浓度为 10% 氢氟酸、20% 盐酸、30% 硫酸、50% 氢氧化钠等的溶剂。

综上所述，天然橡胶具有优良的回弹性、绝缘性、隔水性及可塑性等特性，且经过适当处理后还具有耐油、耐酸、耐碱、耐热、耐寒、耐压、耐磨等特点，被广泛用于工业、国防、交通、民生、医药、卫生等领域，是一种重要的工业原料和战略资源。

2. 天然橡胶的重要性

天然橡胶制品随处可见，日常生活中使用的雨鞋、暖水袋、松紧带，医疗卫生行业所用的外科医生手套、输血管、避孕套，交通运输上使用的各种轮胎，工业上使用的传送带、运输带、耐酸和耐碱手套，农业上使用的排灌胶管、氨水袋，气象测量用的探空气球，科学试验用的密封、防震设备，国防上使用的飞机、坦克、大炮、防毒面具，甚至连火箭、人造地球卫星和宇宙飞船等高精尖科学技术产品都能看到天然橡胶的身影。

3. 天然橡胶的不可替代性

天然橡胶是重要的战略物资，同时也是一种农业性、区域性资源。为保障国家战略资源的有效供给及降低橡胶生产消费成本，合成橡胶从出生起就肩负着替代天然橡胶的使命。从第一次世界大战后，世界合成橡胶工业开始起步，伴随着石油工业的发展，合成橡胶工业飞速发展。20 世纪 60 年代初，世界合成橡胶的消费量首次超过天然橡胶。截至目前，全球共有 27 个国家和地区拥有合成橡胶生产装置，年产能已达 2000 万 t，合成橡胶消费量长期维持在全球橡胶消费总量的近 60%。中国 2017 年橡胶消耗总量为 1018 万 t，其中天然橡胶 540 万 t，合成橡胶 478 万 t。合成橡胶消费量几乎已占据了中国橡胶消费量的半壁江山。合成橡胶在综合性能上虽不如天然橡胶全面，但与天然橡胶相比成本低廉，是所有橡胶制品生产企业尽可能去选用的原料。同时，合成橡胶其性能因单体不同而异，少数品种的性能与天然橡胶相似，某些合成橡胶还具有较天然橡胶优良的耐温、耐磨、耐老化、耐腐蚀或耐油等性能，有效弥补了天然橡胶材料的不足，成为高精尖领域不可缺少的生产原料。因此可以说，合成橡胶在尽可能地替代天然橡胶的同时也成为了天然橡胶强有力的补充，使得橡胶能够适应各种严苛的应用环境，满足国防科技、现代工业和日常生活的各种需要。

虽然合成橡胶新技术新品种的发展不断取得突破，合成橡胶产品的性能得到较大提升，污染控制技术不断进步，但在技术性能上，现阶段合成橡胶的综合性能仍然落后于天然橡胶。目前，合成橡胶同天然橡胶一样近 70% 用于轮胎生产，且通常与天然橡胶混合使用,轮胎性能要求越高,所用天然橡胶的占比会越大。主要是因为天然橡胶在弹性、抗冲压、抗撕裂、耐磨等方面的综合性能更为突出,见表4-1、表4-2。目前还没有任何一种合成橡胶(包括合成聚异戊二烯)的综合性能达到或超过天然橡胶,能完全替代天然橡胶在航空航天、矿山和越野等重型负载轮胎领域的应用。且从近十来年的数据来看,全球范围内,合成橡胶消费量占橡胶总消费量的比例稳定在55%~60%,也意味着在现有的技术条件下,合成橡胶对天然橡胶的替代已经接近极限。

表4-1 轮胎用橡胶的特性及使用部分

种类	NR	SBR	BR	IR	IIR
化学组成	顺式异戊二烯	苯乙烯-丁二烯	顺式丁二烯	顺式异戊二烯	异丁烯-异戊二烯
拉伸强度(MPa)	30~31	28~28	19~25	30~31	15~18
弹性	○~◎	○	◎	○~◎	△
耐磨性	○	○~◎	◎	○	△
耐热性	○	○~◎	○~◎	○	△
抗撕裂性	◎	○	△	○	○
耐老化性	○	○	○	○	○
气密性	○	○	△	○	◎
应用部位	带束层、窗布层、胎圈、胎冠、胎侧	胎冠、胎侧、胎圈、窗布层、带束层	胎冠、胎侧、胎肩	胎冠、胎侧	内衬层、内胎

注:◎、○、△分别代表好、一般和差。NR代表天然橡胶;SBR代表可苯橡胶;BR代表顺丁橡胶;IR异戊橡胶;IIR代表丁基橡胶。

表4-2 不同轮胎的天然橡胶用量

轮胎类别 (子午线轮胎)	轮胎(条)		
	橡胶含量(kg)	天然橡胶含量(kg)	天然橡胶占比(%)
轿车	3.6	1.44~1.5	40~42
轻卡	6.0	3.0~3.3	50~55
载重	24.0	19.2~20.4	80~85
工程	120.0	90~96	75~80
飞机	—		90~100

除性能因素外,天然橡胶与合成橡胶本身就存在相互的替代性,天然橡胶、合成橡胶的需求受各自价格等因素的影响。在天然橡胶价格持续低迷的情况下,合成橡胶的消费量占比也会有所降低,从而被天然橡胶替代。

虽然中国合成橡胶的消费比例低于世界平均水平,合成橡胶替代天然橡胶的空间较大。由于合成橡胶的原料是石油和天然气,2017年中国石油对外依存度已经逼近70%,天然气达到45%,油气资源安全问题同样突出。且合成橡胶属石油化工产业,投资规模大、能耗高,对环境的影响大。长远看来,石油资源属不可再生资源,石油工业未来将面临重大转型。而天然橡胶制品行业能源消耗量相对较少,更加环保;天然橡胶属可再生资源,环境保护作用明显，持续发展前景明确。随着天然橡胶树品系的优化、割胶制度的改进、加工工艺的进步、生产效率的提升，其个别性质将得以改善，使得天然橡胶性能更优，应用更广。

综上所述，合成橡胶无法替代天然橡胶，天然橡胶与合成橡胶相比有着更为广阔的发展空间。综合考虑合成橡胶已展现出的卓越特性和应用价值，天然橡胶和合成橡胶应协调发展、互为补充，多元化的应用，才更符合橡胶行业供需发展方向，才能在价值的创造上取得更好的成就。

4. 影响天然橡胶质量的主要因素（图4-1）

(1) 农业因素对天然橡胶质量的影响

鲜胶乳是在巴西三叶橡胶树各部分乳管中合成，合成并贮存于胶树的各个乳管中。鲜胶乳合成过程受多种因素影响，如胶树品系、割龄、割制以及季节等，因此不同品系、不同割龄、不同割制、不同季节的鲜胶乳所含橡胶分子大小与结构、非胶组分种类与含量均不同，造成橡胶结构与性能存在较大差异。

(2) 加工工艺对天然橡胶质量的影响

加工工艺主要包括鲜胶乳的保存、凝固以及干燥等环节，且每个环节都会对天然橡胶的质量产生影响；不同的保存剂种类、保存时间会影响胶乳非胶组分含量，胶乳的稳定性及性能等也会随之发生变化；不同的鲜胶乳凝固方式、凝固时间下所形成的天然橡胶凝胶结构会有差异，所含非胶组分不同，性能也不会相同；同样，长时间较高的干燥温度会造成天然橡胶的塑性初值、塑性保持率及硫化胶的物理机械性能明显下降。

(3) 生产管理对天然橡胶质量的影响

在天然橡胶栽培生产中，除了面对风、寒、旱等自然灾害外，还要受到各种病虫害的侵扰，它们能危害橡胶树的正常生长及产排胶状态，从而对橡胶原料的产量和质量造成严重的影响；在天然橡胶原料采收及初加工过程中，胶园合理的管、养、割、收措施对鲜胶乳的产量、非胶组分、杂质含量有着重要的影响，做好加工过程中各环节工艺参数的管控也是提高天然橡胶产品质量的关键措施。

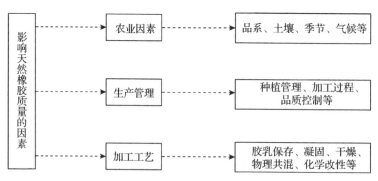

图4-1 影响天然橡胶质量的因素

（二）天然橡胶初加工产品种类及特点

天然橡胶初加工产品包括大宗通用橡胶及少量特种橡胶。通用橡胶可分为液态的浓缩天然胶乳以及固态的天然生胶,天然生胶包括传统的各类胶片以及当前使用量大、流通性高的技术分级橡胶(也称颗粒胶、标准胶)。传统天然橡胶胶片主要有烟胶片、风干胶片、白绉片、褐绉片;技术分级橡胶主要分为以浅色胶、全乳胶为主的乳胶级技术分级橡胶(主要是以鲜胶乳为原料加工而成),以及以 5#、10#、20# 为代表的凝胶级技术分级橡胶(主要是以胶园凝胶为原料加工而成),如图 4-2。

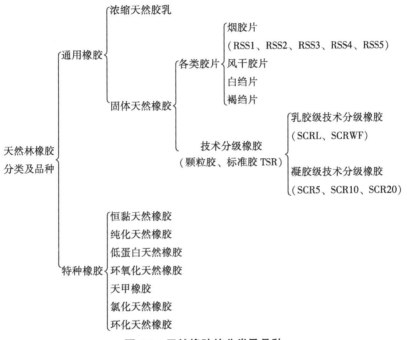

图 4-2 天然橡胶的分类及品种

1. 固体天然橡胶分类及特点
(1)固体天然橡胶的分类
固体天然橡胶按干燥形状分为片状胶和颗粒胶(标准胶、技术分级橡胶)两类。

片状胶可分为烟胶片、风干胶片、白绉片、褐绉片等,其中烟胶片是最有代表性的一个胶种。

颗粒胶是以天然橡胶物理、化学性能(杂质含量、灰分含量、挥发份含量、氮含量、塑性初值、塑性保持率、颜色指数)进行分级的天然橡胶。中国技术分级橡胶共有 CV、L、WF、5 号胶、10 号胶、20 号胶、10CV 和 20CV 等 8 个级别。

(2)固体天然橡胶的分级
固体天然橡胶有两种分级方法,包括用于片状胶的外观分级法以及用于颗粒胶(标准胶、技术分级橡胶)的理化指标分级法。

外观分级法通过观察胶片有无发霉、胶锈、烟熏不透、烟熏过度、气泡、小树皮屑点、发黏等欠缺及欠缺程度,再如胶的透明度、清洁程度和强韧情况等分级。中国国家标准(GB/T 8089—2007)根据外观分级把烟胶片分为一级烟胶片(NO.1 RSS)、二级烟胶片(NO.2 RSS)、三级烟胶片(NO.3 RSS)、四级烟胶片(NO.4 RSS)、五级烟胶片(NO.5 RSS)、等外级烟胶片6个规格。

理化指标分级法是按照标准天然橡胶分级方案，以杂质含量、氮含量、挥发物含量、灰分含量、塑性初值、塑性保持率等理化指标对颗粒胶进行分级。目前，生产上的主要品种有全乳胶、凝标胶、浅色标胶、恒黏橡胶及胶清橡胶。中国国家标准（GB/T 8081—2008）以及农业行业标准（NY/T 229—2009）规定了相应的标准天然橡胶分级方案，见表4-3至表4-5。

表4-3　标准天然橡胶的分级

原料	特征	级别
全鲜胶乳	黏度有规定	CV
	浅色橡胶，有规定的颜色指数	L
	黏度或颜色没有规定	WF
胶片或凝固的混合鲜胶乳	黏度或颜色没有规定	S
胶园凝胶和（或）胶片	黏度没有规定	10 或 20
	黏度有规定	10CV 或 20CV

表4-4　标准天然橡胶的技术要求

性能	5号胶（SCR 5）	10号胶（SCR 10）	20号胶（SCR 20）	10号恒黏胶（SCR 10CV）	20号恒黏胶（SCR 20CV）	试验方法
标志颜色	绿	褐	红	褐	红	
留在45μm筛上的杂质（质量分数,%），最大值	0.05	0.10	0.20	0.1	0.20	GB/T 8086
灰分（质量分数,%），最大值	0.6	0.75	1.0	0.75	1.0	GB/T 4498
氮含量（质量分数,%），最大值	0.6	0.6	0.6	0.6	0.6	GB/T 8088
挥发分（质量分数,%），最大值	0.8	0.8	0.8	0.8	0.8	ISO 248（烘箱法，105℃±5℃）
塑性初值（P_0），最小值	30	30	30	—	—	GB/T 3510
塑性保持率（PRI），最小值	60	50	40	50	40	GB/T 3517
拉维邦颜色指数，最大值	—	—	—	—	—	GB/T 14796
门尼黏度，ML(1+4)100℃	60±5 见注①	—	—	见注②	见注③	GB//T 1232.1

注：①有关各方可同意采用另外的黏度值。②没有规定这些级别的黏度，因为这会随着例如贮存时间和处理方式而变化，但一般是由生产方将黏度控制在65±1，有关各方也可同意采用另外的黏度值。

表 4-5　胶清橡胶技术要求(引自 NY/T 229—2009)

质量项目	级别限值	
	1级	2级
留在 45μm 筛上的杂质(质量分数,%),最大值	0.05	0.10
塑性初值(P_0),最小值	25	25
塑性保持率(PRI),最小值	30	16
氮含量(质量分数,%),最大值	2.4	2.6
挥发分(质量分数,%),最大值	1.8	1.8
灰分(质量分数,%),最大值	0.8	1.0

(3) 各类固体天然橡胶的特点

①烟胶片。工艺特点为胶乳经凝固和辊压后用树烟熏干而制成的表面有菱形花纹的片状橡胶,是片状天然橡胶最主要、量最大的品种。产品具有以下特点:表面带有菱形花纹、呈棕黄色片状;不易霉变,烟气中的有机酸和酚类物质对橡胶有防腐和防老化作用;物理机械性能优异,是天然橡胶中物理机械性能最好的品种;适用于制造高端橡胶制品;价格高。

②风干胶片。工艺特点为在胶乳中加入催干剂如二氯化锡,酸凝固辊压后,利用自然风干和热能烘干相结合的方法制成的淡黄色胶片。产品特点与烟片胶的性能无明显差别,风干胶片颜色较浅。适用于制造轮胎胎侧和其他浅色制品,如做浅色生胶鞋底、透明的乒乓球板胶片、浅色橡胶杂件、胶水即黏合剂。

③白绉片。用胶乳凝块为原料,经洗涤、压炼成表面有皱纹、经自然风干或热风干燥而制成的橡胶。白绉胶片颜色洁白,浅色绉胶片浅黄。白绉片与烟胶片相比,杂质较少,但机械性能稍低,成本更高,适于制造色泽鲜艳的浅色及透明制品。

④褐绉片。用杂胶为原料,经洗涤、压炼成表面有皱纹、经自然风干或热风干燥而制成的橡胶。褐绉片颜色较深,适用于生产价值不高的低成本橡胶制品。

⑤全乳胶(乳胶级技术分级橡胶)。以新鲜胶乳为原料,经过短期保存、机械除杂、凝固、脱水造粒、干燥、检验、分级和包装等工序生产的产品,其中加氨保存、加酸凝固是全乳胶生产的特色,优点是生胶杂质含量低,机械化程度高。曾是中国天然橡胶生产的主要胶种,现产量有下降的趋势。

⑥凝标胶(凝胶级技术分级橡胶)。以胶园凝胶(杯凝胶、胶线等杂胶)、胶片等为原料经过一系列工序加工制成的产品,是东南亚、非洲等国家天然橡胶生产的主要胶种。产品特点是成本低,部分性能超过全乳胶,但杂质含量高。

⑦浅色胶(乳胶级技术分级橡胶)。生产工艺与全乳胶的生产工艺基本相同,不同之处是鲜胶乳进入混合池后需加入抗氧化的化学药剂,产品颜色浅,适合于制作浅色橡胶制品。

⑧胶清橡胶。以离心法制备浓缩胶乳时分离出的胶清为原料,工艺与全乳胶类似,但需用硫酸凝固,产品橡胶烃含量低,非胶组分含量高,老化性能差,一般用在较低级的工业制品上。

⑨恒黏天然橡胶（特种天然橡胶）。恒黏橡胶以鲜胶乳或杂胶为原料，工艺特点是在制胶过程中会加入恒黏剂（盐酸羟胺）而使门尼黏度保持恒定。产品特点是在贮存期间，门尼黏度值变化较小，产品性能稳定，是特种橡胶中产量较高的品种。

⑩其他特种天然橡胶。均是以环化、接枝等改性方法对天然橡胶产品进行改性，提高天然橡胶某一特性以适用不同使用需求，多为批量定制化生产，工艺要求高。

2. 液体天然橡胶——浓缩天然胶乳

浓缩天然胶乳是鲜胶乳用氨和（或）其他保存剂保存并经浓缩加工而制成的。浓缩天然胶乳问世以前，为生产需要成型加工的橡胶制品，必须用有机溶剂将生胶溶解来获得橡胶溶液，在解决了胶乳长期保存的问题之后，浓缩天然胶乳就成为一种通用胶乳，替代了溶剂法橡胶溶液用于成型橡胶制品的生产。浓缩天然胶乳的加工方法有离心法、蒸发法、电泳法、膏化法等。在生产的各种浓缩天然胶乳中，以离心浓缩天然胶乳最多，约占总产量的95%。原因是这种方法生产效率高，生产过程短，产品纯度高，质量好控制。中国国家标准 GB/T 8289—2016 对离心浓缩天然胶乳的技术规格作了规定，见表4-6 至表4-7。

表4-6 离心浓缩天然胶乳的技术要求

项目	高氨（HA）	低氨（LA）	中氨（XA^c）	高氨膏化	低氨膏化	检测方法
总固体含量（质量分数，%），最小	61.0 或由双方协议商定			65.0	65.0	ISO 124
干胶含量（质量分数，%），最小	60	60	60	64.0	64.0	ISO 126
非胶固体^a（质量分数，%），最大	1.7	1.7	1.7	1.7	1.7	—
碱度（NH$_3$）按浓缩胶乳计（质量分数，%）	0.60 最小	0.29 最大	0.30~0.59	0.55 最小	0.35 最大	ISO 125
机械稳定度^b（s），最小	650	650	650	650	650	ISO 35
凝块含量（质量分数，%），最大	0.03	0.03	0.03	0.03	0.03	ISO 706
铜含量（mg/kg）总固体，最大	8	8	8	8	8	ISO 8053
锰含量（mg/kg）总固体，最大	8	8	8	8	8	ISO 7780
残渣含量（质量分数，%），最大	0.10	0.10	0.10	0.10	0.10	ISO 2005
挥发脂肪酸（VFA）值，最大	0.06 或由双方协议商定					ISO 506
KOH 值，最大	0.70 或由双方协议商定					ISO 127

a 总固体含量与干胶含量之差。
b 机械稳定度通常在21天内达到稳定。
c XA 相当于中氨（MA）胶乳。

目前，世界浓缩天然胶乳的产量已达100万t/年以上。按制备和保存方法分，浓缩天然胶乳主要有3种浓缩法和6个保存体系。在离心法浓缩天然胶乳中，又以高氨型的产量较多，约占总产量的75%。在低氨型浓缩天然胶乳中，以低氨-TZ胶乳最多，其产量已占低氨胶乳的2/3。

表4-7 浓缩天然胶乳的类型

浓缩方法	干胶含量(%)	类型	保存体系
离心	60	高氨	0.7%氨
离心	60	低氨-五氯酚钠	0.2%氨+0.2%五氯酚钠
离心	60	低氨-硼酸	0.2%氨+0.2%硼酸+0.05%月桂酸
离心	60	低氨-ZDC	0.2%氨+0.1%二乙基二硫代氨基甲酸锌+0.05%月桂酸
离心	60	低氨-TZ	0.2%氨+0.013%二硫化四甲基秋兰姆+0.013%氧化锌+0.05%月桂酸
膏化	60~66	高氨	0.7%氨
蒸发	60~70	固定碱	0.05%KOH+2%肥皂

此外，根据用户的需要，还生产一些特种胶乳，包括纯化胶乳、接枝胶乳、阳电荷胶乳、高浓度胶乳、耐寒胶乳、硫化胶乳、树脂补强胶乳等。

(三)天然橡胶初加工产品应用情况及发展趋势

1. 天然橡胶初加工产品应用情况

天然橡胶良好的综合物理机械性能，使橡胶成为重要的工业材料，因此其用途极为广泛，涉及国民经济的各个部门，人们生产生活的各个领域都与其相关，如交通运输、工业生产、农业水产、军事国防、钻探采掘、土木建筑、电子通信、生活日用、医疗卫生和文体装饰等各个部门。固体天然橡胶中生胶常常用来做轮胎，约占总天然橡胶使用量的65%，尤其是一级烟胶片，常用来做航空轮胎的基材，部分固体天然橡胶还可用来做胶鞋、密封圈、橡胶塞、橡胶管、传输带等。浓缩天然胶乳主要用来做手套(医用手套、家用手套、工业手套)、医用导管、橡胶卷、气球、黏合剂和乳胶线(丝)等的生产。

天然橡胶具备工业原料和农业产品的双重特性。在中国，天然橡胶既是主要工业原料，又是重要的进口替代，尤其是在制造飞机、载重汽车及越野机械的轮胎等方面；作为一种进口替代型产业，它远不能满足国内需求，并且与国家外汇支出、国家独立和国民经济体系完整密切相关。作为农业产品，天然橡胶的社会效益和经济效益明显，不仅满足了国防和工业建设的物资需求，而且促进工业发展和增加就业。此外，天然橡胶种植还具有良好的生态效益。按照《橡胶生产技术规程》建立起来的天然橡胶林具有类似于热带次生林的小气候环境，能够有效地控制水土流失，保持土壤肥力，是一种可持续发展的人工生态系统。

2. 功能化天然橡胶的研究与应用

功能化材料是指通过光、电、磁、热、化学、生化等作用后具有特定功能的材料。功能化天然橡胶在通过各种物理化学改性方法得到具有天然橡胶良好特性的同时，又具备了新的诸如光、电、磁、化学等功能特性的新型天然橡胶材料，具有更加广泛的应用性能。

(1) 功能化天然橡胶的制备方法

功能化天然橡胶制备方法分为化学改性、物理共混改性以及纳米复合材料改性。化学改性是利用天然橡胶分子链上的—C＝C—的活跃的反应性，通过环化、环氧化、卤化、氢化、接枝等方法改性天然橡胶，使之获得新的目标性能。物理改性是通过共混改性使得天然橡胶与合成橡胶或塑料共混，提升聚合物各项性能，拓宽应用领域。纳米复合材料改性是以天然橡胶为连续相，以纳米尺寸的金属、半导体、刚性粒子和其他无机粒子、纤维、纳米碳管等填充，依靠流体力学体积效应达到功能化的目的，这是目前制备功能化天然橡胶复合材料的重要方法。

(2) 导电天然橡胶材料

导电橡胶材料早期常用作发热和防静电材料，随着橡胶导电性和其他性能的改善，逐渐以各种形式用于电极材料、高压电缆的被覆材料及电磁屏蔽材料等。导电橡胶材料比金属导体柔软、耐腐蚀，且密度低、弹性高、加工性能好，可选择的电导率范围宽，价格便宜，因此应用广泛。

目前的研究热点集中在如何提高导电能力方面，夏和生等(2013)通过胶乳原位还原和静态热压法制备的具有石墨烯隔离网络的天然橡胶复合材料，其电导率比普通方法制备的复合材料提高了5个数量级。韩景泉等利用纤维素纳米纤丝搭载碳纳米管均匀分散在天然橡胶基体中，制备了具有高强度和高柔韧性的复合导电弹性体，使得弹性体的力学性能和电学性能显著提高。

(3) 电磁屏蔽天然橡胶复合材料

电磁屏蔽橡胶复合材料是在导电天然橡胶基础上发展起来的，可通过材料自身制造隔离区域，阻碍两个空间区域之间的电磁波的感应，以此减少电磁干扰和电磁污染，其制备方法是将导电填料(含金属填料、碳纤维、导电炭黑、石墨烯、碳纳米管等)或导磁填料(铁氧体和羰基铁粉等)填充入橡胶中。

当前研究所用填料逐渐向高性能化发展，且集中在新型纳米导电材料、新型立体导电骨架结构、高效导电网络结构设计与调控、导电导磁机理，以及填料与橡胶之间的界面作用等。贾利川等选用天然橡胶乳液为基体，通过控制成型过程中 NR 微粒原位交联程度来调控复合材料中碳纳米管的分布形态，进而调控复合材料隔离结构的形成，制备可拉伸的电磁屏蔽复合材料，所制备复合材料电磁屏蔽效能高达 59.8dB，且呈现优异的电磁屏蔽稳定性。Ahmed A 等(2016)制备的导电碳黑混合磁铁矿天然橡胶复合材料的电磁屏蔽性能最佳时的填料成分为导电碳黑 90%、磁铁矿 10%，频率为 5.827GHz 时的衰减系数可达 74.29dB/cm。

(4) 吸波天然橡胶复合材料

吸波材料是指能吸收投射到它表面的电磁波能量的一类材料。它通过材料的各种不同的损耗机制将入射电磁波转化成热能或者是其他能量形式而达到吸收电磁波目的。

目前的研究热点是材料结构与功能复合化、轻质化，通常利用共混橡胶体系中各组分与填料界面相互作用差异，诱导填料发生选择性偏聚，从而提高填充效率。耿浩然等

(2019)采用机械共混法以天然橡胶为基体,填充多壁碳纳米管和二硫化钼制备的复合材料不仅具有较好的吸波性能,同时具有较强的物理机械性能。

(5)导热天然橡胶复合材料

导热橡胶分为填充型导热橡胶和本征型导热橡胶。天然橡胶是热的不良导体,热导率为0.21W/(m·K)。本征型导热橡胶难以制备,常采用高导热的金属或无机材料对橡胶进行填充,导热性能受导热填料的尺寸、种类、分散程度、制备方法的影响很大。

王经逸等(2016)采用离子液体改性氧化石墨烯制备导热天然橡胶,所得到的材料与未改性的天然橡胶相比,导热率增大91%,而且定伸应力、拉伸强度、撕裂强度也都分别被提高。秦红梅等(2019)采用机械共混的方法制备了石墨烯纳米复合材料,当石墨烯含量为2.0wt%时,复合材料的面内导热率提高了38.1%,面间导热率提高了36.21%。

(6)耐介质天然橡胶复合材料

天然橡胶耐溶剂性差,不耐热氧老化。很多科研工作者对此展开了研究。北京化工大学王爽(2020)通过巯基-烯点击化学的方法,在天然橡胶主链双键上引入极性酯基基团,成功提高了天然橡胶的耐油性,进一步用溶液加氢法,消除其主链剩余的活泼双键,制备出了具有耐老化性、耐油性等综合性能优异的新型氢化天然橡胶。南京理工大学陈杨(2019)制备了改性Kevlar纳米纤维填充天然橡胶硫化胶,有效增强天然橡胶的耐溶剂性能。安徽理工大学陈晨(2019)使用超声分散仪对经行星球磨机球磨制备的硫化配合剂分散体进行超声预处理,制得预处理硫化天然乳胶膜,使得其交联密度提升,溶胀度降低9.5%,力学性能显著增强,经70℃,240h热氧老化后拉伸强度保持率高达89.41%。青岛科技大学赵华强(2019)采用烷基肼对天然橡胶杯凝胶进行恒黏改性,制备出门尼黏度稳定加工性能优良的恒黏天然橡胶,来应对天然橡胶贮存过程中门尼黏度升高、硬化老化的问题。宁波大学阮一平(2014)以天然橡胶及顺丁橡胶为基体,利用机械加工及模压发泡技术,制备出天然橡胶/顺丁橡胶复合发泡吸油材料;当天然橡胶用量90phr、顺丁橡胶用量10phr、发泡剂用量8phr为复合吸油材料的最佳配方,最大吸油倍率能达到48g/g左右。

(7)抗菌医用天然橡胶复合材料

天然橡胶是最早使用的医用弹性体,广泛用于各种管类、带类、塞类、手套、安全套类医用制品,因为含有非胶组分,故容易发霉,提高抗菌性能是材料能良好利用的关键。

陈晰(2021)将硬脂酸钠改性四针状氧化锌晶须超声分散液引入天然胶乳基体中,制备了绿色环保的抗菌医用复合材料。当晶须含量达3wt%时,能有效抑制大肠杆菌、金葡萄球菌、鲍曼不动杆菌、表皮葡萄球菌生长。管路遥(2017)采用一种紫外光照射还原法制备抗菌纳米银颗粒,并通过共混法和自组装法对天然胶乳进行改性,制得具有抗菌功能的天然胶乳,用来作为制备抗菌医用介入导管的原料,并评价了其抗菌抑菌的性能。周雍森(2016)结合阴离子聚合和偶合支化反应对天然橡胶进行原位环氧和高碘酸氧化处理,合成出以聚苯乙烯为支链而低分子量天然橡胶为主链的热塑性天然橡胶,以其为骨架材料,制备可熔融加工的天然橡胶基压敏胶辅料。

(8)耐极端环境天然橡胶复合材料

随着科学技术的发展,橡胶制品的使用环境变得越来越苛刻,为了制备出可以在极端环境下广泛使用的橡胶制品,满足工业生产需要和改善人们生活水平,马岩(2018)通过开发有效硫化体系有效降低了天然橡胶的压缩永久变形,添加低温增塑剂有效降低了天然橡胶的玻璃化转变温度,保证了天然橡胶在低温环境下使用时拥有良好的综合性能。

(9)功能化天然橡胶研究展望

在功能化天然橡胶复合材料的发展过程中,其热点已经由改性现象、制备工艺、含量变化分析转变到新的表征手段、新功能探索和改性机理等方面,基础理论研究、功能化复合材料制备和应用将逐渐成为功能化天然橡胶复合材料的研究重点,也将为拓宽天然橡胶应用领域带来新的突破。

二、天然橡胶初加工工艺与设备

由于新鲜胶乳水分含量高于胶含量低,而且所含非胶组分相当多,变异性大且不稳定,其中的有机物质易于被细菌作用,胶乳离开胶树后短时间内就会发生腐败变质和絮凝甚至凝固,不利于长途运输和后续的应用,因此必须通过特定的加工工艺把新鲜胶乳制成符合规格的不同初加工产品,才能成为有用的橡胶制品工业的原材料。

(一)技术分级天然生胶——全乳标准橡胶加工工艺及设备

全乳标准橡胶是以鲜胶乳为原料加工的产品。中国乳胶级标准橡胶以全乳胶为主,约占胶乳级标准橡胶总产量90%,其他10%为浅色胶、子午线轮胎胶、航空轮胎胶等。

1. 生产工艺流程

全乳(SCRWF)标准橡胶生产工艺流程如图4-3。

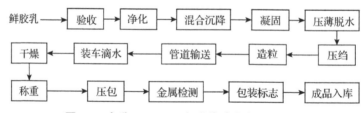

图4-3 全乳(SCRWF)标准橡胶生产工艺流程

2. 关键工艺环节

(1)鲜胶乳早保及验收

鲜胶乳早保是指胶乳从胶树流出后,自然条件下几个小时内就会发生凝固,凝块与乳清分离,逐渐呈现腐败现象并散发出难闻的臭味。因此,以新鲜胶乳为原料加工产品,需要及早加工或早期加入保存剂以保护和提高其稳定性,防止胶乳凝固变质。生产实际中,早期保存的时间要求较短,通常为几小时至几天,也称短期保存,能适应后续的加工即可。早在19世纪,氨(NH_3)就被用作天然胶乳保存剂,现在仍是最常用的一种。但是加氨保存后又需要加一定量的酸来中和氨,胶乳加氨又加酸的工艺会使橡胶的性能受到一定的影响。为改变这一缺陷,可采用微生物凝固方式,不加氨就近运至工厂及早加工,或采用林段凝固鲜胶乳使之成为凝胶块再运至工厂集中加工,所制备产品性能会有显著提高。

鲜胶乳验收是指新鲜胶乳必须经过40目不锈钢筛网过滤。变质胶乳及洗桶水需另外收集凝固，不准混入已过滤的新鲜胶乳中。鲜胶乳过磅称重，观察胶乳的清洁度、颜色、是否增稠、变味、变质等，合格的胶乳再取样检测氨含量、干胶含量。

在收胶站验收时，加氨鲜胶乳加保存剂一定要做到早加、足量，即鲜胶乳进站验收下池后，立即加入当天保存剂总用量的 2/3；收完胶水后鲜胶乳验收完毕，一次性将所需的保存剂补足并搅拌均匀。盛装胶乳前，运输罐必须清洗干净并用氨水消毒。同时，用湿麻袋包裹车罐降温，防止鲜胶乳在运输过程中过热变质。

收集无氨鲜胶乳时，为防止胶乳变质，应于林段收集后 3 小时内进厂凝固，避免收集偏远地段鲜胶乳。

(2) 鲜胶乳凝固

鲜胶乳凝固是制胶重要的工艺之一，凝固是以少量凝固剂加入胶乳中，使得橡胶粒子互相连结、凝聚，是初步富集天然橡胶的步骤。凝固效果影响着产品制成率，同时凝固剂的种类及用量也影响着橡胶产品的质量。

工厂中鲜胶乳的凝固是通过并流加酸装置将混合池沉淀后的胶乳与酸池的酸并流流入混合桶，并通过并流的酸、乳流进混合桶时产生的冲击力将酸、乳进一步混合均匀，然后经由移动流槽将已与酸混合均匀的胶乳放入凝固槽中，静置凝固。

现主要采用稀释凝固或原乳凝固。一般情况下，刚开割胶乳浓度较高，非胶物质含量较高，必须加适当清洁水稀释，凝固浓度为 18%~25%。割胶中期胶乳干胶含量稳定后可开始采用原乳凝固，凝固最适宜浓度为 25%~32%。

凝固剂通常有酸类，如硫酸、醋酸、甲酸、复合酸，也可以用生物凝固剂，如酶溶液、微生物发酵液等代替酸来凝固鲜胶乳。

用酸凝固含氨胶乳时，须遵循以下操作：混合池胶乳达到一定数量时，应搅拌均匀，然后取样检测混合池的干胶含量和氨含量，准确计算凝固总用酸量：

总用酸量(kg) = 中和用酸量(kg) + 凝固用酸量(kg) (4-1)

中和酸用量(kg) = 酸与碱中和质量比×氨含量(%)×胶乳质量(kg) (4-2)

凝固酸用量(kg) = 胶乳质量(kg)×干胶含量(%)×凝固适宜用酸量(%) (4-3)

其中，酸与碱中和质量比：醋酸为 3.53、甲酸为 2.71、复合酸为 2.80、硫酸为 2.88。

凝固适宜用酸量一般以干胶重的百分数表示：醋酸 0.6%~0.8%、甲酸 0.30%~0.5%、复合酸 0.32%~0.36%、硫酸 0.25%~0.4%。用酸量应根据不同的季节、气温、氨含量及生产进行调整。计算所得总用酸量为纯酸用量，应除以酸的浓度，即得到实际用酸量。

用酸量是否适宜的鉴别方法：

①酸度计鉴别，胶乳的凝固 pH 值与胶乳的干胶含量有关，一般干胶含量为 25%~30%时，凝固 pH 值可控制在 4.9~5.2 范围内；干胶含量为 16%~18%的稀释胶乳，凝固 pH 值可控制在 4.5~4.8 范围内。

②用甲基红指示剂检查用酸量。当胶乳滴入一滴 0.1%甲基红溶液，散开后收缩直径 2~3cm 的圆圈，圈中无白点，颜色呈橘红色，则用酸适宜；如扩散范围小，收缩快，圈中

间无白点，颜色呈深红色，则用酸量过多；如扩散范围大，收缩慢，圈中间有白点，颜色呈粉红色，则用酸量不足。

③用溴甲酚绿指示剂检查用酸量。当胶乳滴入一滴0.2%溴甲酚绿溶液，呈蓝绿色，则用酸量适宜；若呈黄绿色，则用酸量过多；若呈蓝色，则用酸量不足。

胶乳下槽前，必须认真检查凝固槽、流槽、管道、阀门等是否有漏胶现象，以防胶乳流失。下槽胶乳的液面高度（即凝块厚度）与压薄机、绉片机、锤磨机或撕粒机的工作效率和质量有较大关系，生产上要求压薄机压出的凝块厚度为6~8cm，胶乳凝块厚度一般不超过45cm。若因生产需要翻槽，则翻槽胶乳凝块厚度一般不超过40cm。

凝块表面还需要做防氧化处理，凝块表面致褐，主要是氧化酶氧化胶乳中的非胶组分所致。为生产外观颜色较好的全乳胶，必须进行抗氧化处理，通常的处理方法是在胶乳中喷淋焦亚硫酸钠，用量一般为0.03%~0.05%（占干胶重）；易氧化胶乳应增加用量，总用量一般为0.05%~0.08%（占干胶重），主要采取在混合池和凝固槽同时进行抗氧化处理，混合池胶乳一般用量为0.03%，凝固槽表面喷淋一般用量为0.04%~0.05%，溶液浓度为3%~4%。若凝固槽酸胶乳泡沫较多，应先滚压泡沫再喷淋焦亚硫酸钠，要求喷药应及时、均匀，要做到每下一槽喷一槽。

凝固工段的注意事项：胶乳下槽前，必须认真检查凝固槽、流槽、管道、阀门等开关位置是否符合要求，胶乳下槽后应注意是否有漏胶现象，严防胶乳流失。

（3）橡胶干燥

干燥是去除天然橡胶中水分的最后步骤，水分去除不好，天然橡胶在贮存过程中易发霉，干燥温度过高时间过长天然橡胶在热氧作用下易老化，因此干燥是制胶生产中一个十分重要的环节，也是标准橡胶生产中关键性工序，它关系到产品质量的优劣及生产成本的高低。随着标准橡胶生产的发展，天然橡胶的干燥方法也出现了重大的改革，由原来的深层干燥发展到如今的半自动浅层干燥，燃料也由原来的重油发展到如今的柴油及环保燃料天然气、微波等，产品外观质量有了较大的提高。

浅层半自动干燥工艺的主要技术参数：总干燥时间一般小于4小时，高温高湿段（进车位）温度控制在120~128℃，中温低湿段（出车位）温度控制在110~118℃；单箱胶料净重16~18kg（胶包净重33.3kg）或17~19kg（胶包净重35kg）。

3. 全乳胶生产设备

（1）生产设备及设施

生产设备及设施：胶乳运输罐、过滤筛、收集池、混合池、酸水池、并流加酸装置、胶乳凝固槽、压薄机、过渡池、绉片机、锤磨机（或撕粒机）、抽胶泵、振动筛、干燥车、渡车、推进器、浅层自动干燥炉（干燥柜、燃烧机、燃油炉、风机、烟囱、操作台等）、卸车架、打包机及金属探测仪。

（2）典型设备

压薄机：主要作用是将胶乳厚凝块辊压脱水，使其厚度减少从而顺利地通过绉片机（图4-4）。有双辊或三辊压薄机两种形式。主要由机架、辊筒、电动机组成。辊筒花纹有波浪形纹、菱形纹或波浪形纹与菱形纹配合。

图 4-4 压薄机

绉片机：主要用于湿橡胶的机械脱水，也称脱水机（图4-5）。主要由机架、辊筒、喷水装置、电动机等组成。通常由数台不同辊筒表面形状和辊筒速比的绉片机组成绉片机组一起用于标准胶的加工中。辊筒表面花纹大小及深度根据工艺有所不同。一般位于压薄机后的第一台绉机采用深纹绉片机，随后的两台采用浅纹绉片机。其辊筒的大小决定绉机的产量，一般2t生产线采用辊筒直径350mm的绉机，4t生产线采用辊筒直径450mm的绉机。

图 4-5 绉片机组

锤磨机：是标准天然橡胶生产过程中所用的造粒设备（图4-6），主要由机架、夹料绉辊、造粒锤片转子、电动机等组成。锤磨机的优点是对各种胶料的适应性广，机械化程度高，设备生产能力较强，结构简单，但是锤磨机需要做动平衡，工作久会磨损锤头，拉长会打破筛网，增大粒子粒径。

撕粒机：也是橡胶造粒设备（图4-7）。由机架、胶料夹辊、定刀、转刀、定刀调距装置等部分组成。与锤磨机相比，外形上更低矮，电机后置，造粒粒子小，容易维修，更加好用。

图 4-6 锤磨机

图 4-7 撕粒机及造粒池

抽胶泵：是一种离心泵，用于把造粒后落入造粒池的胶料输送至干燥车装车（图 4-8）。

半自动浅层干燥设备：在洞道式干燥柜基础上发展起来的，可脱除颗粒胶湿胶粒中的水分，使其含水量低于1%的连续型干燥设备（图 4-9）。设备包括了通风供热系统及物料输送系统，通风供热系统主要由风机、风道、烘干柜及燃烧室、燃烧机等组成，物料输送系统主要由干燥车、推进器、轨道和自动装料站等组成。这种干燥设备干燥柜为钢架加保温材料结构，保温效果好，燃烧的燃料也由重油改为了柴油，全自动的燃烧机易于操作，方便生产。中国现行的干燥设备有 4t/小时、2t/小时和 1t/小时的型号规格（图 4-10）。不同规格的干燥设备配置了不同规格的干燥车（28格、24格、20格）、风机、燃烧机。生产上使用的干燥设备的大小应根据生产规模选型，以满足不同生产规模的需要。

图 4-8 抽胶泵

图 4-9 干燥柜

图 4-10　干燥车

打包机：处于生胶加工过程中的最后工序，能把干燥好的一定量的松散生胶压缩成标准规格的设备(图 4-11)。根据工作原理不同，可分为螺杆式打包机和液压式打包机两类。目前，初加工厂普遍使用液压打包机，其构造可归纳为动力机构、工作机构、调节控制装置和辅助装置四大部分，压力能依靠液体均匀传递到各部位。

图 4-11　打包机

(二)技术分级天然生胶——凝胶级标准橡胶加工工艺及设备

凝胶是指胶园凝胶(胶团、胶杯胶、胶线)、收胶站或工厂自凝的凝块、胶团及其他固态生胶(水绉片、生胶片)。凝胶级标准橡胶指采用凝胶为原料，根据原料的质量情况，制成 SCR5、SCR10、SCR20 标准橡胶的过程。凝胶级标准橡胶杂质含量会高于全乳胶，但部分产品的物理机械性能和一致性要比全乳胶好。

1. 生产工艺流程

凝胶级标准橡胶生产工艺流程如图4-12。

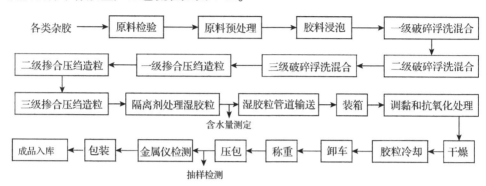

图4-12 凝胶级标准橡胶生产工艺流程

2. 关键工艺环节

(1) 原料验收与预处理

凝胶原料来源较复杂，品种较多，其质量变化较大，而且难于控制。因此，加工厂必须对凝胶原料加强验收，并做好预处理，此项工作是确保产品质量的重要工序之一。

原料验收是指进厂的每批胶料必须按品种、质量等级、数量进行验收，验收方法有两种：一是目测法，主要是用于外观质量验收。二是随机抽样检测法，主要进行理化性能分析，检测项目有干胶含量、杂质含量、灰分含量、塑性初值、塑性保持率，以及生产子午胶增测门尼黏度。

原料预处理包括人工除杂、分拣胶料，大胶团、凝块的分离，按胶料品种、质量等级分级分类堆放、浸泡等。

(2) 胶料破碎、浮洗、混合、压绉、造粒

胶料的破碎、浮洗、混合是指胶料破碎、浮洗可去除原料中70%左右的杂质，同时可提高胶料的一致性。而胶料破碎的效果与胶料的浸泡、喷淋，设备的性能，生产用水量以及浮洗池的结构有关。

胶料的掺合、压绉、造粒是指胶料的掺合、压绉、造粒效果与胶料的种类、胶料的软硬、机组的调节是否同步及设备性能有关。最终的质量要求为：绉片厚度≤6mm，湿胶粒直径≤6mm，湿胶粒含水量26%~33%(干基)。

3. 凝标胶生产设备

(1) 生产设备及设施

生产设备及设施包括胶料浸泡池、破碎机、双螺杆预洗机(或单螺杆机)、浮洗池、拨胶机、斗升机、输送带、2~3套绉片机组(深纹绉机、浅纹绉机)、锤磨机(或撕粒机)、抽胶泵、振动筛、干燥车、渡车、推进器、浅层自动干燥炉(干燥柜、燃烧机、燃油炉、风机、烟囱、操作台等)、卸车架、打包机及金属探测仪。

(2)典型设备及设施

破碎机：是一种将大块、大体积天然橡胶胶料破碎成小块、小体积胶料的机械设备。一般用于天然橡胶初加工生产线中，可对各种形状的未经加工的体积、尺寸较大的天然橡胶杂胶、杯胶、凝胶块原料或者成包的压缩胶包进行破碎，能将以上这些天然橡胶胶料破碎成形状基本一致的、尺寸较小的形状，且在将胶料破碎的过程中能进一步暴露出胶料内部的各类杂质、灰分，常应用于成套、成线的天然橡胶初加工生产线中，如图4-13。

图4-13 破碎机

切胶机：用来切开大胶团、干胶包等胶料，以方便放入破碎机或干搅机中加工，如图4-14。

图4-14 切胶机

斗升机：也称斗式提升机，是天然橡胶初加工普遍使用的一种输送机械，常用来按一定的倾斜度将块状、粒状的胶料送至位于高处的破碎机口处，如图4-15。

浮洗池：一种具有循环水流可清洗凝杂胶碎胶粒泥沙等杂质的土建设施，是凝杂胶加工的必备设施。被打碎的凝杂胶会漂浮在水面上，其中的泥沙会沉入池底，从而起到清洗作用，通常会跟破碎机联用实现多级破碎浮洗，如图4-16。

图 4-15　斗升机

图 4-16　浮洗池

(三)传统天然生胶——烟片胶加工工艺及设备

烟胶片是天然橡胶生胶中的一个品种,在中国数量较少,不到总量的1%。中国最早生产烟胶片,到了70年代末加工方式更为先进的技术分级橡胶出现,烟胶片工艺便被技术分级橡胶所代替,烟胶片成了产量较少的胶种。

1. 生产工艺流程

(1)鲜胶乳生产烟胶片

鲜胶乳生产烟胶片流程图如图4-17。

鲜胶乳→称量、检查→过滤、混合稀释→沉淀→过滤、下槽→加酸凝固→压片→洗片→挂片滴水→烟熏干燥→称量→检验、分级→包装、标志→贮存、运输

图 4-17　鲜胶乳生产烟胶片流程

(2) 生花片生产烟胶片

生花片生产烟胶片流程如图 4-18。

生花片→称量、检查→洗片→挂片滴水→烟熏干燥→称量→检验、分级→包装、标志→贮存、运输

图 4-18　生花片生产烟胶片流程

2. 关键工艺环节

(1) 烟胶片生产原料

生产烟胶片的原始原料为新鲜胶乳，但烟胶片厂收集的原料可分两种：一种是新鲜胶乳；另一种是胶农将鲜胶乳凝固后压制成胶片，自然晾至半干，但未干透，一般称为生花片。虽然原料不同，但两种工艺工序基本一样。

(2) 胶乳过滤、稀释与沉降

此步骤基本与全乳胶一致。但胶乳的稀释操作对烟胶片的工艺影响较大，它可以控制胶乳的凝固速度，控制凝块的软硬度，降低胶乳的黏度，加速泥沙的沉降，降低水溶物含量，降低烟胶片的吸潮率，利于烟胶片的贮存。因此，应根据物候期、季节、气温、凝固时间的长短、压片机的性能、干燥等情况进行稀释浓度调节。生产上常用的凝固浓度一般控制在 14%~18%，夏天或隔天压片，一般为 14%~15%；当天或冬天压片，一般为 16%~18%。开割期例外，只控制在 12%~13% 就可以了。但是，凝固用酸一般给胶乳带入大量的水，因此稀释浓度比凝固浓度高 1.5%~2%。

(3) 胶片干燥

干燥是天然橡胶生产的重要一环。干燥质量的好坏，直接影响产品的质量及经济效益。烟胶片的干燥是利用烟气的热度来除去胶片中多余的水分，烟熏既可为干燥提供热量，又可让胶片在熏烟过程中吸收烟气中杂酚油之类的防腐物质，提高胶片的防霉能力。

它的主要操作过程：清洗过的胶片挂满车后，推到阴凉通风的地方滴水 3~4 小时，滴水后的胶片推入 48~50℃ 的预热烟房停留一天后，从进料端（冷端）进入正式烟房，随着干燥车的前进，胶片的含水量逐渐减少，烟房的温度逐渐升高，烟房的出料端（热端）与进料端（冷端）温差通常为 10~15℃。热端温度控制在 75℃ 以下，烟房的温度应保持相对稳定，防止忽高忽低。一般情况下，胶片在正式烟房里的熏烟干燥时间 3 天。胶片的干燥还可以以先推到晾棚自然风干再烟熏，或者先烟熏预热后再用电烘干的方法进行，这样更能节约能源。

(4) 烟片包装、涂包和标志

胶片干燥后，直接把挂胶车推入包装房，立即卸片，按外观分级要求进行检查和分级堆放、分级包装。发现有未干白点应用剪刀剪掉。卸下挂胶车的烟胶片应及时打包，当天出烟房的胶片当天包装完，不够一包的胶片应用塑料薄膜包盖好，以防胶片吸潮。胶片的

称重应准确,叠片要平整。

干燥后烟胶片的打包有两种方法:一种每个胶包连包带皮净质量111.11kg;胶包的各个面和角应使用同种类、同级别或较高质量的大片胶片做包皮进行包裹,称为胶包包装。为了防止包皮与胶包粘结不紧,一般用手锥沿包皮边沿进行锥刺,要求锥刺要钉牢、钉密。禁止在包皮的内外捆绑金属带、金属线或非金属绳索。另一种是将烟胶片压成一叠,每叠定量33.33kg,压成叠块后每块用塑料薄膜包裹,然后将36个叠块分为6叠置于一个木箱中或放在铺有聚乙烯薄膜的托上,再对铺在托上包裹好胶块的聚乙烯薄膜进行处理,使其收缩裹紧,固定其中的胶块。这种方法称为块状包装。

为了避免胶包在运输过程中相互粘结在一起,并且保证胶包的标志具有明亮的底色,在包好包皮后,还需要在111.11kg胶包的6个面上进行涂包。并在胶包最大面积的一面上用漏印板涂刷上标志溶液,为胶包标明橡胶的种类、等级、净质量、生产厂名(或代号)、生产日期,在两个小侧面上标明等级及品名。采用块状包装,应在每托或每箱的正面和侧面标明与胶包包装同类的标志。

(5)烟片外观质量及物理、化学性能要求

烟胶片(图4-19)的质量分级由两部分组成:外观要求与物理、化学性能要求。一般情况下,烟胶片的分级按外观分级的方法进行分级,当外观检验中发现存在问题或供需双方发生产品质量争议或合同规定时,才按物理、化学性能要求进行检验定级。

图4-19 烟胶片

一级烟胶片外观要求为胶片应干燥、清洁、强韧、坚实,且应无缺陷、树脂状物质(胶锈)、火泡、沙砾、污秽和任何其他外来物质。但允许有实物标准样本所示程度的轻微分散的屑点和分散的针头大小的小气泡。每个胶包在包装时应无霉,交货时允许在包皮上或者在包皮与胶包表面连接处有极轻微的干霉痕迹,但未透入到胶包内部。拉维邦色泽应小于或等于6.0。不应有氧化斑点或条痕、胶块、分级剪下的不合格的碎胶、撇泡胶、过热胶、烟熏过度胶、夹生胶、返生胶、无花纹不透明和烧焦胶片及其他杂质。

二级烟胶片外观要求为胶片应干燥、清洁、强韧、坚实,且应无缺陷、火泡、沙砾、污秽和下述规定允许之外的其傼任何外来物质。交货时允许有轻微的胶锈,在包皮上、包皮表面和内部胶片允许有少量的干霉。如果胶包上出现有显著程度的胶锈或干霉者,其胶包数不应超过抽样包数的5%。拉维邦色泽应小于或等于6.0。允许有实物标准样本所示程度的针头大小的小气泡和微小的树皮屑点。不应有氧化斑点或条痕、胶块、分级剪下的不合格的碎胶、撇泡胶、过热胶、烟熏过度胶、夹生胶、返生胶、无花纹不透明和烧焦胶片及其他杂质。

三级烟胶片外观要求为胶片应干燥、强韧，且应无缺陷、火泡、沙砾、污秽和下述规定允许之外的其他外来物质。交货时允许有轻微的胶锈，在包皮上、包皮表面和内部胶片允许有少量的干霉。如果胶包上出现有显著程度的胶锈或干霉者，其胶包数不应超过抽样包数的10%。允许有实物标准样本所示程度的针头大小的小气泡和微小的树皮屑点。不应有氧化斑点或条痕、胶块、分级剪下的不合格的碎胶、撇泡胶、过热胶、烟熏过度胶、夹生胶、返生胶、无花纹不透明和烧焦胶片及其他杂质。

四级烟胶片外观要求为胶片应干燥、强韧，且应无缺陷、火泡、沙砾、污秽和下述规定允许之外的其他外来物质。交货时允许有轻微的胶锈，在包皮上、包皮表面和内部胶片允许有少量的干霉。如果胶包上出现有显著程度的胶锈或干霉者，其胶包数不应超过抽样包数的20%。允许有实物标准样本所示程度的数量和大小的中等树皮颗粒、气泡、半透明的斑点、轻度发黏和轻度的烟熏过度橡胶。不应有氧化斑点或条痕、过热胶、烟熏不透胶、烟熏过度胶和烧焦胶片。

五级烟胶片外观要求为胶片应干燥、坚实，且应无火泡、沙砾、污秽和下述规定允许之外的其他外来物质。交货时允许有轻微的胶锈，在胶包表面和内部胶片允许有少量的干霉。如果胶包上出现有显著程度的胶锈或干霉者，其胶包数不应超过抽样包数的30%。允许有实物标准样本所示程度的数量和大小的中等树皮颗粒、气泡和小火泡、斑点、烟熏过度胶和缺陷。允许有轻度的烟熏不透胶。不应有氧化斑点或条痕、过热胶和烧焦胶片。

等外级烟胶片外观要求为不符合上述一至五级的外观要求，胶包内混有比五级要求中的中等树皮还大的大树皮颗粒、大量干霉的烟胶片，视为等外级烟胶片。

烟胶片的物理、化学性能要求应符合表4-8的规定。

表4-8 烟片胶物理、化学性能要求

性　　能	各级烟胶片的极限值			检验方法
	一至三级烟胶片	四级烟胶片	五级烟胶片	
留在45μm筛上的杂质含量(质量分数,%)最大值	0.05	0.10	0.20	GB/T 8086
塑性初值，最小值	40	40	40	GB/T 3510
塑性保持率，最小值	60	55	50	GB/T 3517
氮含量(质量分数,%)，最大值	0.6	0.6	0.6	GB/T 8088
挥发分含量(质量分数,%)，最大值	0.8	0.8	0.8	ISO248：2005（烘箱法，105℃±℃）
灰分含量(质量分数,%)，最大值	0.6	0.75	1.0	GB/T 4498
拉伸强度(MPa)，最小值	19.6	19.6	19.6	GB/T 528

注：当外观检验中发现存在问题或供需双方发生产品质量争议或合同规定时，才按表中的规格规定进行检验。

3. 烟胶片生产设备

(1) 生产设备及设施

生产设备及设施包括过滤设备、凝固槽、压片机、挂胶车、烟房、打包设备、漏印板。

(2) 典型设备

电动连续过滤筛的过滤装置由两个半圆形筛网组成一个圆形筛网,进料管加有杂质收集斗、杂质排出管,并且设置了高压喷洗装置、电动装置。传动机构的偏心轮带动筛网转动,胶乳进入转动的过滤网中,过滤后流入过滤池;留在网上的杂质,当筛网转到上面时,喷水装置摆动的高压水将其冲到漏斗中,经杂质排出管排出。冲洗干净的筛网转回到过滤位置,又继续过滤,如此反复过滤、冲洗,不断反复进行,直到胶乳过滤完成(图4-20)。

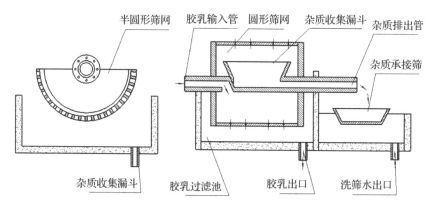

图4-20 半圆形筛网和电动连续过滤筛

生产烟片的凝固设备由凝固槽和隔板组组成,所用材料主要有铝板、瓷砖和不锈钢板(图4-21)。

图4-21 烟胶片凝固槽和隔板组

凝固槽可分活动凝固槽和固定凝固槽,固定凝固槽一般宽度40cm、高度50cm,长度根据厂房面积及生产产量定,但一般不超过18m,每两条凝固槽之间留有人行道,以利于生产操作。

隔板组一般由铝板、间隔木方、携提钢筋组成。一般采用铝板制作隔板，用螺栓将木方固定在隔板的上端，木方的厚度成了木方两侧隔板的距离（即凝块的距离），继续将木方、隔板连在一起，便组成了隔板组，隔板组可长可短，但一般应在人工能搬动的范围之内。为了便于搬动，将两根钢筋从隔板组的两端穿过各片隔板，焊上手柄。

目前，普遍使用的压片机为五合一压片机（图4-22），其主要结构有机座、电动机、传动装置、辊压装置、喷水装置等部分。用于压长凝块的压片机还设有切片装置，有的压片机还设有移动装置，通过压片机可以压出烟片胶特有的菱形花纹。

图4-22　五合一压片机

用于晾挂胶片的设施，由车轮、底盘、挂胶架组成。挂胶架的作用是承放竹竿，用以挂胶。挂胶车有两种形式：有边框的及无边框的。有边框的用材型号小、结构稳定，但挂胶不方便；无边框的用材型号大，挂胶方便（图4-23、图4-24）。

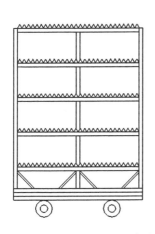 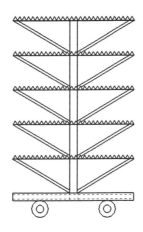

图4-23　有边框挂胶车及无边框挂胶车示意

烟房是烟胶片干燥的主要场所，有多种设计形式，但洞道式烟房因其结构简单、操作方便、木材消耗少，是生产上普遍采用的烟房形式。烟房的墙壁和门要求保温良好，所以烟房的墙都砌成空心的，并用水泥批荡，并开有观测窗；烟房的屋顶一般用钢筋混凝土浇

图 4-24 挂胶车

灌成拱形,屋顶高度应与胶车之间留有适当的距离,一般为 60~70cm。

烟房的通风口(也称烟囱)为双层屋顶,上下层通风口位置在立面上错开,可防雨水进入烟房(图 4-25);地面用混凝土浇灌而成,预热烟房的地面由中间向两侧倾斜,靠墙处设排水沟;轨道用砖墩垫高,离地 10~12cm;炉灶由炉门、炉膛、炉颈构成,炉门大小要适当,一般以高 60cm、宽 50cm 较适宜,炉膛的容量大小应与干燥房规模配合适当,才能有足够的热量和烟量供应胶片干燥。炉颈应与炉膛的截面积相等,炉灶的埋地深度:4 部车的烟房炉灶的埋地深度一般为火炉应低于地面 1.2m,6~8 部车的烟房,火炉应低于地面 1.5m 以上;主烟道是烟气流通的主要通道,

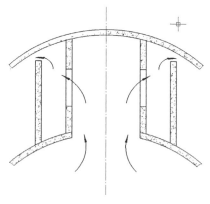

图 4-25 烟房通风口示意

分烟道是把主烟道送来的烟气均匀地分布于整个烟房的通道,有平行排行和鱼骨形排列两种,它们的截面积应与炉膛的截面积相等(图 4-26)。采用三条分烟道,增大烟道总面积,使来自主烟道的高温烟气得到较好的扩散及降温,避免造成烟房局部过热。

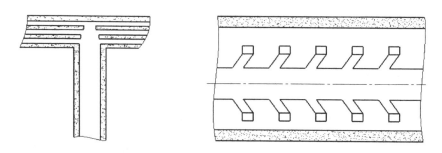

图 4-26 三条平行排列的分烟道及鱼骨形排列的分烟道示意

烟气经出烟口进入烟房，出烟口必须分布均匀。一般在每部车的位置下设 5~6 个出烟口。各出烟口截面积的总和必须与主烟道的截面积相等，才能保证均匀出烟（图 4-27）。

图 4-27　烟胶片烘房

生产上现行使用的打包机都是液压打包机，有两种机型。一种是老式打包机，打包与出包分由两个油缸（打包油缸与顶包油缸）的液压力作用在压包板与顶包板上得以完成。一种称为自动打包机（图 4-28），只设一个油缸，压包及出包都由这个油缸带动的压包装置的下压与上提得以完成。现行生产多用这种自动打包机，它由机架、油缸、压包装置、打包箱、推箱装置、油箱、油泵、电控制箱等部分组成。两种打包机都有 100T 压力、120T 压力、150T 压力几种规格。

图 4-28　自动打包机

（四）传统天然生胶——风干胶片加工工艺及设备

在胶乳中加入酸和二氯化锡，使其凝固，然后用压片机压成薄片，利用自然风干和热能烘干相结合的方法制成的淡黄色胶片，称为风干胶片。风干胶片主要用于制造白色和颜色鲜艳的橡胶制品，一般是定点定量生产，产量极少。

1. 生产工艺流程

风干胶片生产工艺流程如图 4-29。

新鲜胶乳 → 酸+二氯化锡凝固 → 压片 → 晾挂 → 生胶片 → 风、热空气干燥 → 风干胶片

图 4-29　风干胶片生产工艺流程

除凝固时加入少量的二氯化锡及加热能源不用木材与烟胶片不同外，风干胶片的生产方法基本上与烟胶片相同。

2. 关键工艺环节

（1）胶乳凝固

胶乳的凝固与烟胶片的凝固要求基本相同，所不同的是在凝固时加入二氯化锡。二氯化锡具有催干和防氧化的作用，加了二氯化锡的胶乳，凝固速度比烟胶片生产的凝固要快

得多，因此搅拌不宜过久，插放隔板也要迅速。一般插隔板后 8~10 分钟便可起隔板，隔板可轮换使用，由此可节省一定的隔板设备投资。

(2) 风干胶片干燥

压片后的胶料，经滴水后移至晾干房晾干。晴天高温季节晾干速度很快，一般 2~3 天后，3.5mm 厚的胶片的水分含量可降到 3% 左右。低温潮湿季节，特别是相对湿度在 80% 以上时，应尽快将胶片推进烘干房烘干。

(3) 风干胶片质量控制

风干胶片的外观缺陷主要是变色、长霉和气泡。应使用较低用量氨保存鲜胶乳，使得制出的胶片颜色较浅；根据天气做好晾烘结合，晴天、热天多晾少烘，低温、阴雨天气多烘少晾或不晾；晾房的卫生要做好，同时注意晾房的通风，防止胶片长霉；根据凝块的发酵情况及时压片，控制稳定的干燥温度，利于减少气泡的产生。

3. 风干胶片生产设备

烘干胶片的生产设备、设施与烟胶片类似。

(1) 生产设备及设施

生产设备及设施包括过滤设备、凝固槽、压片机、挂胶车、晾片房、烘干房、打包设备、漏印板。

(2) 典型设备

晾片房应位于地势高、通风、干燥的地方，一般设置单列挂胶车，如果地形和建造条件限制，也可采用双列形的设置。晾片房无论是敞开式或是半敞开式都应有遮挡阳光的设置，以避免胶料遭受阳光的暴晒。挂胶车上挂胶杆的排列应该与该地区常风风向平行，条件许可时，胶片应疏挂（待到进烘房时才密挂胶片），使空气对流顺畅，加快干燥速度，如图 4-30。

图 4-30 敞开式晾片房

烘干房的结构与烟房相似，不同的是烟气不进入烘干房，而是将热量传给烟道上面的钢板（通常厚 2~3mm），如图 4-31。受热的钢板经热辐射形式加热烘房内的空气，致使胶片干燥。这种烘房内传热的钢板不能有接口不严及腐蚀裂缝,也不能在钢板上放置杂胶或其他易燃物品,以免引起火灾。烟气从烟囱排出,不与胶片接触,因此胶片的颜色较浅。为了火炉燃烧良好,烟气排出顺畅,烟囱的高度不得短于烟道的长度。

烘干房通常使用煤作燃料,也有用电或其他燃料。烘干房的温度与烟片相同,最高不能超过70℃。过高会加深产品的颜色。烘干时间根据晾干程度的不同而不同,有几小时至3天不等。如在晴天,压出的湿胶片(厚度3.5~4mm)经自然风干一天进入烘干房(65~70℃),烘36~42小时即可干透;如果自然风干了2~3天的胶片,进入烘房烘干时间可缩短至12~24小时。

图4-31 烘干房

(五)传统天然生胶——绉胶片加工工艺及设备

用胶乳或凝杂胶为原料,经洗涤、压炼成表面有皱纹、经自然风干或热风干燥而制成的橡胶生胶为绉胶片。

1. 生产工艺流程

在新鲜胶乳中加入一定量改善橡胶颜色的化学药品(通常称为漂白剂)制成的纯白色或浅黄色产品称为白绉胶片。这类产品主要用于制造白色和颜色鲜艳的橡胶制品,与风干胶片类似,也是定点定量生产,产量极少。采用杂胶(即杯凝胶、胶线、皮屑胶、洗桶水胶、泡沫胶、胶团、胶厂自凝的凝块、碎屑胶及泥胶)作为生产原料,经浸泡、洗涤、压皱、干燥等工序,制成表面带有皱纹的褐色片状生胶为褐绉片。在中国,20世纪70年代,仍有一定量的褐绉胶片生产,但现在农垦系统的杂胶都制成了凝胶标准橡胶,褐绉片成了历史。但在东南亚等一些产胶大国,作为一些大胶厂的副产品,许多工厂仍设有褐绉胶片的生产车间。

(1)白绉胶片

白绉片原料为鲜胶乳,白绉胶片的生产工艺根据其凝固方式的不同分为两种:一种称为全乳凝固法;另一种称为分级凝固法,如图4-32。

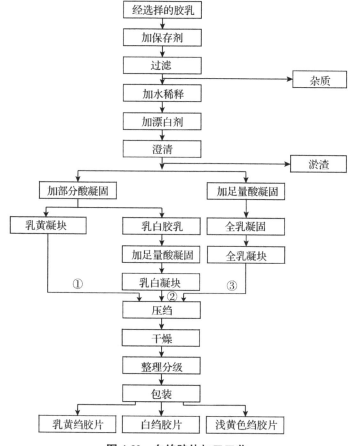

图 4-32 白绉胶片加工工艺

(2) 褐绉胶片

褐绉胶片的原料为胶园凝杂胶。褐绉胶片生产如图 4-33。

图 4-33 褐绉胶片生产工艺流程

2. 关键工艺环节

(1) 白绉胶片

全乳凝固法是用鲜胶乳凝固后制成白绉胶片(图 4-34)。此种工艺凝固前的工序与烟胶片基本相同,压绉后的工序与褐绉胶片相似。

为防止橡胶氧化变色,一般都以亚硫酸钠作鲜胶乳保存剂,它的用量为胶乳重的 0.05%~0.15%。凝固时胶乳稀释浓度一般为 20%,稀释用水比烟胶片的要求高,除达到烟胶片的规定外,还要求水中的含铁量不超过 1mg/L,高锰酸盐值(以高锰酸钾含量表示)不超过 20mg/L,否则绉片容易变色。胶乳进入混合池后,通常会加入漂白剂亚硫酸氢钠(使用量为干胶重的 0.5%~0.7%)或二甲苯基硫酚(使用量为干胶重的 1.25%~2.5%),以阻止胶乳的进一步氧化变色。

胶乳的凝固剂可为甲酸，用量为干胶重的 0.25%~0.35%（配成 1% 溶液），也可为草酸，用量为干胶重的 0.5%~0.75%（配成 5% 溶液），后者价格虽较高，但能避免白绉胶片在储存过程中因胺类物质引起的变色。

凝固后的凝块压薄后可用 4~5 台的绉片机组进行压绉。压绉方法与压绉褐绉胶片相似，次数比褐绉胶片少，压绉次数过多会引起绉片干燥时容易变色。为避免绉片变色，胶片干燥温度不应超过 35℃。

分级凝固法是去除黄色物质最有效可生产高级白绉胶片的方法。这种方法将胶乳分两阶段凝固：先在胶乳中加少量的酸，用量不足以凝固全部胶乳，仅能使其中的一小部分凝固，这次凝固出来的级分叫乳黄，它含有胶乳中所存在的全部或大部分黄色物质。将黄色凝块捞起，剩下来的胶乳颜色较白，称为乳白，再次加入足够的酸使其凝固，然后制成白色绉胶片。此种方法加工时间长，胶乳只能部分制成特一级白绉胶片，还有少部分制成了低级褐绉胶片。分级凝固制成的白绉胶片干燥方法与全乳凝固法相同。

①外观质量分级。

a. 特一级薄白绉胶片。胶片应色泽极白而且均匀、干燥、坚实。拉维邦色泽应小于或等于 1.0。不应有任何原因所引起的变色、酸臭味、灰尘、屑点、砂砾或其他外来物质、油污或其他污迹、氧化或过热的迹象。

b. 一级薄白绉胶片。胶片应色泽白、干燥、坚实。允许有极轻微的色泽深浅的差异，拉维邦色泽应小于或等于 2.0。不应有任何原因所引起的变

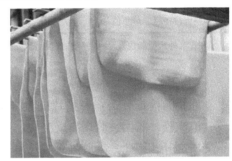

图 4-34　白绉胶片

色、酸臭味、灰尘、屑点、砂砾或其他外来物质、油污或其他污迹、氧化或过热的迹象。

c. 特一级薄浅色绉胶片。胶片应色泽很浅而且均匀、干燥、坚实。拉维邦色泽应小于或等于 2.0。不应有任何原因所引起的变色、酸臭味、灰尘、屑点、砂砾或其他外来物质、油污或其他污迹、氧化或过热的迹象。

d. 一级薄浅色绉胶片。胶片应色泽浅、干燥、坚实。允许有极轻微的色泽深浅的差异，拉维邦色泽应小于或等于 3.0。不应有任何原因所引起的变色、酸臭味、灰尘、屑点、砂砾或其他外来物质、油污或其他污迹、氧化或过热的迹象。

e. 二级薄浅色绉胶片。胶片应干燥、坚实。色泽略深于一级薄浅色绉胶片，允许有极轻微的色泽深浅的差异，拉维邦色泽应小于或等于 4.0。允许有实物标准样本所示程度的带有斑迹和条痕的橡胶。但在被检验的胶包中，这种胶包的数量不应超过检验胶包数的 10%。除上述可允许者外，不应有任何原因所引起的变色、酸臭味、灰尘、屑点、砂砾或其他外来物质、油污或其他污迹、氧化或过热的迹象。

f. 三级薄浅色绉胶片。胶片应色泽淡黄、干燥、坚实。允许有色泽深浅的差异。拉维邦色泽应小于或等于 5.0。允许有实物标准样本所示程度的带有斑迹和条痕的橡胶。但在被检验的胶包中，这种胶包的数量不应超过检验胶包数的 20% 除上述可允许者外，不应有任何原因所引起的变色、酸臭味、灰尘、屑点、砂砾或其他外来物质、油污或其他污

迹、氧化或过热的迹象。

②物理、化学性能要求。物理、化学性能要求应符合表4-9的要求。

表4-9 绉胶片物理、化学性能要求

性能	特一级及一级薄白绉片、特一级及一级薄浅色绉片	检验方法
留在45μm筛上的杂质含量(质量分数,%),最大值	0.05	GB/T 8086
塑性初值,最小值	40	GB/T 3510
塑性保持率,最小值	60	GB/T 3517
氮含量(质量分数,%),最大值	0.6	GB/T 8088
挥发分含量(质量分数,%),最大值	0.8	ISO 248:2005（烘箱法,105℃±5℃）
灰分含量(质量分数,%),最大值	0.6	GB/T 4498
拉伸强度(MPa),最小值	19.6	GB/T 528

注：当外观检验中发现存在问题或供需双方发生产品质量争议或合同规定时，才按表中的规格规定进行检验。

(2)褐绉胶片

原料的检查分级：褐绉片的生产原料比较复杂，有杯凝胶、胶线、皮屑胶、洗桶水胶、泡沫胶、胶团、胶厂自凝凝块、碎屑胶及泥胶之分，有新鲜与干料之分，还有变质与不变质之分。因此，杂胶进入胶厂后，应按等级进行验收。

杂胶的浸泡：浸泡是将杂胶泡在水中，对新鲜杂胶而言，是防止氧化变色，除去杂质和泥沙；对干杂胶而言，主要是软化胶料，使胶料易于洗涤。杂胶应分级分池浸泡。生产上控制各类杂胶的浸泡时间通常如下：干胶线：1~3天；干杯凝胶：3~7天；干胶团：5~8天；干泥胶：5~8天。

杂胶的洗涤：杂胶洗涤的目的是去除泥沙、杂质，混匀不同质量的胶料。尤其是胶线、皮屑胶、泥胶、不清洁的杯凝胶、胶团以及工厂的泡沫胶及凝块，一律要经洗涤机洗涤后才能进行压绉。

杂胶的压绉：洗涤后的胶团应及时进行绉片，不能当天绉片的胶团，应泡在水中第二天绉片。

压绉次数过少，杂质不易洗净，颜色、污点分散不匀，表面仍有大小不匀的胶块存在，致使表面粗糙，质量不均匀。次数过多，会使橡胶分子链断链，造成橡胶容易氧化发黏，产品质量下降。因此，要根据胶料的具体情况决定压绉次数。

生产上压绉进料有3种方式：单层进料、双层或三层进料和交叉进料。

深纹绉片机的压绉次数一般为8~12次；浅纹绉片机的压绉次数一般为8~10次；光纹绉片机根据浅纹绉片机压出的绉片厚度滚压1~3次。优质绉片压成2mm的厚度，氧化变质的杂胶与泥胶可适当加厚，一般为4mm。绉片不能过厚，过厚难于干燥，也不能过薄，过薄干燥过程中易于断片。

褐绉片的干燥：褐绉片的干燥采用自然风干或自然风干与加热干燥两种方法结合使

用。自然风干是利用自然流动的空气进行风干干燥。非雨季，1.5~2mm 厚绉片挂入风干房内 10~20 天便可干燥；在雨季，会采用自然风干与加热干燥结合，热天晴天不加热，阴天雨天加热，加热干燥不应高于 40℃。低温雨季下，1.5~2mm 厚的绉片需要一个月的时间，而 3~4mm 厚的绉片则需要 75 天才能干透。

褐绉胶片的外观等级：中国尚未制定褐绉胶片的分级标准，但早在 20 世纪 60 年代，生产上制定了可行的外观分级条例，具体分级情况如下：

特级褐绉片：特级褐绉片是用特级杂胶做原料，及时加工制成的干燥、清洁、浅色的片状胶产品。绉片厚薄一致，起皱紧密、细致。不允许有氧化发黏、杂质、长霉、变黑缺点和不熟胶存在。

一级褐绉片：一级褐绉片是用一级杂胶为原料制成的干燥、清洁、浅褐色的产品。绉片厚薄一致，起皱均匀。不允许有氧化发黏、杂质、长霉、变黑缺点和不熟胶存在。

二级褐绉片：二级褐绉片是用二级杂胶为原料制成的干燥、清洁、褐色的产品。允许皱纹和颜色稍不一致，并存在少量霉迹。不允许有杂质、发黏缺点和不熟胶存在。

三级褐绉片：三级褐绉片是用三级杂胶为原料制成的干燥、深褐色的产品。允许有少量杂质、长霉和发黏现象存在。不允许严重发黏和不熟胶存在。

等外褐绉片：用严重长霉、发黏、变黑、杂质多的等外杂胶和泥胶制成的与质量不符合等级要求的绉片均为等外褐绉片，但必须是干燥的。

3. 绉胶片生产设备

(1) 生产设备及设施

白绉胶片的生产设备及设施包括过滤设备、凝固槽、绉片机组、挂胶车、风干房、打包设备。

褐绉胶片的生产设备及设施包括浸泡池、洗涤机、绉片机组、挂胶车、风干房、打包设备。

(2) 典型设备

浸泡池用红砖砌成，内外用水泥批荡。一般砌成每池装胶 1t 左右，池底设排水口，池上备有盖板，便于将胶料压在水中充分浸泡。产量小的工厂，人工捞取浸泡好的胶料，送去洗涤。规模大的工厂，浸泡池建在紧靠洗涤、绉片车间的一边，一行排列，每个浸泡池设有一个排胶口，排胶口带有闸门，靠排胶口一端沿整排浸泡池建一流胶槽，流胶槽用一斜槽或滑板与洗涤机相连。需要洗涤任一池的杂胶时，把浸泡池的闸门打开，借水流把杂胶冲入流胶槽，经斜槽或滑板流入洗涤机，这样浸泡好的胶料便可方便地输送到洗涤机内进行洗涤(图 4-35)。

现行生产上使用的洗涤机多为波浪形双辊筒洗涤机(图 4-36)，这种洗涤机是由辊筒、机架、机箱、喷水装置、变速箱及电动机组成。辊筒呈波浪形，两辊筒的转速不同，洗涤效果较好。杂胶进入这种洗涤机，受转速不同的两个辊筒的剪切力反复撕裂、搓揉，使胶内杂质脱落被水冲洗掉。由于辊筒花纹粗、间隙大，因此洗涤对橡胶质量影响不大。

图 4-35 杂胶浸泡

图 4-36 洗涤机

杂胶的压绉一般由一组三台花纹深度不同的绉片机组完成。第一台绉片机的辊筒花纹较深、较大，两辊筒的转速比较大，它具有洗涤的功能，在把零散的小胶团、胶块反复压绉、撕裂、搓揉混合以及大量喷水的过程中，进一步去除了杂质，并使胶料逐渐变软、相互黏结，直至压绉成毯状厚片。第二台绉片机的辊筒花纹较第一台要浅，它主要是将毯状厚片压绉均匀、变薄。第三台绉片机是光面辊筒，没有花纹，机上的两辊筒间隙较小，因此它可将第二台绉片机压出的绉片进一步压薄、整理压平。机组的台数、绉片机的大小应根据产量大小而定，可以是六台或是更多的绉片机组成绉片机组，如图 4-37。

风干房有平房式自然风干房和楼房式自然风干房。两者相比楼房式自然风干房占地面积小，楼层越高，风力越大，干燥越好。楼房式自然风干房最好建在压绉车间与包装车间之间，或与包装车间结合建造。结合建造可楼上干燥，楼下包装，缩短了湿、干绉片的搬运路程，也节省了搬运劳力。这样的设计可在干燥房两端安装电动升降机，与绉片车间相连的一端运湿绉片，另一端运干绉片。楼房式干燥房的挂胶杆用木制成，厚度 5~6cm，杆与杆中心距离 12cm。为了搬运绉片方便，在干燥房中心沿长度铺设一条铁轨，铁轨两端靠近升降机，用轻便推车在轨道上搬运干湿绉片。

风干房中，可适当安装一些简单的电热、通风设备，以备低温潮湿季节，用于加速干燥，防止绉片长霉。

图 4-37　绉片机组

(六) 浓缩天然胶乳加工工艺及设备

浓缩天然胶乳是由鲜胶乳经浓缩后制成。因具有优异的成膜性能、湿凝胶强度、回弹性、高强度、伸长率以及易于硫化等综合性能，其应用范围相当广泛，尤其在浸渍制品方面，合成胶乳难与之匹敌；在压出胶丝方面，浓缩天然胶乳还是最理想的原料；在海绵制品和非橡胶制品方面，浓缩天然胶乳也被广泛应用。

1. 生产工艺流程

浓缩天然胶乳加工工艺如图 4-38。

图 4-38　浓缩天然胶乳加工工艺

浓缩方法一般有离心法、膏化法、蒸发法和电泳法 4 种。目前，90% 以上的浓缩天然胶乳都是采用离心法生产的。

2. 关键工艺环节

(1) 新鲜胶乳预处理

浓缩天然胶乳生产中涉及新鲜胶乳的预处理，包括过滤、保存剂的调节、澄清等，其要求、设备和操作，大部分与天然生胶的生产相同。不过，新鲜胶乳进厂的时间，不必像天然生胶的生产那样统一和严格，只需要鲜胶乳保存状态好，且不影响制胶生产安排，允许有迟早的差别。

新鲜胶乳的质量直接影响浓缩工艺和产品质量。因此，制造浓缩天然胶乳用新鲜胶乳的质量要求比制造生胶的要求更高、更严格，加氨量也较多。挥发脂肪酸值偏高，有轻微变质的鲜胶乳不得用来加工高品质浓缩胶乳。

澄清是新鲜胶乳泵入澄清罐(池)中静置不动，依靠重力作用使得细小杂质沉到罐(池)底，从而得到清洁新鲜胶乳的过程。胶乳澄清时间短，杂质不易分离；澄清时间长，新鲜胶乳不能尽快加工，虽能有效地除去杂质，却可能使细菌有机会生长繁殖，使浓缩天然胶乳质量降低。通常澄清时间不应少于 2 小时。如离心浓缩前用离心沉降器代替澄清罐

(池)处理新鲜胶乳,不但能更有效地除去磷酸镁铵等杂质,减少它们对离心机的堵塞从而延长离心机的运转时间,减少洗机次数,而且浓缩天然胶乳的质量也有所提高。

(2)鲜胶乳离心分离

天然胶乳的离心分离是指依靠碟式离心机运转时的离心力使得天然胶乳中质量不同的橡胶粒子与非胶组分部分分离的过程。

因为橡胶粒子比重轻,且橡胶粒子大小也不同,在离心力的作用下会按大小顺序被先后分离出来,但因为橡胶粒子粒径差异很大,有很多粒径小的橡胶粒子不容易被分离出来,最后都留在乳清中。又因为橡胶粒子所受的离心力随着离转鼓中心的距离增加而加大,而胶乳的黏度随着干胶含量的增加而迅速加大,故沿分离碟壁向上移往转鼓中心的橡胶粒子的速度迅速减小,因而胶乳进一步被浓缩的倾向将随着黏度的加大和流向转鼓中心离心力的减少而降低,这是离心浓缩天然胶乳最后浓度(一般不超过67%)不可能无限提高的主要原因,如图4-39。

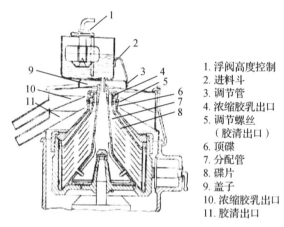

1. 浮阀高度控制
2. 进料斗
3. 调节管
4. 浓缩胶乳出口
5. 调节螺丝
   (胶清出口)
6. 顶碟
7. 分配管
8. 碟片
9. 盖子
10. 浓缩胶乳出口
11. 胶清出口

图4-39 胶乳离心机结构及其分离过程示意

离心胶乳时,相对密度不同的胶清和浓缩天然胶乳在转鼓内出现的分界层,叫做中性层。中性层必须与中性孔吻合,否则会降低离心分离效率。可通过选择适当的调节螺丝,使中性层与中性孔吻合。

在胶乳离心过程中,稳定性差的橡胶粒子、黄色体及其他一些杂质,经过高速旋转离心机的作用,分别聚结在分配室和分离室中。随着离心时间的延长,沉积的杂质和凝胶越来越多,甚至互相聚结而堵塞喇叭管,以致新鲜胶乳不能再流入离心机,而从溢流口流出,使胶乳停止分离。处理正常的胶乳,离心机可以连续运转4小时左右才停机拆洗,而处理质量差的胶乳因喇叭管很快堵塞,有时仅运转1~2小时就要被迫停机拆洗。

(3)浓缩天然胶乳的积聚

浓缩天然胶乳的积聚是指浓缩后经过调配的天然胶乳在积聚罐里混合囤积的过程。它可以混合不同批次生产的浓乳,使得产品一致性更高,品质更容易调控;可以使浓缩天然胶乳机械稳定度更稳定;还可以减少出厂产品的检验工作量。

在浓缩天然胶乳流入积聚罐前应先加一些浓氨水于积聚罐底,以保证浓缩天然胶乳及时得到保存，防止胶乳在阀门管道处发生凝固。积聚中为保证浓缩天然胶乳的挥发酸值不升高及机械稳定度不降低，要定期测定其含量，做到及时、足量、均匀补加保存剂。

(4) 质量检验

浓缩天然胶乳与其他商品一样，出厂前要进行严格的质量检验，只有质量指标符合相关规定时才允许出厂。浓缩天然胶乳的质量指标是产用双方根据生产的可能和使用的需要，并有利于提高产品质量的原则下，协商制定的通用质量标准。中国国家标准 GB/T 8289—2016 对离心浓缩天然胶乳的技术规格作了规定(表 4-6)。

(5) 包装及出厂

包装前，必须将浓缩天然胶乳搅拌均匀。如采用小桶包装，还须事先称重、编号，然后从积聚罐出口以重力法使胶乳自动流入包装桶中。为了减少凝块含量，特别在积聚罐内的胶乳快包完时，胶乳必须先经粗筛(20 目)过滤，再流入包装桶。在桶内胶乳快装满时，轻轻敲打桶面使泡沫消失，并注意勿使胶乳外溢。包装桶上应注明厂名、类型、等级、批号、桶号、毛重、皮重、净重和生产日期。

胶乳包装完毕后，积聚罐要及时进行清洗，以除去附在罐壁的泡沫凝胶和其他杂质。清洗干净后，如涂料脱落(指铁罐)，应进行补涂。清洗积聚罐时要注意安全，防止发生事故。如罐内氨味很浓，清洗前应将罐盖上的人孔打开，并向罐内鼓风或喷高压水驱赶氨气。待氨味不浓时才进去清洗。必要时，还应佩戴防护目镜和口罩，切保安全。

浓缩天然胶乳在贮存和运输过程中，要防止渗漏、日晒和冰冻。温度应保持在 2～35℃之间(越低越好)，以免胶乳变质。

3. 离心浓缩天然胶乳生产设备

(1) 生产设备及设施

生产设备及设施主要包括过滤筛网、离心沉降器、抽胶泵、澄清罐(池)、调节罐(池)、离心机、积聚罐、包装容器。

(2) 典型设备及设施

离心沉降器(图 4-40)的工作原理是利用胶乳与杂质相对密度的差异，在离心力作用下使其分离。离心沉降器主要由转动轴、分离钵体、进料管和控制杂质含量的出料装置等四个部分组成。含有杂质的胶乳由进料管进入沉降器转鼓。转鼓在电动机带动下以 500～2000r/分钟的速度旋转。由于泥沙之类的杂质的相对密度大于胶乳的相对密度，因而产生较大的离心力，甩得较远，被甩向转鼓壁并牢固地粘附在转鼓壁上，清洁胶乳受力较小由转鼓盖上的出口流出，经收集槽进入混合池。设计制造时，要特别注意其转速及出料孔的位置，以便去杂效果好和胶乳泡沫少。目前，生产上应用的离心沉降器有立式和卧式两种。卧式的因高差小，胶乳冲击小，因而产生泡沫少，较适宜于高差受到限制的工厂使用。

由澄清罐(池)导出的清洁胶乳，流入调节罐(池)，再由调节罐(池)流入离心机进行离心。调节罐(池)基本上由罐(池)体、浮阀和 60 目筛网三部分组成。它的主要作用是借罐(池)内装备的浮阀保持胶乳液面恒定的高度，使胶乳流入离心机的速度比较均匀；同时在更换澄清罐(池)的胶乳进行离心时，它可使供给离心机的胶乳不至中断；调节罐(池)

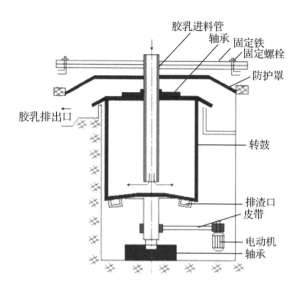

图 4-40　离心沉降器及其结构示意

内装备的筛网，一方面滤去胶乳剩余的杂质；另一方面可除去由于冲击形成的泡沫凝块，减小离心机被堵塞的倾向，如图 4-41。

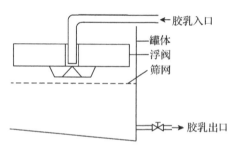

图 4-41　调节罐（池）结构示意

　　胶乳离心机主要包括机体、电动机和电气控制装置三个部分。

　　离心机的机体由机座、进出料装置、离心转鼓、立轴系统、横轴系统、皮带轮部分、示速装置、机械掣动装置、示油放油装置等九个部分组成（图 4-42）。

　　离心机使用全封闭式（以适应其工作环境的需要，防止水和胶乳对电动机的影响）的电动机，其作用是通过三角皮带使横轴转动，然后由横轴带动立轴，立轴再带动转鼓转动。

　　离心机的电气控制装置主要包括三相启动器及电磁刹车两部分。三相启动器通常采用星形三角启动器。电磁刹车由掣动开关箱和铁芯掣动线圈（机体中间周围 6 个带铁芯的掣动线圈）组成。掣动开关箱又称电磁刹车箱，由整流器、指示灯、电钮开关和继电器等零件组成，其主要作用是将三相交流电变为直流电输入铁芯掣动线圈，使其产生掣动转鼓的磁场（磁力），迫使转鼓在 90 秒左右停止转动。采用此法，可避免一般用摩擦掣动对机器造成的磨损和振动。

　　离心机使用注意事项：开机前必须认真检查离心机各机件是否安装正确，特别是离心

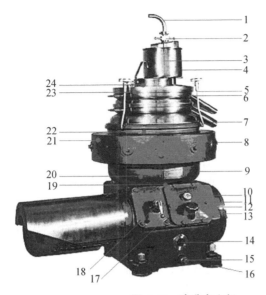

1. 进料管
2. 联接螺母
3. 浮阀
4. 调节斗
5. 夹杆
6. 浓缩胶乳收集罩
7. 胶清收集罩
8. 制动线圈
9. 机架
10. 转速表
11. 转数计
12. 进油塞
13. 横轴
14. 油镜
15. 放油螺丝
16. 地脚螺丝
17. 蜗轮
18. 手刹车
19. 立轴
20. 顶轴承
21. 手刹车
22. 转鼓
23. 调节螺丝
24. 调节管

图 4-42　胶乳离心机

转鼓内的机件是否按次序装合。开机后当离心机转速表指针达到 600r/秒左右时，需要立即从调节斗注入清水，直到将转鼓充满，收集罩有水流出为止。待转速表指针指到满速线时(1420~1500r/秒)，即可放入新鲜胶乳进行离心。未达到额定转速时绝不能加进新鲜胶乳。在离心机运转过程中，操作人员必须坚守工作岗位，注意观察机器的运转情况，了解新鲜胶乳进料和浓缩天然胶乳及胶清出料等情况。发现问题时应采取有效措施及时解决。记录开机和开始进胶的时间。当胶乳处理完毕或正常拆洗离心机或发生故障时，需采用停机操作。停机时先关闭进胶阀门，然后切断电动机电源，立即从调节管注入高压水冲洗。冲机时先用少量水(大致维持进胶流速)冲出浓缩天然胶乳，然后开大水量冲出胶清，最后冲去不需要的乳黄等杂质。停机后，必须待其停稳后才能拆洗。转鼓清洗干净后应立即装盒备用。

一种是容量约 200kg 的小铁桶，将其内部清洗去锈后，涂上一层保护涂料。对涂料的具体要求：耐强碱、不影响胶乳质量、附着力好、价格便宜、使用方便。如果采用新包装桶，需用碱液洗去防锈油，再用清水洗净、晒干，然后将浓缩天然胶乳倒入桶内，盖上盖子，以滚动法使桶内各个部分都涂上一层胶乳，再将多余的胶乳倒出，打开桶盖，置于通风处晾干即可。若使用装过物料的旧桶，必须先装入碎石、铁钉置洗桶机或用人工进行滚磨，然后加入 2% 左右的烧碱溶液滚洗，最后用清水洗净、晒干，再按上述方法涂上涂料。

另一种是大型装运罐，其形式与汽油罐车相同。一般是由载有胶乳装运罐的专用汽车运往设在火车站的转运仓库，将胶乳放入贮存库的容器中，用压缩空气或高差自流的方式，将胶乳排入容量 50t 的铁路罐车中，由火车运往使用单位。

第二节　天然橡胶初加工工艺技术与设备研究进展

目前，世界生产的天然橡胶主要以技术分级橡胶（标准胶）为主，技术分级橡胶自20世纪60年代投入生产以来为天然橡胶产业的发展作出了重大贡献，但也存在一些急需解决的问题：①"加氨保存"和"加酸凝固"是一对矛盾的生产工艺，浪费大量的氨和酸，增加了生产成本；②胶粒水含量高（30%以上），干燥时间长、能耗高；③采用重油或柴油等作为干燥能源，碳排放量大；④高温长时间干燥（120℃下3~4小时），对橡胶质量有一定的影响；⑤废水废气处理重视不够，环保问题频发。而且其产品结构单一、性能指标不高、一致性较差，只能满足一般的工业用途，无法满足航天航空、舰船等国防和轨道交通等高端民用领域用胶的质量和性能要求。长久以来，全世界用于生产民航轮胎等高端制品所用的天然橡胶均来源于泰国、印度尼西亚、马来西亚的一级烟胶片，该产品采用自然晾片低温烟熏干燥工艺，虽较好地保持了天然橡胶的性能，但它具有生产周期长（生产过程长达15~20天）、需要消耗大量木材、严重依赖人工，无法大规模生产，中国已于20世纪70年代停止生产该胶种。

浓缩天然胶乳自20世纪60年代实现商品化以来，一直采用离心法生产，而且以高氨浓缩胶乳为主。目前，高氨浓缩胶乳生产普遍存在以下问题：①在鲜胶乳保存时一般加入0.2%~0.3%的氨，如运输路途较远或生产专用浓缩胶乳时加氨量高达0.3%~0.5%，离心车间环境恶劣；②TT、ZnO、月桂酸皂等添加过量，对浓缩胶乳使用性能不利；③浓缩胶乳质量不稳定，贮藏过程中胶乳变质发臭的现象时有发生；④国产浓缩胶乳"合格不合用"的问题突出，尤其高端制品如避孕套生产用浓缩胶乳品质达不到生产的要求，长期依赖进口；⑤采用大量硫酸凝固胶清，增加了废水处理的难度。

随着航空航天、舰船、高铁和房屋隔减震等相关重要领域的快速发展，不仅对天然橡胶的需求量越来越大，而且对天然橡胶质量和技术指标的要求也越来越高。因此，国内外科技人员做了较多的科技改进工作。尤其是中国不产烟胶片，还面临着对高性能天然橡胶需求的保障能力严重不足，高端领域用胶长期严重依赖进口的问题，近几十年天然橡胶加工科技人员从基础理论研究、技术应用如鲜胶乳保存体系、生产工艺、到产品质量标准和环保等进行全面研究。

一、天然橡胶高质化基础理论研究进展

（一）非胶组分对天然橡胶质量的影响

天然橡胶的主要组成成分是20%~40%橡胶烃、52%~75%水和非橡胶物质。其中，非橡胶物质主要由1%~2%蛋白质、1%左右类脂物、1%~2%水溶物、1%~2%丙酮溶物和0.3%~0.7%无机盐五大类物质构成。有关天然橡胶产品性能影响因素的文献报道很多，具体综述如下：

1. 蛋白质对天然橡胶性能的影响

蛋白质对胶乳和生胶的性能有很大的影响，主要体现在胶乳的稳定性、生胶的硫化性

能、生热性能、吸水性及力学性能等方面。国内外关于蛋白质对天然橡胶性能的影响做了很多研究。

①蛋白质对胶乳稳定性影响。胶乳中的蛋白质可以分为三类：第一类蛋白质与类脂物等结合构成橡胶粒子保护层，吸附在橡胶粒子表面，阻碍橡胶粒子团聚；第二类蛋白质存在黄色体中，可以调节黄色体内外电势差，使黄色体和胶乳维持稳定；黄色体破裂时释放出来的碱性蛋白质和多酚氧化酶能够破坏胶粒保护层，增加胶粒接触的概率；第三类蛋白质存在乳清中，这类蛋白质促进橡胶粒子聚集，使胶乳稳定性降低。研究发现，将鲜胶乳底层经多种工序处理而得到的清液中含有大量的防卫蛋白，这些蛋白质降低了胶乳稳定性，促进胶乳凝固。而 Gidrol 等（1994）发现胶乳中形成了聚集体，这些聚集体是由橡胶蛋白和橡胶粒子表面的 22kD 受体糖蛋白构成，降低了胶乳稳定性。随后，Wititsuwannakul（2008）发现经超速离心后所得的清液中的结合蛋白与黄色体中的凝集素结合，也可以降低胶乳的稳定性。

②蛋白质对混炼胶硫化过程产生重要作用。其中，含有酰胺基以及某些含有硫的特殊蛋白质，能很好促进天然橡胶的硫化。龙春丞（2015）采用碱性蛋白酶处理天然胶乳并与促进剂 M 反应制备恒黏胶，随着蛋白质含量的降低，其硫化速率也降低；添加蛋白质到脱除蛋白质的天然橡胶中，其硫化速率随着蛋白质用量的增加而加快，胶料越易发生早期硫化的现象。此外，直接添加蛋白到天然橡胶中，混炼胶的硫化速率明显增加，而胶料的安全性降低。这可能由于蛋白质的含量增加，使羧酸基、胺基团的数量增多，这些存在于蛋白质分子结构中的基团与氧化锌充分反应，使混炼胶的硫化诱导期减小，硫化时间缩短。

③蛋白质的含量对天然橡胶力学性能影响很大。何映平等（2001）提出降低天然橡胶中的蛋白质，硫化胶的力学性能没有受到明显的影响；刘丹等研究发现降低蛋白质含量可以提高天然橡胶硫化胶的拉伸强度；随着天然橡胶中蛋白质含量的增加，NR 硫化胶的定伸应力、拉伸强度和撕裂强度先降低后升高；但赵同建等（2004）证明随着天然橡胶中蛋白质含量的增加，力学性能提高。在他们的研究基础上，李普旺等（2004）进一步研究表明蛋白质的含量对拉断伸长率基本无影响，低蛋白胶乳硫化胶膜的力学性能比浓缩胶乳的稍差。Zhou Y 等（2016）发现与未除去蛋白质的天然橡胶相比较，在人为除掉蛋白质后天然橡胶的力学性能有明显的降低。蔡克平等（2014）利用蛋白酶减少了蛋白质含量，研究指出蛋白质含量为 1% 时天然橡胶具有最优的物理机械性能。

④蛋白质含量对天然橡胶结晶性能也有明显的影响。吕飞杰等（1987）采用红外光谱法观察硫化胶应力—应变关系、应力松弛及其对应的红外二向色性比的变化情况，研究发现非橡胶组分对拉伸诱导结晶有促进作用；Seiiclli 等研究发现天然橡胶的结晶因脱蛋白而受到抑制，说明蛋白质对天然橡胶结晶性能影响明显。

2. 类脂物对天然橡胶性能的影响

天然橡胶中类脂物的主要成分是磷脂，约占类脂物总量的 60%。研究天然橡胶类脂物的含量主要通过检测磷脂含量来测定。

早在 1953 年，Bowler 等（1954）就提出胶乳中的蛋白质与类脂物结合构成橡胶粒子保护膜，阻止橡胶粒子发生团聚，维持胶乳稳定；而 Cockbain 等（1963）将胶乳中橡胶粒子不聚集的状态称为胶乳的稳定性;实际生产中胶乳需要加氨保存,有氨存在的条件下,胶乳中的类脂物会发生水解,代谢产物中的高级脂肪酸与氨结合,生成高级脂肪酸皂,附着在橡胶粒子界面上阻止橡胶粒子团聚,增强胶乳的机械稳定度;李婧等(2014)采用气质联用技术分析不同条件下磷脂的水解产物,分析发现胶乳中磷脂水解产物中含有多种脂肪酸,且随着胶乳存放时间的延长脂肪酸含量也随之升高,由此认为胶乳中磷脂含量直接影响胶乳的稳定性;随后,进行了相关的研究发现添加磷脂到鲜胶乳中,胶乳的机械稳定性明显提高。

赵勤修等(1981)将鲜胶乳中分离出来的磷脂添加到未分离磷脂的鲜胶乳中并制备成天然生胶,与未添加磷脂的天然橡胶相比,添加磷脂的天然橡胶硫化速率加快,力学性能明显提高;随后,魏丽娜等(2015)添加大豆磷脂到鲜胶乳中并制备成天然生胶,研究发现大豆磷脂对天然橡胶硫化进程也有促进作用。

3. 水溶物对天然橡胶性能的影响

白坚木皮醇、糖类及少量的环己六醇异构体等为水溶物的主要成分。鲜胶乳从胶树乳管中流出时,不含短链脂肪酸,由于细菌分解胶乳中的糖类而产生短链脂肪酸(挥发性脂肪酸),其含量的多少可以标志细菌的降解程度及胶乳的稳定性,因此水溶物含量可以间接影响胶乳的稳定性;胶乳的稳定性也会因镁、钙含量高而降低。胶乳中磷酸根离子与镁离子含量之比较高时,其稳定性低;在胶乳中过量的镁离子可与可溶性磷酸盐形成磷酸镁铵沉淀,胶乳离心时除去,从而使胶乳的稳定性获得显著改善。范龙飞(2013)研究发现随着水溶物含量的增加,天然橡胶薄膜的拉伸强度呈现先增加后降低的趋势,当水溶物含量为1wt%时,天然橡胶薄膜的拉伸强度最大,其撕裂强度随水溶物含量的增加而增大;冯霆钧等研究变价金属盐对天然橡胶薄膜老化性能的影响,结果表明:添加了铜盐、铁盐及铁锈的天然橡胶薄膜,在各种老化条件下,其物理机械性能都有明显降低;添加小分子量水溶物质到天然橡胶中,可以改善其复合材料的撕裂强度。

4. 丙酮溶物对天然橡胶性能的影响

胶乳中丙酮溶物含主要成分为甾醇、油酸、硬脂酸、亚油酸和甾醇酯。研究过程中发现,丙酮溶物中的两种液体甾醇(分子式为$C_{27}H_{42}O_{11}$和$C_{20}H_{30}O$)有防止橡胶老化作用;丙酮溶物中的生育酚、三烯生育酚等都是天然橡胶的防老剂;同时,丙酮溶物因含有高级脂肪酸和固醇类物质,两者都是有机活性剂,能够提高促进剂的活性,增加天然橡胶的硫化反应速率及改善其硫化胶性能;在硫化体系中,硫化促进剂氧化锌的活性强,但不溶于橡胶,其活性在硫化时不能充分发挥,为了增强硫化时氧化锌的活性,可以增加天然橡胶中高级脂肪酸含量,因为氧化锌与高级脂肪酸生成高级脂肪酸锌,进一步促进天然橡胶的硫化进程;马立胜(2011)研究结果表明,添加丙酮溶物的天然橡胶硫化速率大于未添加丙酮溶物的天然橡胶硫化速率;添加丙酮溶物的天然橡胶硫化胶力学性能也高于空白样,但天然橡胶硫化胶的拉伸强度随着丙酮溶物添加量的增加呈现出先增加后降低的趋势。

5. 反应醛基对天然橡胶性能的影响

醛基是一种比较容易被氧化的官能团,醛基和羟基优先被氧化成羧基的顺序:—CHO >—C(OH)$_3$>—HC(OH)$_2$>—H$_2$C(OH);姜兴国等(2018)以 Fe(NO$_3$)$_3$·9H$_2$O/TEMPO/

KCl 催化体系实现了室温下利用氧气或空气中的氧气为氧化剂从醛到羧酸的氧化。反应条件温和，对于含有酯基、醚键、卤素等多种合成上有用的官能团兼容性好，并可在甾体、萜类等复杂天然产物骨架上进行。Gregory 等（1975）研究了纯化 NR 的贮存硬化，发现通过多次离心的方式对 NR 胶乳进行纯化，所得 NR 干胶没有贮存硬化现象。如果将离心后的底层物质再加入到纯化 NR 胶乳中，所得 NR 干胶又具有明显的贮存硬化倾向。与此同时，Gregory 等（1975）将一系列氨基酸加入到离心纯化的 NR 胶乳中，所得干胶显示出明显的贮存硬化倾向。为此，Gregory 提出了 NR 分子链上的醛基与氨基酸反应引起 NR 贮存硬化的机理。

国内天然橡胶一直存在着产品性能不稳定、质量一致性较差等问题。不同加工厂之间的产品，即使是同一厂家不同批次的产品，质量都存在着大小不同的差异，这也造成了目前国内天然橡胶过分依赖进口的局面。主要是因为国内天然橡胶都是加氨保存、加酸凝固并且立即干燥，将非胶组分都固定在了天然橡胶里，导致国产天然橡胶与国外天然橡胶相比一致性差了很多。基于此，应从天然橡胶加工工艺角度来研发新工艺，提升国产天然橡胶质量。

(二) 农业因素对天然橡胶质量的影响

1. 橡胶品系

橡胶品系不同，所产胶乳的性质往往也不同。如胶乳因类胡萝卜素的含量和种类不同，颜色也不尽相同。表 4-10 是一些无性系由于品系不同所产胶乳颜色也不同的情况。按照这样的颜色分类，白色的胶乳适于制造白绉胶片；淡黄色的胶乳必须把大量乳黄分离出去，或加强漂白处理后，才能用制造白绉胶片；而黄色及深黄的胶乳，则根本不适于制造白绉胶片。

表 4-10 不同品系所产胶乳的颜色

颜色	品系
白	PilA44、BD5、PB23、PB86、PR107、AVROS50、AVROS150、AVROS502、AVROS506、Gl1、Tjir16、LCB1320、GT1、RRIM511、RRIM512、RRIM513、RRIM524、RRIM600、RRIM603、RRIM612、RRIM613、RRIM614、RRIM616、RRIM618、RRIM623
白黄	PilB84、RRIM519、RRIM526、RRIM602、RRIM606、RRIM609、RRIM611、RRIM615、RRIM617
淡黄	Tjir1、LunN、RRIM501、RRIM508、PB5/51、PB5/63
黄色及深黄	AVROS49、PB25、PB186、PB7/1495、RRIM523、RRIM525、RRIM527、RRIM529、RRIM604、RRIM605、RRIM607、RRIM608、RRIM610

来自不同品系的新鲜胶乳，其化学成分不同，即使是在相同工艺条件下，所制出产品的性质也有所不同，结果见表 4-11。

有些无性系所产的胶乳，稳定性特别低。经研究证明，G11 胶乳稳定性很低的原因是其无机磷含量低，镁含量相对较高，镁与磷之比失调所引起的。

表 4-11　不同品系新鲜胶乳及其浓缩天然胶乳性质的差异

无性系品种	新鲜胶乳的成分(以总固体计)						浓缩胶乳贮存30天后的性质		
	氮(%)	磷(%)	镁(%)	铜(g/kg)	灰分(%)	酒精抽出物(%)	机械稳定度(秒)	磷(%)	镁(%)
Tjir1	0.56	0.152	0.120	5.2	1.14	7.30	365	0.034	0.045
PilB84	0.62	0.190	0.084	8.0	1.54	6.77	1475	0.033	0.017
PB186	0.70	0.192	0.045	10.3	1.44	7.31	1370	0.050	0.012
PB23	0.60	0.122	0.108	5.1	1.36	7.75	535	0.043	0.053
AVROS49	0.64	0.145	0.114	6.5	1.25	6.16	815	0.038	0.034

2. 树龄

由幼龄胶树所得的胶乳,其浓度往往比老龄胶树所得的低,而非橡胶物质的含量,却比老龄胶树高。表4-12是树龄40年和9年的实生树、在同一胶园,采用相同割胶制度所得同一天的胶乳的分析结果。表4-13是Tjirl芽接树在开割后不同时间所取得胶乳的分析数值。

表 4-12　老、幼实生胶乳的性质比较

树龄(年)	40	9
总固体含量(%)	33.20	32.72
干胶含量(%)	29.26	29.04

表 4-13　Tjirl 芽接树胶乳的非橡胶物质含量(以总固体计)

胶树开割后的时间(天)	16	48	84	108	180
氮(%)	0.76	0.70	0.56	0.55	0.56
灰分(%)	1.31	1.25	1.20	1.05	1.23
丙酮溶物(%)	4.31	3.79	3.24	3.37	2.89
橡胶烃[a](%)	89.6	90.6	92.0	92.1	92.4
磷(%)	0.115	0.085	0.120	0.122	0.102
镁(%)	0.058	0.116	0.112	0.058	0.105
铜(mg/kg)	2.0	2.0	2.0	—	2.7

注:a 以减差法计算。

3. 土壤和肥料

橡胶树都是靠根部从土壤吸收各种物质来生长发育和生产胶乳。因此,土壤和肥料的组分将或多或少影响胶乳的化学成分及天然橡胶产品的性质。表4-14是三个不同无性系分别种植在砂壤和黏壤所得胶乳的磷、镁含量的分析数据。结果表明,由黏壤生长胶树所得的胶乳,其磷、镁含量都高于砂壤所得的胶乳。

表 4-14 不同类型土壤对胶乳成分的影响

胶乳成分	磷(g/kg 胶乳总固体)			镁(g/kg 胶乳总固体)		
土壤类型	RRIM 501	PilB 84	AVROS153	RRIM 501	PilB84	AVROS152
砂壤	1.36	1.46	1.41	0.78	1.06	0.92
黏壤	2.00	1.63	1.82	0.78	1.24	1.01

肥料对新鲜胶乳成分及所得天然橡胶产品性质的影响，由下述的两组试验可以得到证明：一组试验所用胶树是1928年定植的实生树，从1928年起就按5种处理，即单施氮肥(N)、氮磷肥(NP)、磷钾肥(PK)、氮磷钾肥(NPK)和不施肥(O)，划分5个试验大区，每种处理又分6个重复小区进行试验。表4-15是在1949年8月、9月同时从各种处理的重复小区采取的混合胶样，在70℃蒸干，制成胶乳薄膜和制成膏化浓缩乳的分析检验平均数据。这组试验因在高度缺钾地区进行，虽没有单独安排磷钾肥对胶乳性质的影响试验，但仍明显看出：凡是施磷钾肥的，其胶乳磷和钾的含量都升高，镁含量降低，浓缩天然胶乳的稳定度增高；施氮肥的，则影响不很明显。

表 4-15 施肥对新鲜胶乳成分和浓缩天然胶乳稳定度的影响

肥料处理	新鲜胶乳成分(g/kg 胶乳总固体)			浓缩天然胶乳的机械定度(秒)
	磷	钾	镁	
O	0.97	4.18	0.70	544
N	1.00	3.97	0.68	484
NP	1.01	3.94	0.66	543
PK	1.15	4.46	0.58	751
NPK	1.12	4.22	0.59	714
有磷、钾处理的平均值	1.135	4.34	5.85	12.21
无磷、钾处理的平均值	0.985	4.075	6.90	8.57
有无磷、钾处理之差	+0.150	+2.65	-1.05	+3.64

另一组试验是用3个不同品系的芽接树，在氮、磷肥试验已进行5年以上之后才取新鲜胶乳分析和制成浓缩天然胶乳与风干胶片进行检验。肥料试验分为4个处理，其代号和施肥情况见表4-16。

表 4-16 试验代号及施肥情况

试验代号	每年施肥量(g/株)	
	硫酸铵	磷矿粉
n·P(对照)	0	0
n_1	680	0
n_2	1360	0
P_1	0	680

表4-17至表4-20列出施肥对新鲜胶乳、风干胶片和浓缩天然胶乳性质的影响数据。

表 4-17　氮肥对新鲜胶乳成分的影响

分析项目	n_0	n_1	n_2
总固体(%)	38.1	37.2	36.4
干胶(%)	35.0	34.1	33.1
氮(%，对总固体计)	0.63	0.69	0.74
镁(%，对乳清计)	0.063	0.070	0.081
钾(%，对乳清计)	0.34	0.35	0.35
PO_4(%，对乳清计)	0.250	0.233	0.227

表 4-18　磷肥对新鲜胶乳成分的影响

n_2	n_0	n_1
总固体(%)	37.5	36.9
干胶(%)	34.4	33.7
氮(%，对总固体计)	0.69	0.69
镁(%，对乳清计)	0.074	0.069
钾(%，对乳清计)	0.35	0.35
PO_4(%，对乳清计)	0.179	0.294

表 4-19　氮肥对风干胶片非橡胶物质含量的影响

n_0		n_1		n_2	
氮(%)	丙酮溶物(%)	氮(%)	丙酮溶物(%)	氮(%)	丙酮溶物(%)
0.32	3.15	0.42	2.66	0.48	2.40
0.32	3.09	0.43	2.65	0.46	3.70
0.33	4.39	0.42	3.69	0.47	3.63
0.33	4.41	0.42	3.68	0.53	2.57
0.40	3.47	0.48	2.81	0.53	2.36

表 4-20　施氮、磷肥对贮存 30 天后的浓缩天然胶乳性质影响

氮肥				磷肥			
处理	机械稳定度(秒)	氢氧化钾值	镁(%，以乳清计)	处理	机械稳定度(秒)	氢氧化钾值	镁(%，以乳清计)
n_0	425	0.54	0.018	P_0	425	0.60	0.018
n_1	230	0.58	0.033	P_1	520	0.59	0.014
n_2	195	0.67	0.050				

由上表可以看出，施氮肥使新鲜胶乳及其酸凝胶片的氮含量增加，浓度降低，镁含量增高，并使浓缩天然胶乳的氢氧化钾值和镁含量加大而最终导致浓缩天然胶乳的机械稳定度降低。施磷肥则增加新鲜胶乳的磷酸根含量而使过量的镁含量降低，导致浓缩天然胶乳的机械稳定度升高。

有些胶园由于对成龄胶树单施硫酸铵，结果导致所生产出来的浓缩天然胶乳镁含量增

高，机械稳定度降低。解决的办法是离心前将适量的磷酸二铵加入新鲜胶乳，以除去过量的镁。但将增加浓缩天然胶乳的氢氧化钾值，因为外加的这种盐类与胶乳中的镁反应后，放出了可用 KOH 滴定的酸。具体反应过程为 $MgX_2+(NH_4)_2HPO_4 \rightarrow MgNH_4PO_4 \downarrow +NH_4X+HX$。

4. 割胶条件

割胶条件不仅影响橡胶树的正常生长和产胶量的高低，而且还会影响所产胶乳的化学成分。

(1) 割胶强度

在给定条件下，割胶强度越大，胶乳浓度越低，试验结果见表 4-21。

表 4-21 两种割胶强度所得胶乳干胶含量的比较

割胶时间	割胶强度	强度为100%的半树 周隔日割胶	强度为67%的半树 周隔2天割胶
1956 年 5 月		34.8	37.6
6 月		30.6	34.1
7 月		27.7	30.9
8 月		27.7	31.5
9 月		27.6	31.7
10 月		28.8	33.2
11 月		29.1	31.9
12 月		29.6	32.4
1957 年 1 月		31.4	33.7
2 月		32.2	34.3
3 月		30.0	32.3
4 月		31.7	34.2
年平均数		30.1	33.1

(2) 割线高度

割线开得越高，则胶乳中非橡胶物质的比例一般也越大，试验结果见表 4-22。

表 4-22 胶乳成分随着胶树开割高度变化的情况

无性系	开割高度 (cm)	氮(%)	磷(%)	镁(%)	铜(mg/kg) 总固体	灰分(%)	酒精抽出物(%)	以减差法计算橡胶烃(%)
Tjlr1	102	0.56	0.102	0.065	5.3	0.99	6.52	89.0
	229	0.56	0.152	0.120	5.2	1.14	7.30	88.1
PilB84	102	0.56	0.109	0.045	4.7	1.08	6.67	88.7
	229	0.62	0.190	0.084	8.0	1.54	6.77	87.8
PB186	102	0.56	0.109	0.030	6.1	1.07	6.35	89.1
	229	0.70	0.192	0.045	10.3	1.44	7.31	86.9

(续)

无性系	开割高度(cm)	氮(%)	磷(%)	镁(%)	铜(mg/kg)总固体	灰分(%)	酒精抽出物(%)	以减差法计算橡胶烃(%)
PB23	102	0.54	0.108	0.068	5.1	1.19	6.81	88.6
	229	0.60	0.122	0.108	5.1	1.36	7.75	87.1
AVROS49	102	0.61	0.121	0.092	4.2	1.14	6.10	89.0
	229	0.64	0.145	0.114	6.5	1.25	6.16	88.6

(3)化学刺激

使用化学刺激剂处理胶树后再割胶时，虽然增加胶树产胶量，但胶乳浓度往往降低，非橡胶物质含量一般也略微增大，试验结果见表4-23。

表4-23 化学刺激对AVROS50无性系胶乳成分的影响

化学刺激成分分析	对照(未用刺激剂)		10%苯氧基乙酸		10%苯氧基乙酸与抗菌素并用		抗菌素	
	30天	90天	30天	90天	30天	90天	30天	90天
氮(%)	0.49	0.55	0.60	0.58	0.61	0.57	0.55	0.59
灰分(%)	0.91	0.89	1.13	0.90	1.14	0.92	0.99	0.94
丙酮溶物(%)	2.88	3.45	2.98	3.09	3.00	3.53	2.95	3.36
橡胶烃[a](%)	93.1	92.2	92.1	92.4	92.0	92.0	92.6	92.0
镁(%)	0.034	0.038	0.028	0.038	0.036	0.039	0.038	0.038
磷(%)	0.078	0.087	0.122	0.118	0.128	0.106	0.107	0.109
钾(%)	0.345	0.335	0.420	0.368	0.450	0.376	0.380	0.373
钙(%)	0.0051	0.0054	0.0044	0.0050	0.0055	0.0062	0.0050	0.053
铜(mg/kg)	1.7	1.6	2.8	2.0	2.6	2.9	2.4	2.6
总固体干胶含量(%)	46.19	44.86	41.84	44.33	40.33	44.42	42.55	43.80
总固体(%)	49.41	48.01	45.06	47.72	43.52	47.74	45.57	47.12

注：a 以减差法计算。

胶树用增产效果更大的乙烯利(2-氯乙基磷酸)处理后，产胶量虽大大增加，但胶乳的干胶含量却显著下降，下降幅度一般约20%，比用苯氧基乙酸处理时还大。

刺激剂的效应和对胶乳成分的影响，根据刺激剂类型、处理树皮或割面的情况不同而不同，通常在60~180天后消失。

(4)季候

季节、物候不同，也会引起胶乳成分和性质的变异。一般认为，雨季和胶树重新长叶时期，对胶乳的影响较明显。前者使胶乳干胶含量降低，后者则使胶乳无机磷含量减少，稳定性降低。

综上分析，影响胶乳性质的因素极多，这也正是天然胶乳为何变异性大的原因所在。因此，在制胶过程中，应充分做好原料胶乳的调查、分析，努力做好胶乳性质的调控工作，尽量使生产的初制品质量优异，一致性好。

(三)加工工艺对天然橡胶质量的影响

1. 保存

天然胶乳鲜胶乳和浓缩胶乳由于细菌、酶的作用容易产生腐败变质,从而影响胶乳的稳定性、加工性能以及生胶和制品的物理机械性能。因此,胶乳的保存是天然橡胶生产加工过程中的一个重要的环节,胶乳在割胶、收胶、运输和贮存过程中都要加入一定量的保存剂以保证胶乳的稳定性。目前,生产上普遍采用 NH_3、NH_3+TT/ZnO 作为鲜胶乳、浓缩胶乳的保存剂。但氨的挥发性、刺激性会对生产环境造成恶劣的影响,严重影响工人的身心健康;TT、ZnO 作为天然橡胶后续加工的硫化促进剂、活性剂,添加量不同时会对制品生产工艺的一致性产生不利的影响;此外,TT 在高温时会产生致癌的亚硝铵化合物,影响制品的安全性,严重制约了乳胶工业的可持续发展。因此研发高效、绿色、经济,不含 TT、ZnO 的天然胶乳低氨、无氨保存技术已成为乳胶工业界急需解决的关键问题之一。

早在 20 世纪 50~60 年代,人们就开始了天然胶乳低氨或无氨保存技术的研究,如用亚硫酸钠、甲醛、碳酸钠、五氯酚钠及氨与五氯酚钠、SDC、ZDC、DMP30 等复配作为鲜胶乳或浓缩胶乳的无氨或低氨保存剂。但由于保存效果、保存剂毒性及成本等方面的原因,天然胶乳低氨或无氨保存技术一直都没有获得突破,生产上还是普遍采用 NH_3 及 NH_3+TT/ZnO 作为鲜胶乳、浓缩胶乳的保存剂。近年来,随着世界各国对绿色、环保生产技术的重视,天然胶乳低氨或无氨保存新技术再次引起人们的关注。如美国陶氏化学工业公司研发出主要成分为 1-(3-氯-2-丙烯基)-3,5,7-三氮杂-1-氮翁三环[3,3,1,13,7]的癸烷氯化物保存剂;西班牙科学家 Karl. B 等用改性的果聚糖作保存剂;泰国天然橡胶聚合物学会、泰国国家金属及材料技术中心研究人员用羟甲基甘氨酸钠、NH_3+ $ZnSO_4$ 作保存剂等;海南中投无氨橡胶投资有限公司王向前以无机盐混合物配以高活性海藻酸钠生产而成的生物制剂作为天然胶乳的无氨保存剂;云南西双版纳威力酷生物科技有限公司黄润燕采用处理过的天然橡胶树叶和生鲜茶叶提取液作为天然胶乳无氨防凝保鲜剂;海南大学候雪等用吗啉类衍生物作为天然胶乳的无氨保存剂;中国热带农业科学院农产品加工研究所余和平等用硫醇基苯并噻唑并用氨作为天然胶乳的低氨保存剂,但仍然没有哪种保存剂能在生产中推广应用。

1791 年,科学家 Fourcrog 将碱加入鲜胶乳,发现胶乳保存一段时间不腐败,方便了鲜胶乳被人们短期贮存和运输,这是人们第一次探索如何保存天然胶乳。鲜胶乳保存效果的好坏,对固体生胶的质量有很大影响。保存效果差的鲜胶乳,细菌代谢产生一定量的 CO_2,若在凝固前未及时排除,生胶片则会存在气泡,导致致密性差,同时由于非橡胶组分变化,胶料的加工性能和制品质量都会改变。鲜胶乳的良好保存也是制备高品质浓缩胶乳的基础,若采用合适的保存剂,胶乳凝粒少、黏度低,降低了离心机和澄清池的清洗难度,延长了离心机的运转时间,提高了生产效率。此外,采用保存效果较好的鲜胶乳离心,提高了浓缩胶乳的品质,降低了补氨的量与频率,节省了生产成本。浓缩胶乳出厂前需进行 1~3 个月的贮存。离心后,虽然浓缩胶乳中的细菌和酶可利用物质的量大幅降低,但若不补加保存剂,则无法实现长期保存。若胶乳发生腐败变质,稳定性降低,不仅影响到制品生产加工,制品的品质、一致性也不能得到很好的保证,同时生产厂家也将遭受一定的经济损失。因此，制胶工艺和制品生产工艺都要求鲜胶乳和浓缩胶乳做好保存工作。2008年后，中国天然橡胶产能仍处于过剩状态，至2016年胶价连续8年降低，但目前国内各公司制作高端橡胶制品时仍采用进口天然胶乳，无法自给自足，正是由于国产天然胶乳保存效果一般，导致胶乳的品质无法提升。因此我们更应该认真做好天然胶乳的保存工作，做好"胶园六清洁"，同时积极研发新型保存剂。

(1) 做好胶乳早期保存的重要意义

制胶生产能否顺利进行，产品质量的好坏，生产成本的高低，首先取决于新鲜胶乳的质量。而新鲜胶乳的质量好坏，关键在于新鲜胶乳的早期保存。因此，必须充分认识这一工作的重要意义，从而提高做好胶乳早期保存的自觉性，分析并把握引起胶乳腐败变质的因素，采取主动、积极的预防措施，搞好清洁消毒，合理选择和使用保存剂，因时因地做好胶乳的早期保存工作。

(2) 变质胶乳对制胶工艺的影响

在割胶、收胶和运输新鲜胶乳的过程中，胶乳有被细菌和树皮、泥沙、虫蚁等杂物污染的可能，如不采取适当的措施，避免或减少这些污染的因素，新鲜胶乳的质量必然会受到极大的危害。要把新鲜胶乳制成符合质量标准的天然橡胶产品，就必须按照一定的工艺条件进行生产。如果新鲜胶乳在加工前已经腐败，以致完全凝固，显然不可能再按正常工艺进行操作。例如，腐败的胶乳黏度大，过滤和沉降困难，而且凝粒堵塞过滤筛的筛孔，清洗非常困难；腐败的胶乳稳定性低，加酸凝固时，容易产生局部凝固，致使凝块软硬不一，从而影响压片操作和胶片的干燥；腐败的胶乳进入高速旋转的离心机以后，在强烈的机械力作用下，容易凝固而堵塞离心机，因而要经常停机拆洗，缩短了离心机正常运转时间，降低了生产效率和干胶制成率。

(3) 变质胶乳对产品质量的影响

腐败变质的新鲜胶乳，不仅对制胶工艺影响严重，而且对天然橡胶产品质量也产生不良影响。例如，腐败变质胶乳中的杂质不易除去，因而残留在初制品中的有害杂质较多，产品质量较差；腐败变质胶乳所产生的CO_2较多，如果这些气体在胶乳凝固和压片时来不及逸出，会在胶片中形成气泡。同时，由于细菌的腐败作用，往往会使胶片变色，产生水印等缺点，降低胶片的外观质量；腐败变质胶乳的挥发脂肪酸含量高，制得的浓缩天然胶乳的挥发脂肪酸值也高，机械稳定度低，很难达到规定的质量指标。如果胶乳已经自然凝固，则所得橡胶因蛋白质及其分解产物受到破坏或被除去，耐老化性能也较差。

2. 凝固

鲜胶乳凝固是天然橡胶初加工过程中比较重要的步骤之一，其本质是破坏橡胶粒子表面保护层和亲水基团，影响橡胶粒子的稳定性，使橡胶粒子间发生交联产生胶乳凝固现象。由于天然橡胶凝固方式多种多样，不同的凝固方式会对天然橡胶干胶的综合性能产生不同的影响。

(1) 自然凝固

国外标准胶来源主要是自然凝固后的凝块，也称之为胶园凝胶。这是由于鲜胶乳在流动采集过程中，会混合附着在树皮上的细菌，在胶杯中放置时细菌在鲜胶乳中的不断繁殖产生挥发性脂肪酸,降低胶乳的机械稳定度。WITITSU等(2018)认为蛋白质的聚集作用增大了胶乳的黏度,造成了胶乳的自然凝固。胶乳中的凝固酶作用于橡胶粒子吸附层,使橡胶粒子稳定性降低导致相互粘连,从而产生自然凝固。

潘俊任等(2020)对比停割前期不同凝固方式发现,自然凝固在天然橡胶老化后中的拉伸强度最高,但凝固速度较慢,熟化和干燥时间长,制成白绉片后容易吸潮。曾宗强等(2008)发现天然橡胶自然凝固和乙酸凝固在应变扫描和频率扫描相比中,生胶、混炼胶以及硫化胶的G'、S'较大,tanδ较小,认为自然凝固状态下较多非胶组分保留在了天然橡胶中,橡胶网络结构比较紧密,更适合于轮胎制品的生产。张北龙等(2004)发现自然凝固的天然橡胶由于胶乳中的蛋白质经过微生物代谢转化,产生了天然的胺类硫化促进剂和抗氧剂,在降解反应中表观活化能要高于甲酸凝固的天然橡胶,表明自然凝固可以让天然橡胶耐氧化并降低生热。

自然凝固方法简单方便,但凝固耗时较长,在凝固过程中容易混入其他杂质,并且由于蛋白质的分解和酶的氧化,会产生难闻气味,颜色变深沉不再是纯白色,是天然橡胶加工厂主要的环境污染来源,影响了制品品质。

(2)微生物凝固

在自然凝固中观察到微生物参与胶乳凝固过程后,John C. K等(1971)首先在胶乳中加入了外源微生物及微生物繁殖所需营养物质,研究发现随着微生物的加入,能加快胶乳的团聚并大大缩短了胶乳凝固时间。姜士宽等(2011)研究了不同用量微生物凝固液和不同凝固气温后发现,在微生物凝固液用量为10%时胶乳凝固速度最快为12小时,气温在25℃以上能加快胶乳的凝固。加入辅助凝固剂后鲜胶乳凝固更加迅速,最快可在8小时内完成凝固,但同时综合性能是否变差有待下一步考证。李程鹏等(2007)对微生物凝固的天然橡胶采用恒黏剂来调节性能,发现加入盐酸羟胺会降低塑性初值及凝胶含量。佘晓东等(2008)发现随着自然贮存的时间延长,微生物凝固的天然橡胶分子会持续进行交联反应,分子量及塑性初值(P_0)也随之逐渐增大。

随着微生物凝固对天然橡胶性能影响研究的深入,曾涛等(2016)发现微生物凝固胶在硫化特性方面和力学性能方面相对于其他凝固方式的更好,橡胶粒子的分子量大小及分布变化不大。张胜君等(2010)在研究如何兼顾天然橡胶微生物凝固速度和综合性能时发现,天然橡胶在微生物凝固的同时加入纤维素、硬脂酸和异辛醇辅助快速凝固后,提高天然橡胶中的蛋白质含量,并且力学性能得到了提高,其中拉伸强度提升了3.1MPa、撕裂强度提升了6.6kN/m。

使用微生物凝固在减少促进天然橡胶凝固时间的同时,微生物种类繁多也为微生物凝固工艺本身提供了更大的研究空间。但和自然凝固存在的问题一样,产生污染环境的恶臭气体,颜色加深影响制品品质。

(3)酸凝固

从天然橡胶制品生产至今,由于甲酸、乙酸和硫酸等各类酸的易得性,天然橡胶的酸凝固一直被广泛运用于生产中。酸凝固的本质就是增大橡胶粒子环境中的H^+含量,降低胶乳中的pH值,达到蛋白质的等电点且表面电荷为零,失去排斥力后的橡胶粒子相互团聚凝块。相对比自然凝固的天然橡胶而言，酸凝固主要是在加工厂集中凝固，得到的天然橡胶干胶品质较好、较为干净。

20世纪80年代，马来西亚橡胶研究院发现用硫酸来凝固天然橡胶会降低橡胶的老化性能和老化后的拉伸强度，门尼黏度很低，硫化特性较差。与此同时，国内酸凝固方向逐渐从乙酸凝固转移到甲酸凝固，对比发现甲酸凝固的天然橡胶具有凝固速度较快、成本较低、干胶成品率较高以及理化指标变化较小等优点，但甲酸腐蚀性更强，对设备及人工技术要求也更高。杨磊等（2001）在后面的研究中发现使用甲酸凝固的天然橡胶干胶样品具有优良的热稳定性和硫化特性，甲酸代替了传统的硫酸作为较好的酸凝固剂逐渐在工厂加工中普及。何双等（2019）在酸凝固的同时用真空辅助凝固，研究表明随着真空度的增加，借助真空辅助凝固的天然橡胶，其老化性能、硫化特性及物理机械性能均高于传统酸凝固，且具有更好的加工性能。

酸凝固的优点在于便于统一化管理、适合大批量生产以及产品品质差别较小，也是现在各个工厂中普遍使用的天然橡胶凝固技术，但它所存在的凝固时间长、污染环境和损害了天然橡胶各项综合性能等这些缺点也是不容忽视的。

(4) 盐凝固

盐凝固的原理主要在于两个方面：一是类似酸凝固。在胶乳的液相环境中盐电离产生阴阳离子，阳离子代替了酸凝固中的一价 H^+ 去压缩双电子层降低电动电位，橡胶粒子因为排斥力逐渐消失而进行了团聚黏结。二是高价金属阳离子和橡胶粒子表面保护层脂肪酸相结合，降低橡胶粒子之间的稳定性从而产生凝固现象。

Newton E B 等（1956）在20世纪60年代就发现，加入钙、镁等金属离子盐和锌的强碱弱酸盐时能加快天然橡胶的凝固速度，其中二价阳离子钙离子的影响最为明显，凝固速度也最快。与酸凝固使用 H^+ 把胶乳 pH 值降低不同的是，盐凝固方式在较高 pH 值下也能发生凝固。谢长洪和何忠建（2008）在氯化钙凝固天然橡胶的基础上，加入了表面活性剂十二烷基硫酸钠，发现在适当用量下凝固后的天然橡胶力学性能有所提升。汪传生等（2019）考虑到海水中有盐和生物酶成分的存在，和其他凝固方式进行比较，发现在加热凝固的过程中海水中的金属离子促进交联，增大了天然橡胶的交联密度，提高了硫化胶的硬度和综合力学性能，同时海水中存在的生物酶成分在热分解作用下提高了天然橡胶的相对分子质量。

盐凝固的优势在于凝固速度快、环境污染小、成本比较低，凝固后的天然橡胶总体综合力学性能比较好。但金属离子含量过高，导致橡胶生胶硬度大影响加工、抗老化性降低，不利于在工厂中推广使用。

(5) 其他凝固方式

随着对天然橡胶凝固研究的深入，也有越来越多的方法出现，比如加入酶、微波、加热、真空破坏等，都是在破坏橡胶粒子稳定性的基础上对天然橡胶进行凝固。

刘彦妮等（2016）发现碱性蛋白酶和溶菌酶的加入能让天然橡胶发生凝固，碱性蛋白酶的加入降低了天然橡胶的压缩生热、加快了硫化速率；溶菌酶则提高了天然橡胶的交联密度、拉伸强度以及抗氧老化性能，并且由于它的抑菌作用，在凝固过程中不产生异味。杨仲田等(1998)发现在微波中,胶乳中的极性分子会从原有的混乱排序状态下转变为电场方向进行取向运动,分子间运动剧烈摩擦产生热能,造成了天然橡胶的凝固。马志武等(2012)用水浴锅进行加热凝固实验发现,热凝固能够提升天然橡胶的力学性能,并能够保留较多的非橡胶组分提升天然橡胶的硫化特性。雷统席等(2011)通过真空让橡胶粒子进行膨胀、破裂并迅速释放内部物质,破坏橡胶粒子表面电荷平衡,在负压状态下加速交联实现快速凝固,并在不损失内部非胶组分的情况下,得到的干胶产品硫化特性好、抗氧老化性能强以及具有较为优良的综合力学性能。

微波、加热和真空等物理凝固手段尚且处于实验室研究阶段,操作难度大、能耗高、工艺控制困难,远远没有达到工厂生产的程度,局限性较大。不过随着研究的深入和技术的发展,这些能够提升天然橡胶各项指标和综合性能的凝固方法也会出现在天然橡胶加工工艺之中。

综上所述,天然橡胶的各种凝固方式,本质是通过生物、化学或物理手段降低天然橡胶粒子间的稳定性,从而使之进行交联产生凝固现象,区别在于不同的方法凝固后会对天然橡胶干胶各项指标及综合性能产生不同的影响,所以凝固是天然橡胶加工过程中比较重要的一步。自然凝固和微生物凝固操作简单但凝固过程中产生的气体会污染环境,干胶成品具有较好的抗氧化性和硫化特性;酸凝固成本很低,但易腐蚀设备、影响产品性能;盐凝固的凝固速度快、产品力学性能较好,但抗老化性和加工性偏低;物理凝固的各项性能均较为优良。

3. 挂片脱水

挂片脱水是天然橡胶脱水过程中一个较为重要的工艺,它能有效地除去胶片表面的自由水,减少天然橡胶的烘干时间,降低高温干燥过程对天然橡胶性能的影响。并且能够在悬挂过程中促进橡胶分子间的交联,提升天然橡胶的综合性能。李金凤(2013)发现天然橡胶经过挂片工艺后,能增加橡胶分子间的交联作用并且改变橡胶分子的硫化结构,提升了天然橡胶的质量稳定性、耐老化性能和加工性能;黄桂春等(2014)在生产高性能天然橡胶过程中发现,经挂片后能够减小对橡胶分子链的破坏,使产品具有高性能、高质量和高回收率。

研究挂片过程中发现,在这期间橡胶分子链之间的反应变化,主要是过氧化氢基团、醛基和环氧基团等几种不同的基团相互变化转化所造成的。橡胶链上-H键会形成自由基被氧化成为氢过氧化物,并继续转变成为醛基,而醛基容易与邻近分子链的不稳定氧原子发生缩合反应,Sekhar等(1958)认为醛基缩合主要是通过醇醛缩合发生交联的。Burfield等(1974)研究证实了天然橡胶分子链上有环氧基团,通过生物酶催化作用产生,分子量越高的橡胶分子链的环氧基团分布比例就越高。同时,会作用于天然橡胶内的胺类化合物,两个相邻的环氧基团相互开环交联,提高了橡胶分子链间的交联性。除了基团之间相互作用,短分子链也有起着"黏合剂"的作用,Ngolemasango等(2003)通过对天然橡胶分子量的分析,发现短橡胶分子链含量较多的样品中交联趋势更加明显,推测是因为分子链含量较多能够提供更多的自由端基,端基之间相互作用,为长分子链的交联提供了桥梁。

4. 干燥

近年来,国内外主要的天然橡胶干燥手段是使用热风介质干燥,Bouyer D(2009)与

Tekasakul P 等（2015）研究发现天然橡胶作为热的不良导体，热风所产生的热量在橡胶表面干燥后不易传导到橡胶内部，容易在天然橡胶中出现白点及夹生现象。这也是造成目前中国国内天然橡胶质量一致性较差的原因之一，限制国产天然橡胶在高端领域的应用；da Silva A C 和 Monteiro R L 等（2016）针对热风干燥较慢、干燥不均等问题，试验发现微波干燥具有高热效率、装备占地面积小、节能环保等优点，被广泛应用在食品和药品等行业；王永周等（2009）设计使用微波干燥设备测试天然橡胶样品的含水率，在此基础上建立了干燥动力学模型，发现微波干燥由橡胶粒子内部开始，向外层逐渐扩散，解决了天然橡胶不能快速干燥和内部夹生的问题；张福全等（2011）对比研究了自然干燥、热空气干燥和微波干燥三种干燥方式对天然橡胶老化性能的影响，发现热空气干燥天然橡胶力学性能降低较多，而微波干燥后的天然橡胶表现出来的力学性能是最好的，并且能在干燥过程中保持橡胶分子链结构，热氧耐老化性较好。周省委（2019）对比直接干燥、微波干燥、烟熏干燥及絮胶干燥对天然橡胶的影响展开研究，发现微波干燥用时最短且橡胶基本无夹生胶情况，橡胶纯胶和炭黑/白炭黑填充橡胶的物理性能均较为优良。

在天然橡胶加工的工业化阶段，微波干燥面临的问题是微波功率不好控制，在微波干燥后期失水速率较慢，干燥效果也越来越差，并且会损害天然橡胶性能；高宏华等（2017）从天然橡胶的结构和性能出发，设计出热风—微波耦合天然橡胶干燥机，先用热风干燥大部分结合水，再用微波干燥橡胶内部的结合水和自由水。后期研究发现，这样处理会略微降低天然橡胶耐老化性、分子量、塑性初值及塑性保持率。肖瑶等（2020）对国产天然橡胶利用高温雾化干燥技术后发现，其拉伸强度甚至可以达到烟片胶的标准，并且有着良好的抗湿滑性和低滚动阻力性；汪传生等（2019）采用雾化干燥法混炼，较传统湿法混炼和传统干法混炼，具有更好的分散性、交联性、耐老化性和导热性。

目前，国内外普遍采用的热空气干燥手段主要受限于天然橡胶的导热性不好，表面完全干燥后热量传到橡胶内部较少而使橡胶内部容易产生夹生点，对天然橡胶的性能影响很大。微波干燥和雾化干燥具有时间快、影响小和绿色环保等优点，甚至在某些方面能够提升天然橡胶的综合性能，这在以后研究应用中是比较好的切入点。

二、高性能天然橡胶加工工艺与设备研究进展

针对传统技术分级橡胶生产工艺中的原料处理、脱水造粒、干燥等工段存在的弊端，研究低碳环保、节能减排、提升质量的新工艺新设备，形成一系列低碳绿色加工技术与装备。技术装备主要涵盖鲜胶乳生物凝固技术、脱水技术、干燥技术、自动化包装及新型天然橡胶加工技术集成示范等。

(一)工艺与技术

1. 凝固

(1) 微生物凝固

由中国热带农业科学院农产品加工研究所开发。利用筛选出的一种微生物的培养液代替传统有机酸来快速凝固无氨或低氨保存鲜胶乳，可使其在 0.5~2 小时内凝固，凝固成本与传统酸凝固工艺相比下降 37%~57%，产品的拉伸强度提高 10% 以上，达到农业行业标

准《天然生胶 子午线轮胎橡胶》(NY/T 459—2011)的质量要求,为制备高性能天然橡胶提供了一个较好的选择。该技术在云南和海南垦区分别建立了微生物凝固天然橡胶示范生产线(图4-43),并通过农业部科技成果鉴定(农科果鉴字〔2005〕第052号),获中华农业科技奖三等奖。

图4-43 微生物凝固中试生产线及生产运行

(2)酶凝固

采用一系列酶如碱性蛋白酶、菠萝酶、木瓜酶等配制成的溶液,代替有机酸添加到新鲜天然胶乳中,通过蛋白酶水解橡胶粒子表面的蛋白质,使得胶乳稳定性被破坏而凝固。该方法与传统酸凝固相比不需加酸,也无需增加土建及设施设备,绿色环保,所得到的天然橡胶硫化速率快,物理机械性能好(表4-24)。

表4-24 不同凝固方式橡胶产品检验结果

凝固方式	拉伸强度(MPa)	扯断伸长率(%)	定伸100(MPa)	定伸300(MPa)	撕裂强度(kN/m)	硬度	硫化条件
酸凝固	20.19	753.21	0.71	1.56	26.51	38.0	143℃,30分钟
酶凝固	24.42	830.87	0.82	1.86	30.69	39.0	
	24.44	857.58	0.76	1.65	31.18	39.0	
	23.91	838.73	0.79	1.74	30.89	39.0	
	23.69	764.34	0.87	1.99	31.45	40.0	
	23.63	840.95	0.76	1.65	30.81	39.0	

(3)电泳絮凝

针对天然胶乳凝固时需要熟化处理以及产生大量废水问题,北京化工大学利用橡胶粒子带负电荷的特性采用电泳法凝固天然胶乳(图4-44)。该技术较为新颖且将废水综合处理利用技术结合在一起,但目前处理量太小,需要进一步扩大电泳装备的产能。

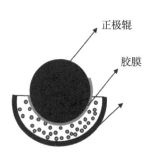 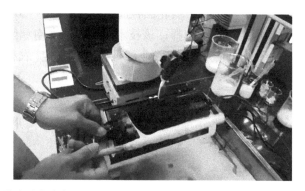

图 4-44 天然胶乳电泳絮凝技术

电泳絮凝装置的主体为圆柱状的电极装置,在胶乳中旋转可凝集橡胶粒子实现连续出胶,提取效率高,大大减少了絮凝时间,而且出胶后无需水洗可直接烘干,装置简单易行(图 4-45)。

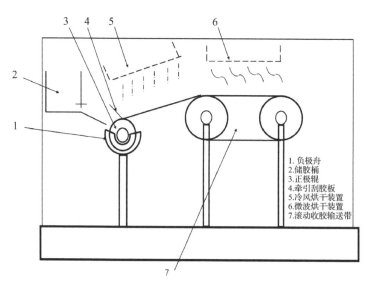

图 4-45 电泳絮凝干燥装置示意

胶乳高压喷射自絮凝:青岛科技大学开展了天然胶乳高压喷射自絮凝技术的研究,利用高温瞬间把橡胶分子保护层破坏并将剩余水分干燥,成本可控制在 1500 元/t 以下。但生胶杂质含量偏高,达 0.14%,如图 4-46。

2. 熟化

(1)凝块熟化

将鲜胶乳凝固成湿凝块后堆放熟化一定时间,随着熟化时间的增加,天然橡胶中氮含量和磷含量逐渐降低,丙酮溶物含量先增加后减少,天然橡胶分子交联程度加大,混炼胶硫化速率加快,硫化胶的拉伸强度、撕裂强度明显提高,合理控制湿凝块的熟化时间是制备高性能天然橡胶相对重要的环节,通常熟化 1~3 天,可使产品拉伸强度提高 10%。

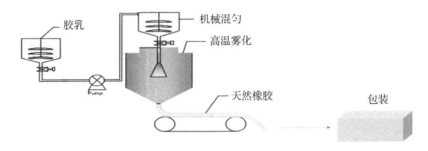

图 4-46 天然胶乳高压喷射自絮凝技术

(2) 挂片熟化

挂片脱水是传统烟胶片加工的工艺环节之一。已有研究表明,悬挂能有效去除胶粒间的自由水外,还能促进橡胶分子间的交联,改变橡胶分子之间硫化结构,提升天然橡胶的综合性能及质量稳定性。在制备高性能天然橡胶时,通常与凝块熟化工艺相结合,采取挂片晾挂 3~15 天的方法操作。

3. 脱水造粒

针对天然橡胶传统绉片、造粒技术能耗高、胶粒含水率高(>30%)、胶料干燥时间长的问题,中国热带农业科学院农产品加工研究所研发出了单螺杆挤出膨胀造粒技术。该技术集挤压脱水,膨胀、造粒为一体,将湿天然橡胶含水率降低至 20% 以下、胶粒结构疏松,生产每吨干胶可节约用电 50 度、节约用水 40%、减少废水排放 35%,实现节能减排、清洁生产,解决企业生产过程中胶粒含水量过高的问题。该技术已通过农业部的技术成果鉴定(农科果鉴字〔2012〕第 18 号),如图 4-47。

图 4-47 单螺杆挤出膨胀造粒技术

单螺杆脱水机:集脱水、挤出和造粒为一体,在脱水段,随着单螺杆的转动,湿胶料沿着锥形机筒的直径逐渐变小(螺杆的杆径由大变小)的方向推进,螺杆上螺纹的螺距由大到小,相应的螺槽容积也沿着胶料的推进方向由大变小,加上机筒内表面沿着轴线方向设有防滑槽对湿胶料的摩擦作用,湿胶料中的水很快被分离排出;进入挤出段,螺杆的巨大扭力和沿着机筒的圆周固定螺钉销的巨大撕裂力以及由大变小的螺槽容积的挤压力,附加较高温度的作用,当湿胶料通过挤出板时,瞬间产生膨胀闪爆,原有致密的结构变得疏松,大部分水分变成水蒸气挥发;同时切粒装置将胶料切成粒状(图4-48)。因此,赋予了单螺杆脱水机能使湿胶料的含水量降到20%以下,比传统脱水机节能10%、节水40%和减排35%的能力。

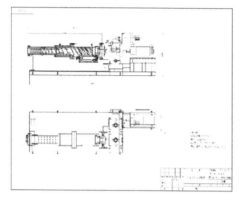

图4-48 单螺杆脱水机

4. 干燥

天然橡胶微波干燥技术:针对传统的热风干燥技术采用煤炭、重油、天然气等作为热源,燃烧时会释放大量的CO_2、SO_2气体,造成严重的环境污染问题以及干燥效率低等问题,中国热带农业科学院农产品加工研究所研发出天然橡胶微波干燥技术,干燥时间由热空气干燥的3~4小时缩短到30~45分钟,实现CO_2、SO_2零排放,且天然橡胶结构疏松、性能好(图4-49、表4-25)。该技术同时研制出天然橡胶微波干燥机(图4-50),并通过农业部成果鉴定(农科果鉴字〔2007〕第065号)。

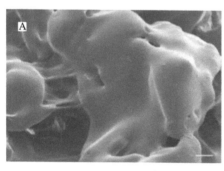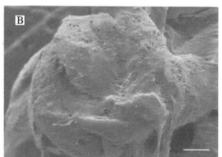

图4-49 两种干燥技术对天然橡胶微观结构的影响
A. 热风干燥;B. 微波干燥

表4-25 两种干燥技术对天然橡胶性能的影响

性能	热空气干燥	微波干燥
拉伸强度(MPa)	22.72	23.37
扯断伸长率(%)	852	899

图 4-50 天然橡胶微波干燥机

此外，人们还研究了天然橡胶太阳能干燥技术、红外干燥技术及热泵干燥技术。每种方法各有其优缺点，今后多能源联合干燥技术将会是一个可能的选择。

5. 打包包装

目前，天然橡胶的干燥和包装生产线的推车、卸料及打包装载工序均需人工操作，每条生产线干燥和包装工序需 11~20 名工人，生产效率极低，已成为制约天然橡胶初加工业可持续发展的瓶颈问题。针对该问题，海南信荣橡胶机械有限公司研发出两款自动化干燥、包装生产线，每条生产线仅需 4~6 名工人可节省 50% 劳动力，能耗降低 30%，大幅度提高天然橡胶干燥、包装设备的自动化水平（图 4-51）。

打包机

卸胶机

传输带

包装机

图 4-51 天然橡胶自动包装技术

6. 恒黏天然橡胶制备新技术

针对天然橡胶在贮存过程中产生储存硬化现象，导致橡胶制品加工时工艺波动较大的问题，中国热带农业科学院农产品加工研究所、青岛科技大学分别采用2-巯基苯并噻唑、烷基肼化合物作为天然橡胶的新型恒黏剂，取得了较好的恒黏效果。中国热带农业科学院橡胶研究所采用氧化剂氧化端基上的醛基，阻止橡胶分子链之间醛基的缩合反应，取得了较好的恒黏效果（表4-26、图4-52）。

表4-26 生胶在加速贮存过程中的变化

项目	ΔP_0	$P_0(\downarrow)$	Mv	$\Delta Mv(\uparrow)$
对照样	44.0	9.0	81	14
0.1%，浸泡20分钟	49.0	13.3	81	19
0.1%，浸泡20分钟	47.2	13.1	82	15
0.1%，浸泡20分钟	48.1	12.2	81	17
0.2%，浸泡20分钟	45.4	14.3	79	10
0.2%，浸泡20分钟	44.7	16.0	77	12
0.2%，浸泡20分钟	45.3	12.2	78	11
0.5%，浸泡20分钟	41.2	7.5	78	5
0.5%，浸泡20分钟	40.4	7.6	78	5
0.5%，浸泡20分钟	40.8	6.3	77	5
1%，浸泡20分钟	37.3	7.0	73	5
1%，浸泡40分钟	38.7	6.2	74	6
1%，浸泡60分钟	37.9	3.5	73	4

图4-52 恒黏胶示范生产

7. 低蛋白质天然橡胶生产技术

研究利用生物的方法，去除鲜胶乳中蛋白质的生产工艺，控制技术分级橡胶中氮含量在0.1%以下——"一种提高脱蛋白天然橡胶抗氧老化性能的方法"获授权专利（专利号：ZL 2010 1 0183070.7）。通过竞争，该技术获得国家国防科技工业局批准，列为071项目资助。经过3年的研究，形成了低蛋白质天然橡胶生产工艺，建立了一条中试生产线，完成了项目的各项任务，顺利通过国家国防科技工业局验收。

8. 高性能天然橡胶加工技术

采用生物凝固天然橡胶鲜胶乳，结合凝块熟化工艺、挂片晾片工艺、低温干燥工艺制备高性能天然橡胶，产品硫化胶 $P_0 > 40$、$PRI > 70$、门尼黏度>80、拉伸强度达到 25.93MPa、断裂伸长率$>800\%$、30℃压缩疲劳生热 4.9℃，屈挠龟裂 125000 次，满足高端橡胶制品的生产加工的要求，如图 4-53。

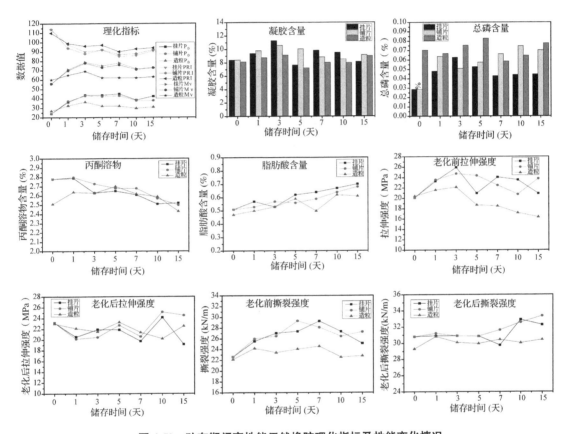

图 4-53 贮存期间高性能天然橡胶理化指标及性能变化情况

(二) 天然橡胶加工示范生产线

1. 天然橡胶低碳绿色加工示范生产线

中国热带农业科学院农产品加工研究所将单螺杆脱水机和微波干燥机等与干搅机、冷却装置、打包机等设备设施配套建设 2t/小时天然橡胶低碳加工生产线，通过对压片、温度、压力、速度等工艺参数优化，对微生物凝固胶片、酸凝固橡胶、恒黏橡胶等胶种进行示范性生产，解决现生产工艺中高温长时间干燥、影响产品质量一致性的突出问题，如图 4-54。

图 4-54 2t/小时天然橡胶低碳加工生产线及热泵干燥机

2. 海南金隆天然橡胶自动化加工生产线

海南天然橡胶产业集团股份有限公司将单螺杆脱水造粒技术与自动干燥、打包技术集成,在金隆加工厂建成了中国第一条天然橡胶自动化加工生产线。

3. 西双版纳中化天然橡胶自动化加工生产线

西双版纳中化橡胶有限公司利用智能化仪表和信息技术手段对现有天然橡胶传统加工工艺进行生产优化自动化控制改造,通过甲酸的集中配制,实现了 SCRWF 胶乳加酸凝固混合配比的自动化;实现干燥系统的自动化跟踪和控制,为橡胶加工行业精准干燥提供了基础理论依据,初步实现了天然橡胶加工过程的数控管理(图 4-55)。

图 4-55 西双版纳中化天然橡胶自动化加工生产线

4. 高性能胶片自动化加工生产线

针对国内高端制品用胶尤其是军工装备用胶长期依赖进口的问题,中国热带农业科学院橡胶研究所开展了高性能胶片加工工艺的优化及自动化加工技术与装备的研发。通过控制胶片厚度、采用低温热泵干燥技术可将生产周期降到 4 天,硫化胶的拉伸强度、撕裂强度、扯断伸长率、屈挠温升分别为 25.93MPa、27.03kN/m、878%、4.9℃,达到航空轮胎用胶标准(表4-27)。同时设计并建设了国内外首条高性能胶片自动化生产线,实现了胶片自动传输、裁片、挂片、下片、打包整个过程的自动化,显著提高了高性能胶片的生产效率(图4-56至图4-58)。

表4-27 自研胶(WG3)与印尼一级烟片胶(YNRSS1)、航空轮胎胶指标对比

测试项目	WG3	WP3	民航轮胎胶指标
拉伸强度(MPa)	25.93	24.74	≥23.0
扯断伸长率(%)	878	749	≥800
门尼黏度	79	78	60~80
撕裂强度(kN/m)	31.18	26.50	≥26
压缩疲劳生热(℃)	4.9	7.1	≤10
挥发物(%)	0.5	0.6	≤0.6
灰分(%)	0.30	0.30	≤0.5
杂质(45μm筛,%)	0.02	0.02	≤0.03

图4-56 天然橡胶绉片裁片系统

图4-57 高性能天然橡胶低温热泵干燥系统

图4-58 高性能天然橡胶自动挂片晾片系统

三、浓缩天然胶乳加工工艺与设备研究进展

(一)低氨、无氨浓缩胶乳加工技术

针对高浓度氨水对浓缩胶乳、乳胶制品生产造成的环境污染问题,研发出HY、LS、HM、BCT-2、HB等5大系列保存体系,形成天然胶乳低氨、无氨保存新技术,实现了浓缩胶乳、乳胶制品的绿色加工生产。该技术采用水溶性、不挥发的广谱抗(抑)菌剂作为天然胶乳第一保存剂,基本不改变浓缩胶乳的生产工艺,保存期达6个月以上,产品具有优异的成膜特性、干燥特性及物理机械性能等,达到国家标准GB/T 8081—2016要求。该技术成果2018年通过了农业农村部成果技术评价,达"世界先进"水平,并荣获海南省科技进步奖三等奖。当前,低氨浓缩胶乳生产成本比高氨浓缩胶乳高出20~50元/t,无氨浓缩胶乳生产成本比高氨浓缩胶乳高出60~100元/t,生产的低氨、无氨浓缩胶乳已用于胶乳发泡制品、胶黏剂、手套、探空气球、导尿管等乳胶制品的生产(图4-59)。

图4-59 天然胶乳低氨及无氨保存技术及其应用

此外,北京天一瑞博科技发展有限公司与海胶集团联合开展了无氨浓缩胶乳的研制及乳胶制品的生产应用试验,但无氨浓缩胶乳的工艺性能及产品的物理机械性能还有待进一步的提升。

(二)天然胶乳高效自动除渣离心机

针对浓缩天然胶乳离心生产过程中为保证离心效果,每班次均需人工停机拆洗2~3次离心机,以清除胶渣,从而影响生产效率的问题,中国热带农业科学院橡胶研究所与南京中船绿洲机械有限公司合作设计自动除渣离心机。多批次的生产试验表明,所试制的自动除渣离心机可以平稳运行8小时再停机清洗,且排渣前后浓缩胶乳的质量(总固、干含)一直较为稳定,但中性孔和碟片间有凝胶出现,还需继续对自动除渣离心机的中性孔等结构进行改造,有望解决目前离心浓缩胶乳生产过程中需多次停机拆洗的问题(图4-60)。

图 4-60　自动除渣胶乳离心机及在线控制系统

第三节　澜湄国家天然橡胶初加工产业发展现状

天然橡胶受地域分布的影响，产品具有不可替代性，是一种典型的资源约束型产业。澜湄国家因特殊的地理位置而成为世界天然橡胶的主产区，同时他们也同样处于总体工业欠发达地区，再加上天然胶乳是天然生物合成的产物，其成分易受各种自然因素的影响，差异极大，又极易变质腐败，必须及时加工，进而在某种程度上制约了初加工业的连续化、机械化、自动化的发展，且产品工艺性能和产品质量一致性较差，因此从宏观上讲，天然橡胶加工业虽然有 100 多年的发展历史，但总体工业水平却远远比不上其他化学工业。从小范围看，澜湄六国之间的地理位置与经济发展状况又彼此不同，所以各国间天然橡胶初加工产业发展也有所区别。

一、中国天然橡胶初加工产业发展现状

中国天然橡胶初加工产业主要生产技术分级橡胶（标准橡胶）及浓缩天然胶乳，产品为全乳胶（WF），占总产量的 80%，主要采取胶园加氨保存胶乳，集中到加工厂加酸凝固，经过造粒、干燥、打包制成，实现了生产工艺和设备连续化、机械化，产品质量大幅度提高，一致性较好。同时，也开发了天然胶乳低氨无氨保存、胶乳微生物凝固、废水气处理等技术，可有效控制初产品质量，降低加工本，提升加工效率，保障生产环境生态安全。此外，天然橡胶脱水造粒设备、清洁能源干燥、自动化加工等方面的研发应用也有突破性进展，推动了天然橡胶低碳、绿色、高效加工技术的发展。

自 2001 年以来中国均为全球最大的天然橡胶消费国，近年消费量平均仍以每年 30 万 t 左右的速度持续增长，2020 年天然橡胶消费量约 560 万 t，而中国天然橡胶年产量约 80 万 t，自给率不足 15%，远低于国家的安全供给线。由于国产天然橡胶无烟胶片品种，主要生产技术分级橡胶，其性能相对偏低，质量一致性差，难以满足高端制品的用胶要求，导致中国高端制品专用天然橡胶原料全部依赖进口，使得国家战略资源的供给安全难以保障。另外，中国在天然橡胶国际市场竞争力小，橡胶加工企业的效益差，以至于相比其他加工

业，天然橡胶初加工业发展相对缓慢，普遍存在着设备革新慢、能耗高、污染大、新技术成果转化难等问题，导致国内天然橡胶初加工业发展面临严峻挑战。

目前，中国天然橡胶初加工产业正以"提质增效、节能降本"为发展目标，着手从以下几个方面解决中国天然橡胶初加工领域存在的问题。

①注重高性能天然橡胶加工新技术的研发，联合天然橡胶生产、加工及高端橡胶制品生产科研单位、企业，开展高性能天然橡胶加工新技术的研究，进行联合攻关，重点突破航空轮胎、高铁减震、坦克负重轮等制品专用胶的加工技术，建立具有自主知识产权的高端制品专用天然橡胶加工技术体系。

②进一步完善低氨、无氨浓缩胶乳的保存体系、实现低氨、无氨浓缩胶乳的产业化，改善橡胶加工及制品企业生产车间的环境，降低废水处理成本及难度；开展机械自动化装备在天然橡胶加工领域的应用研究，并加快微生物凝固和热泵干燥技术的推广，提高橡胶加工企业的生产效率，降低其生产成本，提升中国天然橡胶加工产业的核心竞争力。

③大力发展生物治理技术，筛选对天然橡胶干燥及凝杂胶堆积臭气有降解作用的菌种，配制成除臭液处理天然橡胶加工臭气，改善橡胶加工生产车间及周边环境；采用微生物处理天然橡胶加工废水降低企业废水处理成本，有效减少污染物排放量，并实现资源的循环利用。

二、缅甸天然橡胶初加工产业发展现状

橡胶是缅甸重要的出口产品，被称为"白色的金子"，一度在国际市场上占有一定比例的配额。然而，由于缅甸天然橡胶产品加工总体技术水平较落后，产品质量较差，加工产品比较单一，加上大部分胶农未掌握新技术，缅甸橡胶产业一直没有突破性发展。缅甸年产20多万t橡胶，其中大部分销往中国，同时还出口到新加坡、印度尼西亚、马来西亚、越南、韩国、印度、日本等国家。由于缺乏机械和技术，缅甸仅出口胶片。

目前，缅甸拥有9个农业研究机构，1所综合性农业大学和7所专业农业学校，而适合缅甸橡胶产业应用的天然橡胶生产技术成果少，政府没有培训机制和培训能力，每年农业专业在校生不到5000人，农业技术人才十分缺乏，与其70%人员从事农业的现状极不相符。

缅甸发展天然橡胶存在的问题：①基地生产的组织优势不明显，技术、产量水平、规模水平不高。②橡胶初、深加工水平比较单一落后，主要以加工烟熏胶片为主，出口附加值不高。③栽培管理、产品加工技术措施不到位，产品质量水平低，缺乏人才和培训，科技推广能力弱。

针对缅甸天然橡胶加工技术水平低下、下游橡胶制造业发展落后的现状，缅甸亟待发展中下游天然橡胶产业。在中游橡胶加工环节，对橡胶加工业进行技术升级，提高橡胶质量和增加橡胶品种，增加中游环节的增加值；在下游橡胶制造环节，进行下游橡胶产业升级，使天然橡胶业产业结构高度化，增加天然橡胶的消费比例，提高下游橡胶制造业的产业地位。然而，缅甸工业基础薄弱、基础设施落后，且其发展目标建成以农业为基础的工业化国家，天然橡胶发展重心仍在上游橡胶种植业。因此，缅甸天然橡胶产业升级内生驱

动力不足，主要通过吸引外资和技术的方式进行中下游橡胶产业升级，但发展前景远不如上游橡胶种植业良好。

三、老挝天然橡胶初加工产业发展现状

老挝是传统农业国，农业生产占老挝国民经济 1/3 的比重，但由于整体农业生产力水平较低，尤其是适合老挝应用的天然橡胶生产技术成果少，政府没有培训机制和培训能力，全国性缺少熟练割胶工人，小胶农的生产技术仍然落后，导致产量低下、胶园死皮发生率高，达 20%以上。老挝国家天然橡胶标准体系尚属空白，橡胶产业基本无标准可言，管理上非常粗放，除了大型中资、越资企业外，本国没有一个橡胶产品检验室。中国、越南等国家投资者在生产过程中都各自采用本国标准，这些都严重阻碍了老挝橡胶产量和经济效益的提升。

由于经济不发达，农业的生产方式落后，老挝农业生产仍然停留在粗放的生产方式上。橡胶种植开垦不规范，缺乏专业指导。老挝政府层面对发展天然橡胶产业的重视程度不足，没有专门的政府部门对天然橡胶生产进行管理，也没有形成一套系统的适合老挝天然橡胶产业的发展规划及管理制度。据不完全统计，老挝现有橡胶加工厂 22 个，年产能约 23 万 t，其中 50%为中国企业投资建设。

四、泰国天然橡胶初加工产业发展现状

泰国是全球最大天然橡胶生产国，有得天独厚的自然条件。目前，泰国约有 600 万人从事天然橡胶的生产、加工和贸易，约占泰国总人口的 10%，可见泰国政府对橡胶产业的高度重视。同时，泰国政府对天然橡胶产业给予了强有力的政策支持，涉及生产、加工、贸易、市场、科研等。2020 年泰国橡胶总产量 437.2 万 t，占全球总产量的 33.5%，比 2019 年减产 9.9%。亩产 97.4kg，仅次于越南。橡胶生产由大型加工厂控制，这些加工厂通过当地经销商购买橡胶。

泰国橡胶加工业的特点是制胶加工工艺相对先进、生产规模大、机械化程度高、人均劳动生产率高，而且还非常重视对产品质量的检验。凡出口的橡胶，必须经过 ISO 2002 质量认证标准，否则产品降级或不允许出口。产品出厂检验相当严格，配备的检验人员素质较高，有一系列严格的检验管理制度，从而保证了产品的质量信誉。政府对加工厂建设提供低息贷款、加快工艺改造等措施。泰国天然橡胶产品按照生产胶种来划分，主要有标准胶、烟片、绉胶片、乳胶及风干胶，其中标准胶生产占比达 35%以上，烟片、乳胶等胶种基本在 20%上下水平。泰国生产的天然橡胶大部分用于出口，主要出口原料。新冠肺炎疫情全球大流行后，世界市场对橡胶制品的需求增加，也促进了泰国橡胶制品出口。2020年，泰国橡胶出口总额 35.25 亿美元，主要出口产品有 20 号标胶、RSS3 烟胶片和浓缩胶乳，分别占橡胶总出口额的 86.68%、90.1%和 19.55%，主要出口到中国、马来西亚、欧盟 27 国、英国、美国、日本、韩国和印度，出口中国 23.88 亿美元，比上年增长 2.8%，占泰国出口总额的 69.04%（图 4-61）。泰国橡胶制品的最大市场一直是中国，但目前正面临来自柬埔寨、老挝、缅甸和越南等邻国日益激烈的竞争，这些国家都建立了种植园，其

中许多种植园是由中国公司资助的。泰国出口市场的亮点仍然是对浓缩乳胶的需求，浓缩乳胶是制造乳胶手套和避孕套的关键原料。与此同时，轮胎行业对橡胶的需求增长已经放缓，原材料总体供大于求，特别是由于低油价和合成橡胶的高替代性也降低了天然橡胶在许多应用中的占比。

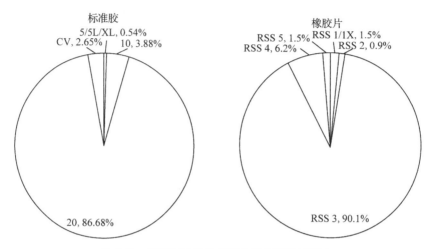

图 4-61 泰国标准胶和橡胶片出口额比重情况

但泰国下游橡胶产业发展相对滞后，天然橡胶消费量相对其产量较小。泰国下游橡胶产业的发展得益于其汽车制造业的发展，国外轮胎企业纷纷在泰国投资设厂，经过多年发展逐渐形成以轮胎为主导的橡胶制造业。2020 年，泰国天然橡胶消费量为 53.0 万 t，消费率仅为 15.1%，占世界天然橡胶消费总量的 4.8%。其中，约 60% 用于轮胎生产，19% 用于橡皮筋生产，14% 用于乳胶手套生产。

为使泰国橡胶工业发展尖端技术和产生附加值，提高竞争力，泰国除了是高品质橡胶的主要加工国和出口国外，还是天然橡胶产品的顶级研发中心。在政府对"泰国 4.0"政策的支持下，当地丰富的橡胶原材料供应和稳定的价格也为企业创造了许多开发高附加值产品的机会。特别是在医疗领域，生产医用手套、避孕套、导管、喂食管和静脉注射管都是潜在的投资目标，还有汽车和飞机领域的产品也符合政府的鼓励发展方向。另外，随着老胶园和低产种植园最终被淘汰，越来越多的橡胶木将成为更昂贵的硬木替代品。

五、柬埔寨天然橡胶初加工产业发展现状

据柬埔寨橡胶局统计，柬埔寨现有橡胶加工厂 34 个。其中，特本克蒙省 20 个，磅湛省 5 个，腊塔那基里省 4 个，其他省很少或没有加工厂。天然橡胶是柬埔寨重要的出口商品之一，仅次于稻米，由于橡胶制品工业还没有发展起来，生产的橡胶几乎全部出口，主要目的地国家是中国、越南、新加坡和马来西亚。对中国出口额占柬埔寨天然橡胶出口总额的 11.21%，其主流出口橡胶产品仍然是传统的烟片胶，通常采用小作坊生产，依赖人工挂片、晾片、生产周期长（20 天以上），效率低、污染大（烟熏）。烟片胶分级以外观分级，不注重产品质量的检测。烟片胶批次间质量一致性差，拉伸强度波动度可超过

10MPa，拉伸强度低于15MPa的烟片胶产品并不少见。柬埔寨橡胶产业技术研究开发及科技创新能力薄弱，虽然橡胶种植业快速发展，但是适合本国应用的天然橡胶生产技术成果少。政府没有培训机制和培训能力，全国性缺少熟练割胶工人。包括技术分级橡胶的质量分析检测体系也都没有健全，技术分级橡胶生产商仅关注生胶6项基本指标(灰分、杂质、挥发份、氮含量、P_0、PRI)，不重视产品性能指标的检测。胶乳、生胶片等初级产品加工原料被运到相邻国家加工，使柬埔寨橡胶种植者在价值链中处于低端，没有参与到收获后价值链管理，如原料收购、储藏等。

另外，柬埔寨基础设施极端落后、工业基础薄弱，交通不便、电力紧张、供水不足、通讯不畅、金融市场落后等都严重制约了天然橡胶产业升级，减弱了外资投资热情。

六、越南天然橡胶初加工产业发展现状

越南属于新兴天然橡胶生产国，也是东南亚第二大的天然橡胶进口国。越南之所以大量进口天然橡胶，是因为国产天然橡胶质量不能满足下游橡胶工业的要求。2012年，越南进口天然橡胶16.0万t，主要进口国为泰国、柬埔寨和印度尼西亚。越南进口的天然橡胶主要产品为STR20、RSS3、CSRL和RIR5，用于本地消费或加工后再出口。越南政府认为，国际市场需求快速增长和优惠的价格是天然橡胶产业发展的良好机遇，政府鼓励天然橡胶出口，各种形式的天然橡胶（包括复合橡胶）的出口税均为零。近5年来，越南是澜湄国家中唯一橡胶消费量、进口量和出口量均不断增加的国家，消费量年均增加5.13%，2020年消费量为23.66万t，预计2021年达到26.4万t，2020年进口量为66.02万t，比2016年增加57.83%，2020年出口量为167.1万t，比2016年增加33.34%。其中，复合胶和混合胶出口量为114.71万t，仅次于泰国。主要出口到中国、欧盟27国、英国、印度、韩国和马来西亚。越南出口中国的天然橡胶主要品种包括复合胶和混合胶、3L橡胶、胶乳、10号标胶、烟片胶等。2020年，越南出口到中国的出口额2.64亿美元，占越南橡胶总出口额的88.48%。

越南政府重视橡胶加工业的发展，在中部平原地区和东南部地区兴建一批天然橡胶加工厂，加强橡胶加工厂建设的资金投入，减少橡胶原料出口，提高橡胶出口产品的附加值。为了降低国际市场风险，要求橡胶生产商橡胶出口市场的多元化，减轻橡胶出口过度依赖中国市场，开拓北欧、北美等国际橡胶市场。

为提高橡胶经济效益，在积极发展橡胶种植业、扩大橡胶初级产品生产之外，越南政府还努力推动橡胶产业多样化，以便增加橡胶产品的附加值，最大限度地从橡胶产品上获取利益。越南政府的一个重要举措是开发胶树本身的木材价值。近年来，越南胶树种植的重点在于发展胶木兼优的无性系胶树，计划到2020年越南的胶树更新计划可以每年提供的胶树木材约为100万m^2。同时，强调橡胶制品工业的发展，并将此作为越南橡胶产业未来的发展重点，希望以此提高橡胶出口产品的附加值。1999年，越南政府专门邀请了中国橡胶工业设计研究院的专家前往越南考察越南橡胶行业，讨论了如何与中国加强经济技术合作、发展越南的轮胎、胶鞋等橡胶制品行业的问题。从2006年开始，越南将橡胶加工业作为其橡胶产业的发展重点，大力发展重型卡车、摩托车和自行车的轮胎和胶管，鼓

励发展高附加值的乳胶产品，如手套、床垫等。

越南天然橡胶产业发展中的不足在于天然橡胶相关标准制定及规范化方面仍需努力。由于缺乏统一的国家标准，种苗质量参差不齐。另外，越南出口中国的天然橡胶在生产、运输、销售等环节的竞争力仍不高。在建立研究中心、帮助企业提高能效和产品质量、技术革新及推广培训、加强深加工与高质量产品生产等方面仍有待提高。

第四节　澜湄合作机制下天然橡胶加工技术合作成效

澜沧江—湄公河合作（以下简称"澜湄合作"）是中国与柬埔寨、老挝、缅甸、泰国、越南共同发起和建设的新型次区域合作机制，旨在深化澜湄六国睦邻友好和务实合作，促进沿岸各国经济社会发展，打造澜湄流域经济发展带，建设澜湄国家命运共同体，助力东盟共同体建设和地区一体化进程，为推进南南合作和落实联合国 2030 年可持续发展议程作出贡献，共同维护和促进地区持续和平和发展繁荣。橡胶是澜湄国家重要的热带经济作物，天然橡胶产业在其国民经济中均占有重要地位。中国是全世界最大的天然橡胶消费国和进口国，作为天然橡胶主产区的澜湄五国在中国天然橡胶产业安全问题上都处于关键地位。而中国在天然胶种植、生产、加工和制造技术方面具备较大优势，能够为其他澜湄国家提供技术帮扶，形成互利互补、合作共赢的局面，使得天然橡胶产业成为澜湄合作中重要的突破口之一。

一、澜湄合作机制下中国海外天然橡胶加工厂的建立

早在中国橡胶企业实施"走出去"发展战略时，澜湄各国就是中国橡胶企业发展境外橡胶产业的首选。2002 年以来，以三大农垦为主导的中国橡胶企业，已在泰国、缅甸、柬埔寨等澜湄国家建立了橡胶园、加工厂，通过开展境外植胶与加工等方式取得了实质进展，初步建立海外天然橡胶生产基地，控制了澜湄地区部分天然橡胶资源。

云南天然橡胶产业集团有限公司全资控股的海外投资平台云南农垦云橡投资有限公司主动融入和积极服务国家"一带一路"倡议，大力实施农业"走出去"战略，通过投资、并购、合作等方式，在缅甸、柬埔寨、老挝替代种植天然橡胶并建设天然橡胶海外加工厂。预计到 2021 年，在老挝建设 8~10 个产能 2 万~4 万 t 的橡胶加工厂，实现产能规模 30 万 t，营业收入 45 亿元，资产规模 30 亿元，解决 30000 多人的就业。

海南农垦集团和海胶集团以东南亚国家作为合作目标区域，经过多次赴泰国、缅甸和老挝等国家开展考察交流工作，先后收购世界上最大的橡胶生产基地泰国泰华树胶（大众）有限公司 25%股权，大大增强了国际橡胶贸易资源的掌控能力。

广东农垦集团天然橡胶产业规模跃居全球前列，是全球唯一一家产品同时获得新加坡、东京、上海期货交易所交割认证的天然橡胶企业，其生产的"20 号标准胶"已成为上海期货交易所国际市场现货交割的重要定价参考。其海外业务主要分布于澜湄五国的泰国、柬埔寨和老挝。至 2020 年，广东省农垦集团已在泰国建立 6 家天然橡胶加工厂，年产超过 35 万 t，相当于泰国天然橡胶总产量的 10%左右。

中化国际(控股)股份有限公司(简称中化国际)的橡胶种植、加工等业务领域已经遍布澜湄地区,拥有海外橡胶初加工工厂十余家,有效提高了境外天然橡胶资源的供给能力。

二、澜湄合作机制下天然橡胶初加工技术输出情况

中国热带农业科学院橡胶研究所依托国际合作项目《澜湄五国天然橡胶栽培和加工技术集成示范》先后与柬埔寨、老挝等澜湄国家开展了天然橡胶初加工技术合作。

(一)柬埔寨橡胶研究所烟片胶生产线改造

柬埔寨的主流橡胶产品仍然是传统的烟片胶,主要存在的问题:①依赖人工挂片、晾片,生产周期长(20天以上),效率低,污染大(烟熏);②烟片胶分级以外观分级,不注重产品质量的检测。烟片胶批次间质量一致性差,拉伸强度波动度可超过10MPa,拉伸强度低于15MPa的烟片胶产品并不少见;③产品质量分析检测体系(含技术分级橡胶)没有健全,技术分级橡胶生产商仅关注生胶六项基本指标(灰分、杂质、挥发份、氮含量、P_0、PRI),不重视产品性能指标的检测。

项目通过与柬埔寨橡胶研究所合作,针对柬埔寨橡胶研究所现有烟胶片加工生产线设备老旧、生产效率低下,以及质量分析检测体系不健全等问题,中国热带农业科学院橡胶研究所为其加工生产线改造提供厂房选址、基建改造、设备选型、水电安装、运行调试等技术指导,并制造了五合一压片机(图4-62)、凝固槽和铝合金板等耗材,帮其解决烟片胶加工过程中的断片、掉片问题。五合一给片机及凝固槽的改造使加工效率明显提高,胶片质量均匀稳定。同时,考虑到当地技术配套设施的缺失会使技术示范效果大打折扣这一问题,提供了冲压机和铝合金板等耗材,从技术和物资方面支持柬埔寨烟片胶加工生产线改造,配套设备的保障极大地推动了相关技术快速推广(图4-63、图4-64)。

图4-62 验收输出柬埔寨的凝固槽和五合一压片机

注胶

搅匀插入分隔板

胶乳凝固后取出分

取出胶片准备烟熏

图 4-63　柬埔寨烟片胶加工厂用中国凝固槽生产胶片

图 4-64　柬埔寨凝固槽烟胶片生产

针对传统烟片胶需手工挂晾片、生产周期长、污染大的问题，中国热带农业科学院橡胶研究所研发了相应的高性能胶片加工技术及设备，以自动晾片代替人工手动操作，以低温热泵干燥代替烟熏干燥，使传统烟片胶生产工艺周期缩短到4天，制得的天然橡胶硫化胶拉伸强度达到27.83MPa，门尼黏度81.7，撕裂强度29.44kN/m，扯断伸长率808.29%，同时实现了胶片传输、裁片、挂片、下片、打包整个过程的自动化，生产效率提高100%以上（图4-65）。

图4-65 高性能胶片自动化示范生产线

柬埔寨橡胶研究所加工厂进行加工设备改造后，日加工量可达500t，大量收购附近胶农的胶乳并雇用临时工人到胶厂打工，胶农可以有两份收入，实现了胶农增收。

中国热带农业科学院与柬埔寨合作伙伴在柬埔寨橡胶加工厂成功生产柬埔寨5号标准胶和烟胶片，用于汽车轮胎和高级汽车轮胎等高端制品（图4-66）。

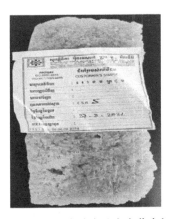

图4-66 柬埔寨特本克蒙省加工厂生产CSR5胶块和澜湄项目媒体宣传

2021年4月13日，时任国务委员兼外长王毅出席澜湄合作启动五周年招待会，集体会见了湄公河五国驻华使节，并参观澜湄合作专项基金成果展，项目所生产的高性能天然橡胶胶片被王毅外长亲自展示（图4-67）。

图4-67　王毅外长展示澜湄项目高性能胶片

（二）老挝橡胶加工厂建设

中国热带农业科学院专家指导老挝橡胶加工厂生产TSR20号标准胶和TSR9710号标准胶，标准胶生产线的建设可以提高橡胶加工厂的生产效率和产品一致性，降低企业的生产成本，产品性能媲美泰国标胶。用于普通汽车轮胎，工程车大型轮胎和高级防爆胎生产，具有摩擦力强、坚固耐用的特点（图4-68）。

图4-68　老挝南塔省南塔县橡胶加工厂及生产的TSR20胶块

(三)老挝橡胶初加工技术指导

2022年,中国热带农业科学院橡胶研究所与云橡投资有限公司合作,指导其在老挝建设天然橡胶凝标胶混合水洗20号胶示范生产线1条,通过调控湿凝胶熟化方式及时间、熟化温度及湿度来提高老挝凝标胶产品的质量一致性,为产品进入上海期货交易所交割验收奠定基础,对生产线运行及设备操作技术进行培训,同时帮助老挝加工厂完善检测条件建设,指导必要的分析仪器设备的购置与选型;与云橡投资有限公司一起推广规范使用凝固剂与保存原料技术,帮助其制定天然橡胶凝标胶生产技术规程及产品质量标准,并合作开展相关天然橡胶质量提升方面的科研工作,共同开发天然橡胶新产品,带动老挝等澜湄国家天然橡胶加工技术水平的提升。

第五章 澜湄合作科研与管理创新成果

在长期的澜湄国际合作项目支持下，中国热带农业科学院橡胶研究所与中国"走出去"企业云南农垦云橡投资有限公司和老挝云橡有限责任公司开展长期合作。针对老挝国家目前在天然橡胶良种繁育、芽接、开垦定植、胶林抚管、胶树病虫害防治、割胶、胶水凝固、原料存储、产品加工与检测等方面没有行业与国家标准，甚至不是国际标准化组织（ISO）标委会成员国，在天然橡胶产业标准上是空白的，导致在整个天然橡胶产业上各环节管理粗放，特别是老挝北部胶农割胶时对胶水凝固剂的使用与原料采收储存极其随意，导致橡胶加工企业按照常规生产工艺加工的 TSR20 的塑性初值塑 P_0、塑性保持率 PRI 数值很低，一致性差。为了提高 TSR20 的 P_0、PRI 数值与产品一致性，研究胶块破碎停放工艺对其 P_0、PRI 的影响。实验结果表明：通过胶块破碎停放适宜时间后生产的 TSR20 产品的 P_0、PRI 数值得到明显提高且达到中国国家标准值、一致性好，生产的 TSR20 可满足上海期货交易所对产品质量认证要求。

第一节 老挝北部橡胶原料生产 TSR20 质量与工艺的探究

天然橡胶是国家战略资源，在保障国民经济运行和国家安全等方面具有不可替代的作用。随着我国进入高质量发展阶段，天然橡胶需求总量和结构将面临新的变化，同时国内资源约束和国际市场竞争日益加剧，天然橡胶有效供给和产业健康发展面临诸多机遇和挑战。"十四五"时期，国家全面贯彻落实总体国家安全观，筑牢安全发展底板，坚持强化基础支撑，着力提高天然橡胶生产能力，确保战略资源安全。

依据《国务院关于建立粮食生产功能区和重要农产品生产保护区的指导意见》等文件，本着提高天然橡胶综合生产能力、确保战略资源安全的原则，规划到 2025 年，我国天然橡胶种植面积达 1750 万亩左右，产量达 83 万 t 以上，进一步提高国家战略资源的保障力度和自给能力。为确保战略资源安全，中资企业走出去在老挝发展天然橡胶产业，可以促进当地经济发展，营造睦邻安边的社会环境，造福中老两国人民，符合我国"睦邻、安邻、富邻"的外交理念，能为"一带一路"战略创造一个良好的外部环境，对打造中老两国共同拥护的"命运共同体"具有重要的现实和深远战略意义。

一、老挝天然橡胶产业现状

天然橡胶生产国协会（ANRPC）统计数据显示，2021 年全球天胶产量增加 1.4% 至

1379万t，中国产量占比不到6%，约81万t（云南省天然橡胶产量约为45万t）。全球天然橡胶消费需求1402.8万t，中国达到560万t左右，中国天然橡胶消费量占全球天然橡胶消费总量的40%以上，85%以上靠进口，自给率14.5%。全世界最好的天然橡胶产区都位于东南亚，占世界产量的90%以上，主要集中在泰国、马来西亚、印度尼西亚、印度和斯里兰卡，其中泰国天然橡胶产量450万t左右，其次是印度尼西亚年产量240万t，马来西亚年产量220万t，我国天然橡胶大量进口趋势不会改变，供求矛盾和风险突出。

（一）老挝天然橡胶种植现状

老挝是位于中南半岛北部的内陆国家，北邻中国，南接柬埔寨，东临越南，西北达缅甸，西南毗连泰国。老挝以农业为主，工业、服务业基础薄弱，水利资源丰富。老挝境内80%为山地和高原，且多被森林覆盖，有"印度支那屋脊"之称。地势北高南低，北部与中国云南的滇西高原接壤，东部老挝、越南边境为长山山脉构成的高原，西部是湄公河谷地和湄公河及其支流沿岸的盆地和小块平原。老挝属热带、亚热带季风气候，6~9月为雨季，10月至次年5月为旱季，年平均气温约27℃。老挝全境雨量充沛，年降水量最少年份为1250mm，最大年降水量达3750mm，一般年份降水量约为2000mm，适合热带经济作物天然橡胶树的生长。天然橡胶树是一种热带经济作物，喜高温、向阳、沃土。而老挝的自然条件正好适合天然橡胶树的生长。

老挝国家农林部统计，2006年以来老挝的天然橡胶种植发展迅速，1995年种植面积12万亩左右，2006年达到18万亩，2010年橡胶种植面积为370万亩，到了2020年也超过450万亩，老挝北部南塔省、波乔省、琅勃拉邦省、沙耶武里省四省（靠近缅甸和中国）橡胶种植面积占50%以上，全国开割面积在60%以上，平均亩产干胶80kg左右，全国干胶产量目前大约20万t，北部干胶产量在7万t左右。

（二）老挝天然橡胶加工现状

橡胶价格持续低迷，胶农的割胶积极性低，胶林管理水平低，预计2028—2040年老挝橡胶产量进入高峰期。据不完全统计，2020年老挝全国共有26座加工厂，产能30万t。南部有8座老挝人投资的加工厂、6座越南人投资的加工厂、1座泰国加工厂，以生产全乳胶为主，凝块胶质量较好，大多数原料可以生产SCR5。北部以中资替代种植企业为主，全部生产凝标胶，大多数原料质量很差，主要是PRI太低，普遍在45以下，甚至一些时期在40以下。加工企业都要到老挝南部购买原料与北部原料进厂掺合生产，才能达到SCR10的标准。

中资企业在老挝北部从事天然橡胶替代产业的企业有38家，种植面积180万亩以上，国有企业只有云南农垦云橡投资有限公司。云橡公司在老挝北四省十县建立21个橡胶种植示范基地，橡胶总面积10.2万亩，自有橡胶加工厂2座、租赁胶厂1座、合作胶厂1座，总产能60000t/年，在建年产能6万t胶厂1座，累计投资15亿元。

（三）老挝北部胶农原料凝固现状

老挝北部胶农割胶通常是在下午18:00至凌晨1:00割胶，部分胶农早上割。凝固方式有两种：一是在割胶前在胶碗内放入一些凝固溶液，割好的胶在胶碗里放置1~2天凝固后收集；二是将要流出的胶水收集倒入在胶林中挖的土坑或者较大的容器内，再放入凝固溶液，凝固成 30~60kg 大的块状胶砣，此方法占比 80% 以上。通过对市场上凝固剂的抽查，凝固剂都不是中国天然橡胶行业通用的甲酸水溶液，很多都是从泰国进口的不知名凝固液，大多数采用电瓶液进行稀释得来，有的呈现淡红色，有的属于盐类物质稀释，整个天然胶凝固剂的使用极其随意混乱。

（四）老挝北部胶农原料储存现状

老挝北部中资企业在割胶、凝固、原料存储方面都按照中国天然橡胶生产工艺相关标准执行，质量比较好。老挝北部胶农在原料存储上极其随意，一是在胶林里挖土坑储存，老百姓自己栽种的橡胶树原料则会出现加酸严重，保存随意，原料加工出来的 TSR20 理化指标 P_0、PRI 数值很低，产品一致性非常差。

二、试产 TSR20

传统生产全乳胶的模式，受制于原料供应方式、供应位置、储存时间，每年只能生产 8 个月，有 4 个月时间生产车间被闲置。规模生产 TSR20 后，加工厂在北部，但是原料收购地可以延伸到老挝南部、缅甸、越南、泰国等地，原料储存时间可以延长至半年，甚至更长。这样一年里除机器设备检修期外都可以安排生产，这将给传统橡胶加工模式带来一场规模化、工业化变革，并意味着思维方式的重大转变，生产方式的重大调整；橡胶原料进行充分混合后生产的 TSR20，产品一致性好，是轮胎企业需求的主流原料。TSR20 天然标准橡胶已成为泰国、马来西亚、印度尼西亚等主要产胶国的主流品种，境外 TSR20 天然标准橡胶也在上海期货交易所上市，云南农垦集团生产的 SCR WF、SCR5、SCR10 被边缘化程度逐渐严重。为适应市场的需要，必须以市场为导向，加快产品结构调整和转型升级的步伐，做实 TSR20 生产工作。另外，上海期货交易所也把境外 TSR20 品种纳入上市交割品，目前老挝国家的 TSR20 品种生产还是空白。

（一）TSR20 的 P_0、PRI 标准

国家标准 GB/T 8081—2018 规定，TSR20 的塑性初值（P_0），最小值不能低于 30，检验方法为 GB/T 3510；TSR20 的塑性保持率（PRI）最小值不得低于 40，检验方法为 GB/T 3517。另外，行业或者轮胎企业要求一个批次的产品一致性要高，批次之间的指标波动性要低，保持良好的一致性。

（二）对 4 月原料破碎停放后 P_0、PRI 抽样检测

云南农垦在老挝北部的云橡投资有限公司加工厂通过对泰国多家橡胶加工厂进行考察，TSR20 生产工艺都有原料停放期。云橡公司在南塔胶厂将 4 月北部区域的老胶料与新胶料进行 4:1 混合，然后将原料破碎后放入原料棚内停放，胶料在停放 1 天、4 天、8 天、10 天、12 天、15 天、20 天时，从原料的上、中、下不同处随机抽取 6 个样品检测胶料的 P_0、PRI 数值，检测结果取平均数值见表 5-1。

表 5-1　胶料破碎停放后 P_0、PRI 平均数值

停放时间	P_0 平均值	PRI 平均值
停放 1 天取样	33	16
停放 4 天取样	37	37
停放 8 天取样	41	42
停放 10 天取样	44	47
停放 12 天取样	45	51
停放 15 天取样	44	53
停放 20 天取样	41	49

从表 5-1、图 5-1 可看出，停放 10~15 天，P_0 值提高 11~12 个点，PRI 值提高了 21~37 个点，P_0 值趋于平稳，到了 20 天比第 12 天下降了 3 个点，PRI 值在第 15 天提高值最大，P_0、PRI 值达到平稳以及生产时间、成本平衡，停放 10~12 天是比较理想的状态。

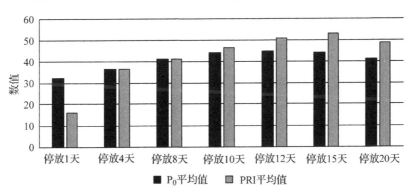

图 5-1　胶料破碎停放后 P_0、PRI 平均数值趋势

(三) 对 8 月原料破碎停放后 P_0、PRI 抽样检测

老挝 8 月天气炎热平均气温高，气温比 4 月高出 6℃ 左右，在南塔胶厂将北部老原料与北部新购入的原料 1∶1 混合，然后将原料破碎后放入原料棚内停放，胶料在停放 1 天、3 天、6 天、10 天，从原料的上、中、下不同处随机抽取 6 个样品检测胶料的 P_0、PRI 数值，检测结果取平均数值见表 5-2。

从表 5-2、图 5-2 可看出，原料本身指标合格的，停放过程中 P_0 值与 PRI 值变化都不大，停放 3 天是比较理想的状态，或者不需要进行停放。

表 5-2　8 月胶料破碎停放后 P_0、PRI 平均数值

停放时间	P_0 平均值	PRI 平均值
停放 1 天	33	54
停放 3 天	37	59
停放 5 天	37	53
停放 10 天	37	59

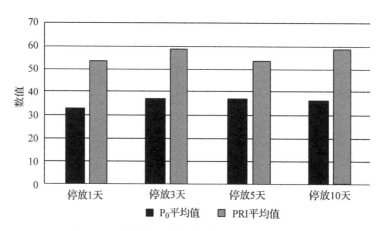

图 5-2　8 月胶料破碎停放后 P_0、PRI 平均数值

(四)对固定客户原料进行实验

将公司固定原料供应商胶料,且经常 PRI 低于 40 的胶料进行破碎停放 10 天进行检测,统计结果见表 5-3。

表 5-3　固定供应商 PRI 低于 40 胶料破碎停放检测 P_0、PRI 值

时间	P_0 分布范围	P_0 平均值	PRI 分布范围	PRI 平均	取样个数	TSR20 合格率(%)
停放前	31~36	33	24~42	35	232	18
停放后	30~38	34	47~71	58	321	100

(五)对公司破碎停放工艺试生产的 TSR20 抽样检测

对公司采用破碎停放工艺试生产的 8200t TSR20 进行抽样,合格率达到 98.28%,实验初期,合格率偏低,经过反复实验后,合格率逐步提高,具体统计如图 5-3 所示。产品一致性也提高,如图 5-4 所示。

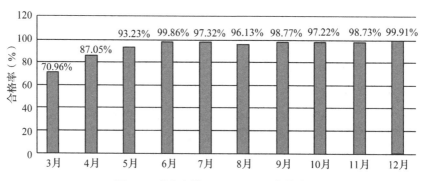

图 5-3　试生产的 8200t TSR20 合格率

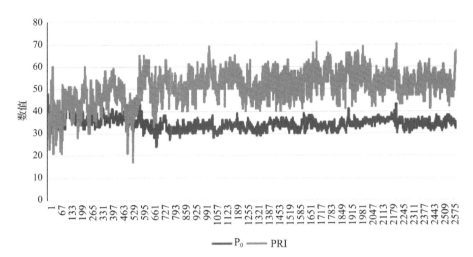

图 5-4 全年 2581 个样品 P_0、PRI 值

三、STR20 生产操作规程

通过试生产，对生产 TSR20 产品制定了相关操作规程。按照技术分级橡胶生产工业要求，通过大混合、批量生产出来一致性高满足 20 号胶指标的天然生胶。

（一）TSR20 内控指标

TSR20 内控指标见表 5-4。

表 5-4 TSR20 国家标准

序号	指标	TSR20	检验方法
1	杂质含量[%(m/m)，最大值]	0.16	GB/T 8086
2	塑性初值（P_0，最小值）	32	GB/T 3510
3	塑性保持率（PRI，最小值）	45	GB/T 3517
4	氮含量[%(m/m)，最大值]	0.6	GB/T 8088
5	挥发物含量[%(m/m)，最大值]	0.8	GB/T24131
6	灰分含量[%(m/m)，最大值]	1	GB/T 4498.1
7	*门尼黏度[50mL(1+4)100℃]	83±10	GB/T 1232.1
9	*硫化胶拉断伸长率(%，最小值)	750	GB/T 528
10	*硫化胶拉伸强度(MPa，最小值)	19	GB/T 528

注：不带 * 的性能项目为强制性项目；带 * 的性能项目为非强制性项目。

（二）TSR20 生产工艺流程图

TSR20 的生产工艺主要将分级、分类预检过的凝块，根据需要生产的产品技术指标进行混合破碎，然后将破碎的胶料进行 8~12 天停放后进行生产，工艺流程如图 5-5。

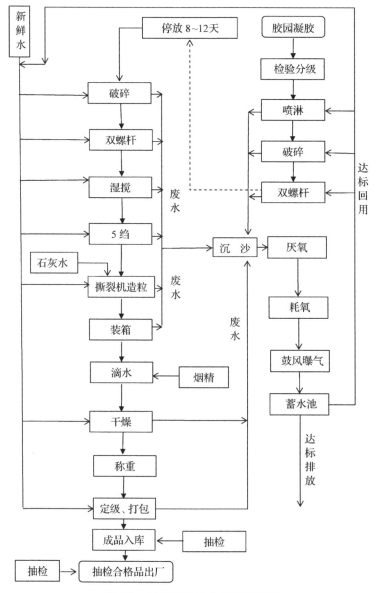

图 5-5 老挝 TSR20 生产工艺流程

(三) TSR20 生产工艺规程

收购的胶块分产地、分级、分类停放在原料库，喷淋以防止胶料氧化以及水分蒸发变硬。

对不同产地、季节的原料进行 P_0、PRI 抽检，为配料混合生产提供依据。

凝块胶破碎时要除去编织袋、塑料袋、树枝、石子等明显的外来异物，然后根据预检的 P_0、PRI 将凝块进行混合破碎、双螺杆挤出和停放。

破碎的胶料停放期间，第一天取一次样检测 P_0、PRI 值后，停放 3 天、5 天、10 天取一次样测 P_0、PRI 对比，分别从上部、中部、下部取样。在加工前一天喷淋有利于干燥，减少夹生胶的出现。

撕裂前绉片厚度控制在 6mm 以内。

造出的粒子大小均匀、松散，无成片成团现象。

装箱时要求胶粒疏松、无架空现象、四角平整高度一致，禁止用手下压胶粒；根据胶料干燥的难易程度与打包包型，控制好装箱量，平均每片胶重量控制在 16.5~18kg 以内，每两片重量差不得超过 1kg。

干燥车送入干燥柜之前滴水不能低于 20~30 分钟；干燥时一般参照高温不超 115℃，低温不超 105℃，干燥时间不超过 5 小时，干燥人员要随时检查胶料粒子大小情况与干燥结果，灵活适当调整干燥温度与干燥时间；另外还要随时检查干燥温度计是否完好、误差情况。

打包要查看出车观察干燥情况，胶表面是否发黏、有外来杂物、夹生等外观质量问题，卸料时每车胶必须岔开抽 4 片切割检查看是否有夹生。

去除胶包表面黑点、煤灰、夹生点、外来杂质再打包，打包温度控制在 60℃ 以下，打包重量要与外包装一致，随时用标准砝码校正电子秤，单包误差不能超过 0.1kg，不允许有负误差。

使用植物油润滑箱体时用高压喷枪、方法得当、用量适中，不能用抹布擦。

打好的胶包要检查表面是否有外来杂质、夹生点、严重发黏点，有的话要去除，胶包要经过金属检测仪检测；有发黑、发黏、过热、夹生、颜色不均匀、重量不准确、胶包形状不整齐、包装马虎等问题的胶包要分类另行堆码，做好待处理标识。

领用外包装时，要随时检查包装袋上的信息是否符合规定、是否都一致、内袋是否是高熔点的、合格证上的日期要与外包装袋上日期相一致，封包时合格证上信息不能封在袋内并缝在袋口中部、内袋禁止用封口胶进行封口，特别是用内外袋包装时，内袋质量必须是高压聚乙烯全新料，维卡软化温度 ≤95℃，重量 20g（±1g）聚乙烯薄膜，厚度为 30~50μm。

必须经检验室抽检，且 $P_0 \geq 31$、$PIR \geq 42$ 才能出库。

凡是在生产过程中、出库过程中抽检不合格的胶，必须隔离停放，用作干搅 TSR9710 原料。

（四）老挝北部橡胶 TSR20 工艺流程

老挝北部橡胶原料由传统工艺：原料破碎→洗涤池→双螺杆挤出→洗涤池→过 9 台绉机→撕裂→干燥→打包；改变为：

步骤 1：原料破碎→洗涤池→双螺杆挤出→停放（8~12 天，过程中禁止喷淋）→每 2~3 天抽一次样检测，一次抽 5~10 个不等。

步骤 2：停放后检测达标的胶料破碎→洗涤池→双螺杆挤出→洗涤池→湿搅机→过 5 台绉机→撕裂→干燥→打包。

采用上述生产工艺生产的 TSR20，天然生胶的 PRI 显著提高，且 P_0、PRI 能够达到企业的内控标准，生产的 TSR20 产品合格率在 98% 以上，一致性好，且符合上海期货交易所对产品质量的认证要求。

第二节 老挝橡胶产业研究院
橡胶及农产品检验检疫平台建设

天然橡胶科技合作是中国和老挝国际合作的重要项目之一。为在橡胶加工领域深入开展合作，中国在老挝建设老挝橡胶产业研究院橡胶及农产品检验检疫平台。本节从橡胶及农产品检验检疫平台建设和人才培养两方面介绍了橡胶及农产品检验检疫平台取得的成效，并从制订《老挝天然橡胶产业标准化体系》、开展橡胶产业技术研发与推广、开展老挝国家农林部的橡胶及农产品出口检验检疫和承接实施中国科技"走出去"工作4个方面对其应用前景提出展望，为落实澜湄框架下的中国—老挝天然橡胶产业长期合作打下坚实基础。

老挝属热带、亚热带季风气候，日照时间长、雨水充足，为典型的天然橡胶优势种植区。老挝天然橡胶产业发展尚在初级阶段，具有劳动力成本低、产业改造升级潜力较大等优势（Viengsouk，2014）。近年来，中国和老挝依据共建"一带一路"倡议和澜湄合作发展规划等实施多个国际交流合作项目取得显著成果（Lounny，2020；张长征和湛娉婷，2021；兰学梅等，2021）。2004年，时任国务院副总理吴仪访问东亚四国时指示云南省委省政府"加强与周边国家经济合作"，为贯彻落实吴仪副总理指示精神，以及落实国家开展"堵源截流罂粟替代种植"禁毒方针，云南省委省政府积极实施"加强与老挝经济合作"的战略部署和"走出去"战略规划（吴红青，2016；黄洪等，2014；高源婕，2014）。2005年，云南农垦总局与老挝当局协商后，获得了老挝北部山区50万亩土地的橡胶开发种植权。2006年2月，中国在老挝南塔省成立云橡投资有限公司，负责在老挝发展天然橡胶产业。云橡投资有限公司通过罂粟替代种植（黄洪等，2014）、产业扶贫减贫示范项目等多种方式，与老挝开展产业合作（高源婕，2014），支持老挝经济社会发展。为更好促进老挝橡胶产业的发展，与老挝农林部共建老挝橡胶产业研究院。

一、橡胶及农产品检验检疫平台建设内容

（一）老挝橡胶产业发展现状

老挝橡胶种植始于20世纪30年代，主要集中在北部九省，包括丰沙里省、琅南塔省、波乔省、川圹省、华潘省、琅勃拉邦省、乌多姆塞省、沙耶武里省、万象及万象直辖市，主要种植品种为PB260、GT1、RRIM600、RRIV4、RRIV121和RRIV124等（张孟，2020）。在老挝北部橡胶种植成功的示范带动下，随着土地租赁和特许经营权等政策放松，外国公司在老挝投资橡胶种植园，天然橡胶产业逐渐规模化发展。2003年，老挝橡胶种植面积达到0.09万hm^2，2020年达到30万hm^2，是2003年的330倍左右（ANRPC，2021）。近年来，建设的橡胶园逐步开割投产，2018年开割面积达12.14万hm^2，北部种植面积为15.09万hm^2，占比54.85%；中部占比17.34%；南部占比27.81%（Smith et al.，2020），2020年投产面积15万hm^2。据老挝国家农林部统计数据，全国橡胶开割面积在60%以上，平均亩产干胶80kg左右，干胶产量目前大约20万t。目前，老挝在天然橡胶良种繁育、

芽接、开垦定植、抚管、割胶、防病、加工、产品检测方面没有行业与国际标准，在天然橡胶产业标准上是空白，甚至不是 ISO 标委会成员国，严重制约了老挝橡胶产业的经济效益和可持续发展(杜华波和刘勇，2012；高东风，2009)。

(二) 老挝云橡投资有限公司发展现状

中国于 2006 年在老挝全资注册成立云橡投资有限公司。2006 年经国家商务部批准为境外投资企业。2008 年经云南省商务厅批准为境外罂粟替代种植企业。2010 年获得云南省商务厅颁发的"云南省境外罂粟替代种植企业证书"。2013 年，云南农垦集团在昆明市经开区注册全资子公司"云南农垦云橡投资有限公司"，行使在境外的云橡投资有限公司的管理职能。公司在老挝北部四省十县建立 21 个橡胶种植示范基地，橡胶总面积 6776.68hm^2，并带动当地村民发展胶园 7333.33hm^2，自有橡胶加工厂 2 座、租赁胶厂 1 座、合作胶厂 1 座，总产能 6 万 t/年。公司在万象建成的老挝橡胶产业研究院以及在建年产能 6 万 t 胶厂，是中国—老挝双边合作的重点(Viengsouk，2014；高源婕，2014)，受到老挝领导人的高度重视(吴红青，2016；刘建云和黄海春，2016)。

(三) 橡胶检验检疫平台建成

老挝橡胶产业研究院橡胶及农产品检验检疫平台项目主要目标是建成供老挝农林部与公司共同对橡胶杂质杂含量、塑性初值、塑性保持率、氮含量、挥发物含量、灰分含量、门尼黏度、拉伸强度指标进行检验检疫用作老挝橡胶产品日常检验检疫的实验室，以及培养相关的检验人员。具体流程包括检验室设备采购、检验室装修与设备安装，为老挝农林部培养 4 名可独立操作的检验人员。2022 年年底建成的检验室与培养的检验人员通过老挝农林部验收，并出具了检验室可开展工作的文件。

公司在老挝农林部农村发展农林研究院的监督下，在中国国家橡胶及乳胶制品质量监督检验中心的技术指导下，参照中国标准以及云南农垦行业标准，建成了 6 间检验室，可供老挝农林部与公司共同对橡胶杂质含量、塑性初值、塑性保持率、氮含量、挥发物含量、灰分含量、门尼黏度、拉伸强度进行检测，以及可用作老挝橡胶产品日常检验检疫(图 5-6、图 5-7)。

(四) 培训合格检验员

老挝橡胶产品的日常检验检疫都属于老挝农林部的政府职能之一，老挝天然橡胶产业各项标准的制定，都需要大量的实验数据，所以标准制定与日常检验检疫都要有老挝农林部相关技术人员的参与，由于老挝农林部在天然橡胶产品各项指标检测上是空白，根据当前工作需要，为老挝农林部培养 4 名检验人员，培养的检验人员可独立操作各设备仪器，可独立对橡胶杂质杂含量、塑性初值、塑性保持率、氮含量、挥发物含量、灰分含量、门尼黏度、拉伸强度进行检测(图 5-8)。检验人员参照中国相应国家标准检测指标进行日常检测检验，为提升老挝橡胶加工品质，后续推进老挝国家发布的标准执行奠定了坚实的基础(表 5-5)。

图 5-6 老挝加工实验室和仪器设备
A. 样品储存室；B. 药品储存室；C. 门尼黏度拉伸检测室；D. 拉力机。

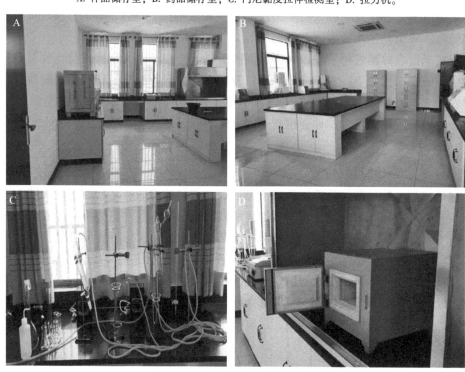

图 5-7 老挝样品检测室
A. 样品杂质检测室；B. 塑性初值和塑性保持率检测室；C. 挥发物含量检测室；D. 灰分含量检测室。

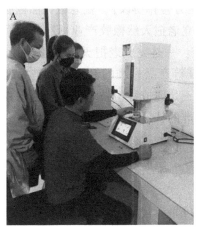 

图 5-8　农林部人员学习仪器操作
A. 操作门尼黏度拉伸检测仪器；B. 操作烘箱测定干胶含量。

表 5-5　老挝橡胶产业研究院橡胶及农产品检验检疫平台建设暂参照执行中国国家标准

序号	标准名称	标准编号
1	天然生胶杂质含量的测定	GB/T 8086—2008
2	天然生胶塑性保持率(PRI)的测定	GB/T 3517—2014
3	未硫化胶塑性的测定快速塑性计法	GB/T 3510—2006/ISO 2007：1991
4	生橡胶挥发分含量的测定	GB/T 6737—1997eqv ISO 248：1991
5	天然生胶和天然胶乳氮含量的测定	GB/T 8088—2008
6	未硫化橡胶用圆盘剪切黏度计进行测定	GB/T 1232.1—2000 eqv lSO 289-1：1994
7	橡胶灰分的测定	GB/T 4498.1—2013

二、老挝橡胶及农产品检验检疫平台存在问题与建议

(一)平台应用存在的问题

橡胶及农产品检验检疫平台是中老两国领导见签的国家项目内容之一，项目的社会效益、政治影响力远远高于经济效益，但项目投资后主要靠企业生产经营利润投入维持运行，产生的经济效益非常低，对企业本身的经营带来了负担，所以项目投资后怎么产生经济效益是很关键的问题。因为项目的运行本身是执行老挝农林部的政府服务职能，所以下一步老挝农林部与公司要一起利用好该平台，规范老挝的橡胶及农产品检验检疫，提升平台的产业服务功能，从而降低运营成本提高经济效益。

(二)助力老挝天然橡胶产业标准化体系建设

老挝天然橡胶产业标准化体系建设是老挝橡胶产业研究院橡胶和农产品检验检疫中心、橡胶和农产品技术标准中心建设的关键内容。2018 年 11 月 22 日，老挝农林部农村发展农林研究院、中国国家橡胶及乳胶制品质量监督检验中心、云南农垦云橡投资有限公司

签署《老挝天然橡胶产业标准化体系建设项目三方合作协议》，就老挝天然橡胶产业标准化体系建设开展实质性推进工作，为老挝国家建立老挝天然橡胶产业标准化体系，使老挝的橡胶产业走上标准化管理之路。主要工作内容：一是完成老挝天然橡胶产品的行业标准，包括标准橡胶、浓缩胶乳、轮胎专用胶和9710等产品标准的制定；二是完成天然橡胶加工投入品标准、天然橡胶基础性标准的制定；三是完成种植技术标准的制定；四是完成天然橡胶加工技术标准的制定；五是完成所有标准的认证及发布工作。因此在老挝建设国家检验平台，标准与要求主要按照老挝相关部门规定的执行，不能照搬中国相关部门标准与要求，需要获得老挝政府部门认可，从而加大在老挝的推广力度。

（三）开展天然橡胶技术合作与推广

老挝橡胶产业研究院橡胶及农产品检验检疫平台建设可与老挝农林部开展橡胶产业技术研发与推广。可将中国的橡胶苗木培育技术、种植技术、割胶技术、加工技术及农产品检验检疫技术标准输入老挝，使胶农有稳定持续的经济收入，进一步巩固国家罂粟替代种植成果，使村民彻底放弃罂粟种植，过上健康、阳光的生活（黄洪等，2014）。

（四）完成老挝国家农林部的橡胶及农产品出口检验检疫

橡胶及农产品出口检验检疫是天然橡胶贸易的重要环节之一。由于农产品，尤其是农产食品的安全卫生直接关系到消费者的人身健康，世界各国对进出口农产品都建立了严格的检验、检疫制度。中国需要进行进出口检验检疫的产品主要包括食品和农副产品。出口商品一般按中国标准检验检疫。在进口方面，进口商品经检验后，分别签发检验情况通知单和检验证书。因此，老挝橡胶产业研究院—橡胶及农产品检验检疫平台可为老挝农产品按照中国的国家标准进行检测，符合规定后进口到中国提供有力支撑。自贸试验区昆明片区与中老合作区的联动，可进一步助推了合作企业提质增效。开展保税交易显著提高了老挝橡胶产品的价格竞争力，为促进老挝当地经济发展和扶贫减贫提供有力保障。

（五）与中国"走出去"单位开展国际科技合作

老挝橡胶产业研究院—橡胶及农产品检验检疫平台可与国内科研院所、兄弟企业共同承接实施国家和省政策性科技"走出去"项目（吴红青，2016）。在收购橡胶并进行加工的同时，云橡投资有限公司着力构建以天然橡胶为主业的多物种、多层次和良性非生物环境的复合生态系统，把公司打造为现代农业对外开放交流的示范窗口和国际农业科技合作交流的重要平台。例如，与老挝农林部、中国国家橡胶及乳胶制品质量监督检验中心合作建设老挝国家橡胶产业标准体系；与云南民族大学合作共建老挝万象基地—澜湄职业教育基地；与云南省热带农业科学院合作建设联合实验室、培训基地，进行老挝现代农业良种培育与技术培训（表5-6）。

表5-6 老挝橡胶产业研究院已承接的国际合作项目

序号	项目名称	合作单位
1	中老跨境现代农林科技培训中心建设	无
2	云南国际科技特派员（法人）	无

(续)

序号	项目名称	合作单位
3	建设老挝橡胶割胶技术示范基地——《澜湄合作项目》	中国热带农业科学院
4	老挝天然橡胶产业标准化体系援建项目	老挝农林部
5	老挝橡胶产业研究院橡胶农产品检验实验室建设(一期)	老挝农林部
6	共建中老特色农林作物种质资源联合实验室项目	老挝农林部，云南农垦产业研究院有限责任公司
7	老挝橡胶产业研究院建设项目	老挝农林部
8	云南农垦云橡投资有限公司为老挝农林部培训橡胶检验检疫技术人员	老挝农林部
9	2019年老挝首届割胶技能比武大赛	老挝农林部
10	中老跨境农林业科技中心人才培训项目	无

近年来，在澜沧江——湄公河合作专项基金支持下，中国热带农业科学院橡胶研究所帮助在老挝中资企业发展天然橡胶产业，示范带动周边橡胶生产技术有效提升，助力老挝农业产业多元化发展。云橡投资有限公司与中国热带农业科学院橡胶研究所开展栽培和加工技术合作的基础上，还在推进联合实验室的建设合作。云橡投资有限公司在澜湄国家的技术交流呈现多层次和全产业覆盖的特点，产业科技提升能力显著。

三、未来前景

老挝橡胶产业研究院橡胶及农产品检验检疫平台在完成实验室建设和人员培训取得相应资质后可与老挝农林部开展深入合作，助力老挝橡胶产品质量抽检、出口检验检疫等。该平台的建成既可以为中国"走出去"企业在老挝投资提供支撑(黄思然等，2020)，增强双边经贸合作(彭志荣，2017)，又能为科研院所国际合作提供试验示范平台。在此基础上，充分结合中老陆地领土相连的地理优势和中老铁路建成通车的便利条件(Kommaly，2018)，打通企业、综保区、海关等环节通道，将以橡胶为代表更多替代罂粟种植橡胶和农产品出口到中国，达到促进老挝扶贫减贫、提升产业经济效益的目的，落实"一带一路"倡议和"澜湄合作发展规划"。

第三节 澜湄合作机制下的中国—老挝天然橡胶科技国际合作现状与展望

天然橡胶科技国际合作是"澜湄合作"的重要支持方向之一，在中国"一带一路"倡议和澜湄合作机制下，中国与老挝开展天然橡胶科技合作取得显著成效。本节从澜湄合作背景、老挝天然橡胶产业现状、中国橡胶科技现状、中老天然橡胶科技国际合作现状4个方面总结中国和老挝在天然橡胶科技领域的合作成效以及合作中遇到的问题，对深入持续开展中老天然橡胶科技合作进行展望，为服务国家澜湄合作机制、深化对湄公河五国天然橡胶科技合作和促进当地扶贫减贫奠定良好基础。

澜湄流域是亚洲乃至全世界最具发展潜力的地区之一。2016年3月23日，为积极深化澜湄六国睦邻友好和务实合作，促进次区域国家经济社会发展，打造澜湄流域经济发展带，构建面向和平与繁荣的澜湄国家命运共同体，澜湄六国领导人在海南三亚举行会议，发表了《三亚宣言》，宣告澜湄合作机制正式启动（陈楠，2019）。确立了"3+5合作框架"，即以政治安全、经济和可持续发展、社会人文为三大支柱，优先在互联互通（文淑惠和吕明琦，2021）、产能、跨境经济（邢伟，2021）、水资源（张汶海等，2022）、农业和减贫领域开展合作（杨晓颖和刘艺卓，2021），旨在建设面向和平与繁荣的澜湄国家命运共同体，树立以合作、共赢、共建、共享为特征的新型国际关系典范（宋清润，2019）。澜湄合作是中国与湄公河国家进行次区域合作的一个成功典范，建立了多层级合作机制体系，形成了"高效务实、项目为本、民生优先"的澜湄模式，是中国与东盟合作升级的重要组成部分（陈楠，2019；季凌鹏，2019）。

天然橡胶是重要的工业原料和战略物资，全世界有63个国家种植橡胶（莫业勇，2014）。2020年，中国天然橡胶种植面积达114.74万hm^2，产量为82.63万t，种植面积和产量分别居世界第三位和第五位。老挝橡胶种植始于20世纪30年代，2020年，老挝天然橡胶种植面积30万hm^2，产量15.42万t，产量居世界第十一位。在澜湄合作机制下，中国和老挝开展了长期天然橡胶科技合作并取得显著成效。

一、老挝天然橡胶科技现状

老挝是一个农业国家，工业非常落后，天然橡胶产业是老挝农业的重要支柱产业之一。老挝橡胶主产区主要在南塔省、波乔省、乌多姆塞省、琅勃拉邦省、沙耶武里省、万象省、甘蒙省、巴塞省、阿速坡省。据不完全统计，老挝现有的16家加工厂年产能约14万t。主要种植品种为PB260、GT1、RRIM600、RRIV4、RRIV121和RRIV124。栽培模式为株距3m×6m，根据土壤情况设置机械化肥沟，间作柱花草、葛藤等植物，辅助移动灌溉和叶面肥混施系统。割制为3天一刀，乙烯利浓度2.5%，每年涂4次（李鹏和封志明，2016；李阳阳等，2017；李正平等，2017）。老挝橡胶管理粗放、开割标准和割面规划混乱、割胶技术差、没有统一标准、产品品质差、病虫害防治意识淡薄等（张孟，2020）。这是由于适合老挝应用的天然橡胶生产技术成果少，政府没有培训机制和培训能力，全国性缺少熟练割胶工人，小胶农的生产技术仍然落后，导致产量低下、胶园死皮发生率高等问题。此外，老挝国家天然橡胶标准体系上是空白的（杜华波和刘勇，2012），中国、越南等国家投资者在生产过程中都各自采用原来的标准（高源婕，2014）。在胶园抚管领域，老挝橡胶产业管理上无标准可言，除了大型中资、越资企业外，老挝没有一个橡胶产品检验室。在贸易领域，中国和越南是老挝天然橡胶最主要的进口国，两国从老挝进口的天然橡胶占老挝天然橡胶出口总量的比重超过90%。但由于质量低下，每吨价格比泰国橡胶低2000~3000元。可见，老挝天然橡胶产业从种植、抚管、加工到贸易等全产业链急需合作和提升。

二、中国天然橡胶科技现状

中国是世界天然橡胶主要生产国之一，是第一消费国和第一橡胶制造业大国，在天然橡胶育种（黄华孙等，1994，2000）、栽培、采收、加工和贸易等多项技术与服务领域处于世界领先水平。在橡胶育种领域，中国选育出热研 7-33-97（张源源等，2015）、热研 917、云研 772、云研 774 等一系列高产、抗逆新品种，并与东南亚国家签署了品种交换协议，建立了橡胶树组培苗技术并开始大规模生产（成镜等，2019）。橡胶树籽苗芽接袋育苗是 20 世纪 90 年代由中国热带农业科学院橡胶研究所研发的新型育苗技术和生产性种植材料（林位夫等 1998），适合中国海南、广东和云南三大植胶区的不同植胶环境种植。该技术具有育苗时间短、单位面积产苗量多、育苗成本低和苗圃生产效率高等优点（周珺等，2019）。

在栽培抚管和割面规划领域，中国有标准化的栽培技术规程等多项国家标准。例如，中国热带农业科学院橡胶研究所研发的橡胶树割面营养增产素，根据橡胶树营养生理和产排胶特点，添加钼、锌、硼等微量元素和赖氨酸等有机养分，结合合理调节刺激浓度从 5% 降到 0.5%~1.5%，刺激周期从 3 天一刀调整到 4 天一刀、5 天一刀，显著提高了橡胶产量，减少耗皮量，提高了割胶劳动生产率。

在橡胶树病虫害防控领域，中国建立橡胶树白粉病测报技术规程等（郑服丛等，2006），并构建多个预测预报模型指导生产（叶劲秋等，2020；陈瑶等，2019）。橡胶树死皮是制约天然橡胶生产发展的主要因子之一。"死皮康"系列产品是由中国热带农业科学院橡胶研究所研制用于防控橡胶树死皮，其中橡胶树死皮康复组合制剂采用液体制剂树干喷施与胶状制剂割面涂施结合的方法使用，橡胶树死皮康复缓释颗粒采用根部条施的方式使用。该综合技术可使多数橡胶树主栽品种死皮停割植株病情指数明显降低，恢复产胶，并具有较好的生产持续性，延长其割胶生产时间，同时可降低与延缓橡胶树轻度死皮的发生与发展（胡义钰等，2019；周敏等，2019）。

在胶园机械化和智能化领域，中国研发的电动割胶机是一种电力驱动的机械采胶装置，可替代传统胶刀进行采胶生产等操作，一个新胶工经过 3~5 天培训便能熟练使用电动胶刀，采胶效率可提升 20%~30%，劳动强度降低 40%~50%。每个胶工按一天 500 株的工作量，含减少磨刀时间每天可节约 1 小时（黄敞等，2019）。

在胶乳采收和初加工领域，中国发明了胶乳干胶测定技术，利用微波衰减法快速测定天然胶乳及浓缩天然胶乳中干胶含量。干胶测定仪具备便携、快速、准确计量特点，实现了干胶含量的在线检测，解决了胶农在田间地头无法卖胶的难题。天然橡胶初产品分为天然生胶（如烟胶片、风干胶片、绉胶片、颗粒橡胶、橡胶粉及其他改性橡胶等）和浓缩天然胶乳（如离心浓缩天然胶乳、膏化浓缩天然胶乳、蒸发浓缩天然胶乳及其改性胶乳等）两类（黎燕飞和潘俊任，2015）。胶乳初加工技术主要针对提升品质均一性、提高质量和减少污染等领域进行研究。

在国际合作实践中，中国主要推广和示范的技术涵盖天然橡胶全产业链。例如，育种和种苗技术主要推广组培苗和籽苗芽接技术替代传统的袋装苗和截干苗技术。在栽培和抚管技术领域主要推广营养增产素、"死皮康"死皮防控技术和电动胶刀割胶技术等最新研发的技术。在加工和制造领域，中国采用直接投资、收购和并购的方式在泰国、缅甸、老挝和柬埔寨等国家投资建厂并进行期货交割等工作。

三、中国—老挝天然橡胶科技国际合作成效

(一)中国和老挝共建农业示范园

中国和老挝领导人高度重视两国合作。2017年11月13日,中国国家主席习近平访问老挝期间,中老两国政府正式签署《关于建设中老现代化农业产业示范园区的谅解备忘录》,备忘录明确提出中老双方共同推进中老现代农业产业合作示范园区规划编制工作,建立双方合作协调机制,统筹发展天然橡胶、水稻、畜牧、木薯、果蔬等产业。中老天然橡胶产业合作项目是"一带一路"倡议沿线国家发展重要项目。2017年,中国云南农垦集团与老挝农林部正式签订了《老挝橡胶产业研究院项目合作协议》,该项目是中老双方签署的《关于建设中老现代农业产业示范园区的谅解备忘录》中首个落地项目。老挝橡胶产业研究院包含"一馆三中心":罂粟替代种植成果展览馆、橡胶和农产品检验检疫中心、技术标准中心、技术培训中心,承担着老挝农林部、国家禁毒委的政府职能。在此基础上,开展橡胶产业问题分析并组织相应的、有针对性的技术培训(杜华波和刘勇,2012)

(二)中国和老挝共建橡胶栽培技术示范基地

中国热带农业科学院橡胶研究所与老挝农林部及中国"走出去"企业云橡投资有限公司合作开展橡胶树栽培技术示范推广项目,主要在橡胶树栽培技术、建立示范基地、技术培训等方面开展合作,取得良好效果。云橡投资有限公司为云南农垦集团海外投资企业,是云南省在老挝从事橡胶替代种植的唯一一家国企,在老挝橡胶替代种植规模最大的企业。在澜湄合作项目等项目的支持下,中国热带农业科学院橡胶研究所在老挝南塔省合作建立示范基地$2hm^2$,集成示范中国研发的增长素、死皮康、电动胶刀、橡胶树专用肥、微生物肥料等高产高效农业技术;在老挝万象省合作建立橡胶树联合研究中心。如,籽苗芽接技术在老挝可以替代当地主推苗木类型芽接苗和截干苗。中国增产素技术示范通过采取浅割、复方、低浓度、短周期、营养诊断施肥等一系列的措施,保持了胶树健康及稳产高产,增产幅度10%~15%;割胶刀数大幅减少30%~60%,节约树皮25%~52%,延长了胶树经济寿命5~8年,实现了割胶生产高产高效的可持续性发展。

电动胶刀技术在老挝示范显著提高工作效率,由原来的5个工作岗位,可减少为4个,或者5个胶工可以割出6个胶工的胶园面积,可增加弃管胶园复割面积。与传统胶刀导致的树皮隆起,空洞等伤树现象相比,电动胶刀割面均匀一致,树皮损耗减小。电动割胶技术在老挝示范后,由于割胶强度降低,青年胶工割胶意愿增加。该技术不影响胶乳产量,并显著降低耗皮量。在老挝死皮发生率较高的乌多姆赛示范胶园使用"死皮康"系列产品比当地橡胶产量提高了3.32倍,具有广阔的应用前景。在橡胶加工技术方面,指导老挝橡胶加工厂生产TSR20号和TSR9710号标准胶,用于普通汽车轮胎,工程车大型轮胎和高级防爆胎生产,具有摩擦力强、坚固耐用的特点。标准胶生产线的建设提高了老挝橡胶加工厂的生产效率和产品一致性,降低企业的生产成本。

(三)中国和老挝共同创建生产标准

针对老挝缺乏橡胶行业相关标准的问题,2015年5月,中国云南农垦集团与老挝国家

农林部签署《关于老挝天然橡胶产业发展及农产品检验检疫合作项目谅解备忘录》。随着橡胶产品检验标准中心设计和设备安装工作的推进，将助力老挝橡胶和农产品行业技术标准、检验检疫体系建设和项目正式运营向前迈进关键一步。中国在老挝中南部发展橡胶加工业，开发橡胶资源，应用中国橡胶初加工的先进工艺和技术，提高当地产品质量，提高产品市场竞争力。

(四) 中国在老挝开展罂粟替代种植工作

近年来，中国向老挝提供品种引进、农业技术培训、提供农业设备等帮助。罂粟替代种植务工搬迁示范区是中国云南农垦集团在老挝首创的橡胶产业扶贫减贫示范点，是中国援助老挝扶贫减贫的第一批示范合作项目之一。该项目在老挝琅南塔、波乔、琅勃拉邦、沙耶武里、丰沙里5省12县免费提供割胶技术培训和病虫害防治咨询指导，增强广大胶农科学管理意识，促进老挝当地扶贫减贫工作。

(五) 中老联合开展人才培养和科学研究工作

开展澜湄国家天然橡胶科技合作有利于保障中国天然橡胶供给安全。为了避免市场开放对中国天然橡胶产业构成冲击，同时加强中国的天然橡胶供应。从2003年开始，农业农村部提出通过国际合作发展天然橡胶产业。广东农垦、中化国际、云南农垦和海南农垦等国有企业，已在天然橡胶资源最丰富的东南亚以及少数非洲国家建设加工厂和种植园，尤其是澜湄合作机制下，中老合作有利于提升澜湄国家天然橡胶在全球竞争力。在此期间，人才培养和科研工作合作重要。例如，在经贸领域，通过联合分析两国的贸易合作可以有效提升老挝经济实力、优化对老挝的投资结构(彭志荣，2017)。针对老挝缺乏橡胶产业人才的问题，中老联合开展老挝产业现状和问题分析(张孟，2020)，开展橡胶资源调查分析，在橡胶产业相关的水资源和交通运输也开展分析工作。建成通车的中老铁路为两国陆路运输和橡胶贸易的提质增效提供了坚实的保障。

四、中国和老挝天然橡胶合作展望

尽管澜湄合作机制下中老天然橡胶合作取得一定成效，但也存在合作机制和渠道不畅，新冠疫情下合作方式不足等问题，针对这些问题，对深入持续开展中老橡胶科技合作提出展望。

(一) 在合作机制框架下开展深入持续合作

保持良好的沟通是国际合作的前提。2020年5月14日，中国中共中央政治局常委会会议首次提出"深化供给侧结构性改革，充分发挥中国超大规模市场优势和内需潜力，构建国内国际双循环相互促进的新发展格局"。目前，已有的合作机制框架有2020年11月15日年东盟10国和中国等共15个亚太国家正式签署的《区域全面经济伙伴关系协定》(RCEP)。世界主要天然橡胶生产国均为"一带一路"沿线国家、澜湄合作国家、亚洲基础设施投资银行的成员国和RCEP成员国。在政策沟通、设施联通、贸易畅通及资金融通等"澜湄合作"政策环境下，中国与老挝的国际合作将不断加强，天然橡胶资源全球化配置更加稳固。国际橡胶研究与发展委员会(IRRDB)和天然橡胶生产国联合会(ANRPC)等是全球重要的天然橡胶国际组织,对促进全球天然橡胶产业联合研究及合作发展具有重要作用。可以预见,中国和老挝在现有国际合作机制框架下积极开展天然橡胶产业技术和贸易合作,在重大关键问题上协调一致、相互促进,积极学习先进技术成果,提高产业发展水平,提升国际影响力。

(二)强化科技创新

针对制约老挝橡胶产业发展和转型升级的重大技术难题联合开展攻关,在品种改良、基因组学、质量调控机制、病虫害防控、生态学、割胶技术与装备、绿色加工技术、初加工生产线自动化、木材材质调控、天然橡胶高性能化改良、大数据等关键技术领域开展合作并实现重大突破。

(三)加快技术推广

以国际天然橡胶市场需求和老挝产业问题为导向,围绕橡胶树良种苗木、抗逆栽培、胶乳采收、保鲜凝固、初加工、新材料等环节,集成一批科技成果和技术模式,加快转化应用。在老挝橡胶产业研究院的基础上,完善老挝橡胶产业技术体系,拓展多元化技术扩散渠道,形成"科研单位+推广机构/企业+农户"等灵活多样的技术推广模式和机制,提高技术转化效率。

(四)应用信息技术

利用物联网、大数据等现代科学技术,打造集智能检测、分析预警、信息交流、综合会商、辅助决策、应急处置、展示示范、技术评估等于一体的标准化、系统化、智能化的现代胶园管理平台,实现胶园"四情"动态实时监测,为橡胶生产提供气象灾害、病虫害、胶树长势等信息预警服务。

中国与老挝开展天然橡胶科技合作取得显著成效。总结和创新中老天然橡胶科技合作成果,深入持续开展中老天然橡胶科技合作,为服务国家澜湄合作机制、深化对湄公河五国天然橡胶科技合作和促进当地扶贫减贫奠定良好基础。

参考文献

蔡克平,李普旺,刘元,等,2014. 蛋白质含量对天然橡胶性能的影响[J]. 橡胶科技,12(2):8-22.

曹海燕,2008. 天然橡胶初加工技术[M]. 云南:云南大学出版社.

陈晨,2019. 无机纳米粒子/天然乳胶纳米复合材料的制备及其耐老化性能研究[D]. 淮南:安徽理工大学.

陈菲,沈光,曲彦婷,等,2017. 不同植物生长调节剂对橡胶草组培苗不定芽分化和生根的影响[J]. 北方园艺(19):95-98.

陈楠,2019. 澜湄六国产业合作迈入成长期[J]. 纺织科学研究(12):50-52.

陈青,周珺,王军,等,2018. 遮荫对橡胶树组培苗生长的影响[J]. 福建农业学报,33(05):516-519.

陈晰,简璐璐,张锐明,2021. 四针状氧化锌晶须/天然橡胶抗菌医用复合材料的制备[J]. 复合材料学报,38(08):2694-2705

陈先红,王军,林位夫,等,2015. 热研7-33-97组培砧木与5种接穗嫁接亲合力研究[J]. 热带农业科学,35(07):1-4.

陈杨,2019. 凯夫拉纳米纤维的表面改性及其对橡胶复合材料的性能影响[D]. 南京:南京理工大学.

陈瑶,朱勇,张加云,等,2019. 云南省橡胶树白粉病流行天气适宜度预报研究[J]. 灾害学,34(4):148-152.

成镜,顾晓川,徐正伟,等,2019. 生根剂对橡胶树组培苗移栽成活率和根系生长的影响[J]. 热带农业科学,39(10):1-6.

戴雪梅,华玉伟,李哲,等,2013. 橡胶树PR107原生质体的分离和培养研究[J]. 热带农业工程,37(05):1-4.

戴雪梅,黄天带,李季,等,2014. 不同外植体对橡胶树原生质体分离和再生的影响[J]. 分子植物育种,12(06):1259-1264.

戴雪梅,黄天带,孙爱花,等,2011. 橡胶树原生质体培养研究进展[J]. 热带作物学,32(10):1973-1976.

戴雪梅,李哲,华玉伟,等,2013. 橡胶树热研8-79原生质体培养再生植株[J]. 南方农业学报,44(12):2040-2045.

杜华波,刘勇,2012. 中资企业在老挝发展天然橡胶产业问题分析[J]. 中国热带农业(02):36-39.

范龙,2013. 天然橡胶水溶物的提取、分析及其对天然橡胶的影响[D]. 海口:海南大学.

方俊智,武友德,陈俊,2019. 多主体嵌入全球生产网络的演化仿真研究——以澜湄五国的劳动密集型制造业为例[J]. 软科学, 33 (12): 108-113.

冯霆钧, 廖纪云, 1995. 铜盐, 铁盐和铁锈对天然乳胶胶膜老化的影响及其防护[J]. 合成材料老化与应用(1): 1-6.

高东风, 2009. 加快云南农垦在老挝开发种植橡胶的设想和建议[J]. 中国热带农业 (03): 16-17.

高宏华, 张新儒, 刘成岑, 等, 2017. 热风-微波耦合干燥天然橡胶的结构与性能[J]. 西南农业学报, 30(09): 1986-1990.

高源婕, 2014. 云南企业面向老挝农业投资市场的调查报告[D]. 昆明: 云南财经大学.

耿浩然, 赵鹏飞, 梅俊飞, 等, 2019. 二硫化钼/多壁碳纳米管/天然橡胶复合材料制备及吸波性能研究[J]. 功能材料 (12): 12210-12215

弓萌萌, 张培雁, 张瑞禹, 等, 2019. 干旱胁迫及复水处理对'秋福'红树莓苗期生理特性的影响[J]. 经济林研究, 37(01): 94-99.

管路遥, 2017. 纳米银-壳聚糖-天然胶乳复合抗菌材料的制备及性能研究[D]. 太原: 太原理工大学.

郭显龙, 陈慧, 2019. "一带一路"下中国与澜湄五国国际产能合作研究[J]. 宏观经济管理(11): 69-74.

何双, 廖双泉, 赵艳芳, 等, 2019. 真空凝固与酸凝固天然橡胶性能比较[J]. 高分子通报(07): 31-36.

何映平, 张可喜, 张炼辉, 等, 2001. 脱蛋白天然胶乳的制备及其性能研究[J]. 特种橡胶制品, 22 (7): 1-4.

何勇, 2016. 中国与东盟国家天然橡胶产业竞争与合作分析[J]. 世界农业(05): 130-135.

何忠建, 方海旋, 符新, 2008. 表面活性剂和氯化钙作凝固剂凝固天然胶乳的研究[J]. 化学工程师, 150(3): 62-64.

胡义钰, 冯成天, 刘辉, 等, 2019. 海藻酸钠/壳聚糖基橡胶树死皮康复营养剂微胶囊的制备工艺优化[J]. 热带作物学报, 40 (07): 1379-1386.

华南热带作物学院, 1989. 天然胶乳的性质与商品胶乳工艺[M]. 北京: 农业出版社.

华玉伟, 黄天带, 孙爱花, 等, 2013. 橡胶树体胚再生试管进及其对植株再生和移栽的影响[J]. 热带农业科学, 33(07): 1-3.

华玉伟, 孙芳, 黄天带, 等, 2013. 橡胶树 HbFCA 启动子的克隆及其在橡胶树中的表达分析[J]. 热带作物学报, 34(05): 800-806.

华玉伟, 杨加伟, 黄天带, 等, 2013. 启动子陷阱技术在橡胶树中的应用研究[J]. 热带作物学报, 34 (08): 1473-1477.

黄敞, 郑勇, 王玲玲, 等, 2019. 电动割胶刀配套电池在橡胶树割胶中应用效果研究 [J]. 安徽农业科学, 47 (04): 211-214.

黄桂春, 廖建和, 谢兴怀, 等, 2014-04-09. 一种高性能天然橡胶的生产方法 [P]. 海南: CN103709271A.

黄洪, 卢玉洪, 杜文胜, 等, 2014. 云南天然橡胶"走出去"与"替代种植"结合的模式——以云橡公司老挝琅南塔省南塔县梭都村替代搬迁种植务工示范项目为例[J]. 热带农业科技, 37 (02): 43-46.

黄华孙, 方家林, 卓书蝉, 等, 2000. 橡胶树优良品种热研 7-20-59 的选育[J]. 热带作物学报 (02): 1-6.

黄华孙, 梁茂寰, 吴云通, 等, 1994. 中规模推广级橡胶树优良品种热研 7-33-97 的选育[J]. 热带作物学报(02): 1-6.

黄思然，刘皓雪，周璇，等，2020. 中国农企在老挝和柬埔寨的投资概况[J]. 农经（Z1）：24-29.

黄天带，戴雪梅，周权男，等，2012. 通过继代培养提高橡胶树体胚诱导频率的研究[J]. 热带作物学报，33(10)：1829-1834.

黄天带，华玉伟，周权男，等，2012. 基因型对橡胶树胚状体遗传转化瞬时表达影响的研究[J]. 热带农业科学，32(12)：27-32.

黄天带，李维国，黄华孙，2005. 降低巴西橡胶树茎段培养污染率的方法研究[J]. 热带农业科学（06）：1-3.

黄天带，李哲，孙爱花，等，2010. 根癌农杆菌介导的橡胶树花药愈伤组织遗传转化体系的建立[J]. 作物学报，36(10)：1691-1697.

黄天带，龙青姨，周权男，等，2012. 系谱和聚类分析在橡胶树内珠被组织培养中应用研究[J]. 热带作物学报，33(06)：1018-1023.

黄天带，孙爱花，杨加伟，等，2012. 几丁质酶及β-1，3-葡聚糖基因转化橡胶树的研究[J]. 中国农学通报，28(28)：28-33.

黄天带，孙爱花，周权男，等，2011. 橡胶树内珠被培养研究进展[J]. 生命科学研究，15(02)：176-183.

季凌鹏，2019. 澜湄合作：进展与愿景[J]. 纺织服装周刊(40)：57.

姜士宽，邹建云，张桂梅，等，2011. 鲜胶乳生物凝固工艺技术研究[J]. 热带农业科技，34(04)：11-14.

姜兴国，2018. 利用氧气作为氧化剂的醇或醛的选择性氧化反应研究[D]. 北京：中国科学院大学.

金新，张梦，2019. 澜湄水资源治理：域外大国介入与中国的参与[J]. 国际关系研究（06）：90-109+154-155.

孔玛丽，2018. 老挝参与大湄公河次区域交通运输合作研究[D]. 昆明：云南大学.

兰学梅，魏春，罗春海，等，2021. 澜湄流域中国-老挝三带喙库蚊对常用杀虫剂的抗药性比较观察[J]. 中国病原生物学杂，16（04）：492-495.

雷统席，蒋盛军，符乃方，等，2011. 真空凝固天然橡胶胶乳及其生胶性能[J]. 科学通报，56(15)：1184-1187.

黎燕飞，潘俊任，2015. 国内天然橡胶初加工技术现状及发展建议[J]. 中国热带农业（04）：47-51.

李程鹏，钟杰平，侯婷婷，等，2007. 加速贮存中微生物凝固天然橡胶的性能变化[J]. 广州化工（05）：1-2.

李季，黄天带，蔡海滨，等，2013. 橡胶树体胚遗传转化中早代转化胚状体的PCR鉴定[J]. 热带作物学报，34(05)：866-869.

李季，黄天带，蔡海滨，等，2014. 转基因橡胶树中载体骨架序列的初步研究[J]. 热带作物学报，35(02)：282-288.

李季，黄天带，华玉伟，等，2014. 多重PCR技术在橡胶树转基因分子鉴定中的应用[J]. 热带作物学报，35(05)：882-889.

李季，鲁旭，黄天带，等，2014. 橡胶树转基因植株Southern杂交体系的优化[J]. 生物技术通报（08）：76-81.

李金风，2013. 凝胶片悬挂贮存对天然橡胶性能的影响[D]. 海口：海南大学.

李婧，刘宏超，王启方，等，2014. 磷脂对浓缩天然胶乳机械稳定性的影响[J]. 弹性体，24(6)：14-18.

李鹏, 封志明, 2016. 地缘经济背景下的老挝橡胶林地扩张监测及其影响研究综述[J]. 地理科学进展, 35 (03): 286-294.

李普旺, 陈鹰, 许逵, 等, 2004. 低蛋白天然胶乳的研究现状[J]. 特种橡胶制品, 25(3): 59-61.

李天红, 李绍华, 2002. 水分胁迫对苹果苗非结构性碳水化合物组分及含量的影响[J]. 中国农学通报, 18(04): 35-39.

李娅, 缪靖羽, 2016. 中国与东盟天然橡胶产业合作分析——"一带一路"背景下中国与东盟地区天然橡胶产业的再认识[J]. 资源开发与市场 (10): 1223-1227.

李阳阳, 2017. 基于多源遥感的老挝北部五省橡胶林提取及空间分布驱动模型研究[D]. 昆明: 云南大学.

李阳阳, 张军, 刘陈立, 等, 2017. 老挝北部5省橡胶林提取及时空扩张研究[J]. 林业科学研究, 30 (05): 709-717.

李玉婷, 黄天带, 蔡海滨, 等, 2012. 抗氧化剂对橡胶树胚状体农杆菌侵染效果的影响[J]. 热带农业科学, 32(06): 49-53.

李哲, 戴雪梅, 孙爱花, 等, 2010. 橡胶树热研88-13品种珠心易碎愈伤组织诱导及其胚状体发生[J]. 热带生物学报, 1(04): 307-313.

李哲, 孙爱花, 黄天带, 等, 2010. 橡胶树品种热研88-13易碎胚性愈伤组织的诱导及其植株再生. 热带作物学报, 31(12): 2166-2173.

李正平, 陈云森, 李维锐, 等, 2018. 老挝橡胶园资源价值调查与评价[J]. 中国热带农业(02): 25-27.

李正平, 陈云森, 李发昌, 2017. "3S"技术在老挝南塔省橡胶园资源价值调查评价中的应用[J]. 热带农业科技, 40 (03): 6-9+21.

李志君, 2007. 天然橡胶分析与实验[M]. 北京: 中国农业大学出版社.

林位夫, 黄守锋, 谢贵水, 等. 橡胶树籽苗芽接技术研究——橡胶树籽苗芽接育苗法研究之一[J]. 热带作物学报, 19 (03): 8-15.

刘建云, 黄海春, 2016. 老挝副总理宋赛·西潘敦到访云南农垦集团[J]. 中国农垦(07): 86.

刘彦妮, 刘宏超, 王启方, 等, 2016. 酶凝固天然橡胶硫化特性及力学性能的研究[J]. 科学技术与工程, 16(31): 66-70.

龙春丞, 2015. 蛋白质对恒粘天然橡胶性能的影响[D]. 海口: 海南大学.

吕飞杰, 1992. 提高天然橡胶质量一致性[J]. 热带农业科学(4): 1-5.

吕飞杰, 梅同现, 黎沛森, 1987. 用力学-红外光谱法研究非胶组分对天然橡胶硫化胶拉伸诱导结晶的影响[J]. 热带作物学报(2): 37-44.

罗雪华, 邹碧霞, 吴菊群, 等, 2011. 氮水平和形态配比对巴西橡胶树花药苗生长及氮代谢、光合作用的影响. 植物营养与肥料学报, 17(03): 693-701.

马立胜, 2011. 天然橡胶中丙酮溶物的提取、分离及其对橡胶性能的影响研究[D]. 海口: 海南大学.

马岩, 2018. 用于极端环境下橡胶胶料的性能研究[D]. 青岛: 青岛科技大学.

马志武, 陈永平, 田小明, 等, 2012. 微波辐射凝固天然橡胶的工艺与性能研究[J]. 热带作物学报, 33(11): 2049-2053.

莫业勇, 2014. 全球有60多个国家生产天然橡胶[J]. 中国热带农业(05): 75-76.

潘俊任, 桂红星, 丁丽, 等, 2020. 停割前期不同凝固方式对天然生胶性能的影响及其生产应用初探[J]. 中国热带农业(03): 60-64.

彭志荣，2017. 澜湄合作机制背景下中国与老挝的经贸合作研究[J]. 广西社会科学（06）：44-47.

秦红梅，邓超然，李明专，等，2019. 石墨烯纳米薄片-SiO_2/天然橡胶复合材料的导电导热性能[J]. 复合材料学报，36(11)：2683-2691.

阮一平，2014. 基于不同橡胶发泡吸油材料的制备及其性能研究[D]. 宁波：宁波大学.

佘晓东，廖双泉，林鸿基，等，2008. 微生物凝固天然橡胶加速贮存期间分子量与P_0和PRI的变化研究[J]. 广东化工，35(12)：12-14+25.

宋清润，2019. 澜沧江—湄公河合作：次区域合作新典范[J]. 中国报道(08)：29-31.

孙爱花，华玉伟，黄天带，等，2012. 不同激素配比对橡胶树叶片愈伤组织诱导的影响[J]. 中国农学通报，28(04)：24-27.

孙爱花，黄天带，周权男，等，2011. 橡胶树内珠被培养[J]. 热带作物学报，32(04)：776-780.

孙爱花，黄天带，周权男，等，2012. 不同因素对橡胶树内珠被愈伤组织诱导和体细胞胚发生的影响[J]. 中国农学通报，28(25)：15-19.

孙爱花，李哲，黄天带，2006. 橡胶树花药的培养[J]. 植物生理学通讯，42(04)：785-789.

孙爱花，李哲，黄天带，等，2008. 植物激素（或生长调节物质）在橡胶树组织培养中的应用[J]. 植物生理学通讯（03）：593-596.

孙爱花，周权男，戴雪梅，等，2013. 橡胶树体细胞胚发生的最新进展[J]. 热带农业工程，37(05)：5-10.

汪传生，朱晓瑶，张萌，等，2019. 雾化干燥技术纳米氧化锌/天然橡胶复合材料的制备和性能研究[J]. 橡胶工业，66(07)：512-516.

汪传生，谢苗，王志飞，2019. 天然胶乳絮凝方法对天然橡胶性能的影响[J]. 橡胶工业，66(12)：932-935.

王纪坤，麻文强，王立丰，等，2020. 干旱和复水对橡胶树PR107组培苗叶片和根生理活性的影响[J]. 热带农业科学，40(06)：1-6.

王经逸，张旭敏，2016. 离子液体改性氧化石墨烯对天然橡胶性能的影响Ⅰ. 物理机械性能和导热性能[J]. 合成橡胶工业，39(1)：10-14.

王爽，2020. 高性能耐油氢化天然橡胶的研究[D]. 北京：北京化工大学.

王永周，陈美，刘欣，等，2009. 天然橡胶微波干燥动力学模型研究[J]. 热带作物学报，30(03)：377-381.

魏丽娜，刘宏超，王启方，等，2015. 磷脂对天然橡胶加工性能的影响[J]. 特种橡胶制品，36(5)：6-9.

文淑惠，吕明琦，2021. 新发展格局下中国与澜湄五国产能合作研究——基于产业关联程度的分析[J]. 中国集体经济(36)：5-7.

吴红青，2016. 中国云南—老挝橡胶科技合作中心揭牌[J]. 热带农业科技，39 (03)：2.

肖瑶，汪传生，朱东林，等，2020. 利用雾化干燥技术制备高品质天然干胶[J]. 弹性体，30(05)：26-30.

谢长洪，方海旋，符新，2008. 凝固方法对胶清橡胶力学性能的影响[J]. 化学工程师，150(3)：4-5.

邢伟，2021. 澜湄数字丝绸之路：建设动力与前景分析[J]. 西南科技大学学报(哲学社会科学版)，38 (06)：55-63.

徐炯志，于文进，龙明华，等，2003. 组培苗苗龄对荔浦芋生长及产量品质的影响[J]. 种子（06）：31-32.

杨加伟，黄天带，华玉伟，等，2012. 巴西橡胶树自根幼态无性系耐低温分析[J]. 热带作物学报，33

(07): 1235-1238.

杨磊,黄茂芳,许逵,等,2001. 凝固剂对天然橡胶性能的影响[C]//第四届中国功能材料及其应用学术会议论文集. 厦门: 厦门大学.

杨晓颖,刘艺卓,2021. 推动与湄公河国家农业合作的对策建议[J]. 中国外资,(15): 34-37.

杨仲田,1998. 天然橡胶乳液的辐射硫化[J]. 化工新型材料(7): 17-20.

叶劲秋,刘文波,林春花,等,2020. 基于人工神经网络建立橡胶树白粉病预测预报模型[J]. 西南农业学报,33 (4): 797-804.

于波,吴华玲,黄天带,等,2012. 根癌农杆菌介导的巴西橡胶树胚性悬浮细胞的遗传转化[J]. 中国农学通报,28(31): 15-20.

曾涛,李保卫,郑向前,等,2016. 几种不同凝固方法对天然橡胶性能的影响[J]. 弹性体,26 (03): 23-27.

曾宗强,陈美,黄茂芳,2008. 自然凝固和乙酸凝固的天然橡胶动态性能的比较[J]. 热带作物学报(03): 270-274.

张北龙,邓维用,陆衡湘,等,2004. 2种凝固工艺制备的天然橡胶热降解表观活化能[J]. 热带作物学报(03): 10-13.

张长征,湛婷婷,2021. 澜湄流域国家水资源取用策略选择及因素分析——以"老挝沙湾-泰国莫达汉"两主体博弈行为为例[J]. 资源与产业,23 (02): 82-92.

张福全,陈美,王永周,等,2011. 微波干燥对天然橡胶硫化胶热氧老化性能的影响[J]. 热带作物学报,32(09): 1760-1764.

张孟,2020. 老挝天然橡胶产业现状及问题分析[J]. 橡胶科技,18 (01): 9-12.

张胜君,于人同,白晓莹,等,2016. 快速凝固天然橡胶的结构和性能的研究[J]. 材料导报,30 (04): 25-28+32.

张汶海,葛金金,佟宇晨,2022. 澜湄流域水利生态合作现状、挑战及路径深化[J]. 中国水利 (01): 58-61.

张源源,高新生,张晓飞,等,2015. 橡胶树热研7-33-97不同杂交组合子代早期鉴定研究[J]. 热带作物学报,36 (08): 1369-1374.

赵超,董然,顾德峰,等,2015. 对开蕨组培苗适宜栽培基质的筛选[J]. 西北农林科技大学学报(自然科学版),43(04): 185-190.

赵华强,2019. 恒黏天然橡胶的绿色制备及在三角带中的应用[D]. 青岛: 青岛科技大学.

赵辉,崔百明,彭明,等,2007. 巴西橡胶树胚性组织长期继代保存及增殖技术[J]. 热带作物学报 (04): 39-43.

赵勤修,刘健民,刘祖铿,1981. 胶乳中磷脂的提取和分离及其对橡胶性能的影响[J]. 热带作物学报(2): 102-107+118-119.

赵同建,陆应梅,陈莉,等,2008. 天然胶乳中的蛋白质对其热老化性能的影响研究[J]. 化学工程师,22(9): 1-3.

周珺,王军,林位夫,2019. 育苗容器规格对橡胶树籽苗芽接苗生长的影响. 亚热带植物科学,48 (03): 303-305.

周敏,胡义钰,李芹,等,2019. 死皮康复营养剂对橡胶树死皮的应用效果[J]. 热带农业科学,39 (02): 56-60.

周权男,谢黎黎,黄天带,等,2013. 温度和pH对农杆菌介导转化橡胶树悬浮细胞的影响[J]. 西北林学院学报,28(03): 131-133.

周权男,谢黎黎,黄天带,等,2014. 抗生素对巴西橡胶树胚性悬浮细胞生长的影响[J]. 西南农业学报,27(02):793-796.

周省委,2019. 不同干燥方式对天然橡胶性能的影响[J]. 化学工程与装备(07):7-9.

周雍森,2016. 天然橡胶基医用压敏胶的制备及其性能研究[D]. 大连:大连理工大学.

Ahmed A, Al-Ghamdi, Omar A, et al, 2016. Conductivity carbon black/magnetic hybrid fillers in microwave absorbing composites based on natural rubber[J]. Composites Part B(96):231-241.

Bouyer D, Philippe K, Wisunthorn S, et al, 2009. Experimental and numerical study on the drying process of natural rubber latex films[J]. Drying Technol, 27(1):59-70.

Bowler W W, 1954. Electrophoretic Mobility Study of Fresh Hevea Latex[J]. Rubber Chemistry & Technology, 45(8):1790-1794.

Burfield D R, 1974. Epoxy groups responsible forcrosslinking in natural rubber[J]. Nature, 249:29-30.

Cai Z Y, Liu Y X, Shi Y P, et al, 2019. *Alternaria yunnanensis* sp. nov., a new *Alternaria* species causing foliage spot of rubber tree in China[J]. Mycobiology, 47(1):66-75.

Cantor J R, Abu-Remaileh M, Kanarek N, et al, 2017. Physiologic medium rewires cellular metabolism and reveals uric acid as an Endogenous inhibitor of UMP synthase[J]. Cell, 169(2):258-272.

Cao X, Yan J, Lei J, et al, 2017. De novo transcriptome sequencing of MeJA-Induced *Taraxacum kok-saghyz* rodin to identify genes related to rubber formation[J]. Sci. Rep., 7(1):15697.

Cao Y, Zhai J, Wang Q, et al, 2017. Function of *Hevea brasiliensis* NAC1 in dehydration-induced laticifer differentiation and latex biosynthesis[J]. Planta, 245(1):31-44.

Capron A, Serralbo O, Fulop K, et al, 2003. The *Arabidopsis* anaphase-promoting complex or cyclosome: molecular and genetic characterization of the APC2 subunit[J]. Plant Cell, 15(10):2370-82.

Carr M K V, 2011. The water relations of rubber (*Hevea brasiliensis*): A review[J]. Experimental Agriculture, 48(2):176-193.

Carvalho J C, Nascimento G O, Silva A, et al, 2022. Germination and in vitro development of mature zygotic embryos and protein profile of seedlings of wild and cultivated *Hevea brasiliensis*[J]. Anais da Academia Brasileira de Ciencias, 94(4):e20200515.

Cazaux E, 1994. Mierocallus formation from *Hevea brasiliensis* protoplasts isolated[J]. Plant Cell Reports, 13:272-276.

Chandrasekera B S G, Fluess H, Zhao Y C, et al, 2017. In vitro plant regeneration from ovules of *Taraxacum officinale* and *Taraxacum kok-saghyz*[J]. African Journal of Biotechnology, 16(34):1764-1775.

Chandrasekhar T R, Alice J, Varghese Y A, et al, 2005. Girth growth of rubber (*Hevea brasiliensis*) trees during the immature phase[J]. Journal of Tropical Forest Science, 17(3):399.

Chantuma P, Lacointe A, Kasemsap P, et al, 2009. Carbohydrate storage in wood and bark of rubber trees submitted to different level of C demand induced by latex tapping[J]. Tree Physiology, 29(8):1021-31.

Chanwun T, Muhamad N, Chirapongsatonkul N, 2013. *Hevea brasiliensis* cell suspension peroxidase: purification, characterization and application for dye decolorization[J]. AMB Express, 3(1):14.

Chao J, Chen Y, Wu S, Tian W M, 2015. Comparative transcriptome analysis of latex from rubber tree clone CATAS8-79 and PR107 reveals new cues for the regulation of latex regeneration and duration of latex flow[J]. BMC Plant Biology, 15:104.

Chao J, Huang Z, Yang S, 2020. Genome-wide identification and expression analysis of the phosphatase 2A family in rubber tree (*Hevea brasiliensis*)[J]. PLoS ONE, 15(2):e0228219.

Chao J, Yang S, Chen Y, 2016. Evaluation of reference genes for quantitative real-Time PCR analysis of the gene expression in laticifers on the basis of latex flow in rubber tree (*Hevea brasiliensis* Muell. Arg.) [J]. Front Plant Sci, 7: 1149.

Chao J, Zhang S, Chen Y, 2015. Cloning, heterologous expression and characterization of ascorbate peroxidase (APX) gene in laticifer cells of rubber tree (*Hevea brasiliensis* Muell. Arg.) [J]. Plant Physiology and Biochemistry, 97: 331-8.

Chao J, Zhao Y, Jin J, Wu S, 2019. Genome-wide identification and characterization of the JAZ gene family in rubber tree (*Hevea brasiliensis*) [J]. Front Genet, 10: 372.

Charbit E, Legavre T, Lardet L, 2004. Identification of differentially expressed cDNA sequences and histological characteristics of *Hevea brasiliensis* calli in relation to their embryogenic and regenerative capacities [J]. Plant Cell Reports, 22(8): 539-48.

Chaverri P, Gazis R O, Samuels G J, 2011. Trichoderma amazonicum, a new endophytic species on *Hevea brasiliensis* and *H. guianensis* from the Amazon basin [J]. Mycologia, 103(1): 139-51.

Chen C, Chen R, Wu S, Zhu D, et al, 2018. Genome-wide analysis of Glycine soja ubiquitin (UBQ) genes and functional analysis of GsUBQ10 in response to alkaline stress [J]. Physiol Plant, 164(3): 268-278.

Chen S, Peng S, Huang G, et al, 2003. Association of decreased expression of a Myb transcription factor with the TPD (tapping panel dryness) syndrome in *Hevea brasiliensis* [J]. Plant Molecular Biology, 51(1): 51-8.

Chen Y Y, Conner R L, Gillard C L, et al, 2013. A quantitative real-time PCR assay for detection of Colletotrichum lindemuthianumin navy bean seeds [J]. Plant Pathology, 62(4): 900-907.

Chen Z, Fu W, Konijnendijk Van Den Bosch C C, et al, 2019. National forest parks in China: Origin, evolution, and sustainable development [J]. Forests, 10(4).

Cheng H, Chen X, Fang J, et al, 2018. Comparative transcriptome analysis reveals an early gene expression profile that contributes to cold resistance in *Hevea brasiliensis* (the Para rubber tree) [J]. Tree Physiology, 38(9): 1409-1423.

Cheng H, Gao J, Cai H, et al, 2016. Gain-of-function in Arabidopsis (GAINA) for identifying functional genes in *Hevea brasiliensis* [J]. Springerplus, 5(1): 1853.

Cheng H, Liang Q, Chen X, et al, 2019. Hydrogen peroxide facilitates Arabidopsis seedling establishment by interacting with light signalling pathway in the dark [J]. Plant Cell and Environment, 42(4): 1302-1317.

Cherian S, Ryu S B, Cornish K, 2019. Natural rubber biosynthesis in plants, the rubber transferase complex, and metabolic engineering progress and prospects [J]. Plant Biotechnology Journal, 17(11): 2041-2061.

Chotigeat W, Duangchu S, Wititsuwannakun R, , 2009. Cloning and characterization of pectate lyase from *Hevea brasiliensis* [J]. Plant Physiology and Biochemistry, 47(4): 243-7.

Christians M J, Gingerich D J, Hansen M, et al, 2009. The BTB ubiquitin ligases ETO1, EOL1 and EOL2 act collectively to regulate ethylene biosynthesis in *Arabidopsis* by controlling type-2 ACC synthase levels [J]. The Plant Journal, 57(2): 332-345.

Chuang T J, Chiang T W, 2014. Impacts of pretranscriptional DNA methylation, transcriptional transcription factor, and posttranscriptional microRNA regulations on protein evolutionary rate [J]. Genome Biology and Evolution, 6(6): 1530-41.

Cilas C, Costes E, Milet J, 2004. Characterization of branching in two Hevea brasiliensis clones [J]. Journal of Experimental Botany, 55(399): 1045-51.

Cline S D, Coscia C J, 1988. Stimulation of sanguinarine production by combined fungal elicitation and hormonal deprivation in cell suspension cultures of *Papaver bracteatum*[J]. Plant Physiology, 86(1): 161-5.

Cockbain E G, Philpott M W, 1963. Colloidal properties of latex [M]// The Chemistry Physics of Rubber-like Substrate. John Wile & Sons: 15-20.

Collins-Silva J, Nural A T, Skaggs A, et al, 2012. Altered levels of the *Taraxacum kok-saghyz* (Russian dandelion) small rubber particle protein, TkSRPP3, result in qualitative and quantitative changes in rubber metabolism[J]. Phytochemistry, 79: 46-56.

Conson A R O, Taniguti C H, Amadeu R R, et al, 2018. High-resolution genetic map and QTL analysis of growth-related traits of *Hevea brasiliensis* cultivated under suboptimal temperature and humidity conditions[J]. Front Plant Sci., 9: 1255.

Cornish K, Backhaus R A, 2003. Induction of rubber transferase activity in guayule (*Parthenium argentatum* Gray) by low temperatures[J]. Industrial Crops and Products, 17(PII S0926-6690(02)00079-12): 83-92.

Cornish K, Scott D J, Xie W, et al, 2018. Unusual subunits are directly involved in binding substrates for natural rubber biosynthesis in multiple plant species[J]. Phytochemistry, 156: 55-72.

Cornish K, Wood D F, Windle J J, 1999. Rubber particles from four different species, examined by transmission electron microscopy and electron-paramagnetic-resonance spin labeling, are found to consist of a homogeneous rubber core enclosed by a contiguous, monolayer biomembrane[J]. Planta, 210(1): 85-96.

Couto A S, Kimura E A, Peres V J, 1999. Active isoprenoid pathway in the intra-erythrocytic stages of *Plasmodium falciparum*: presence of dolichols of 11 and 12 isoprene units[J]. Biochem J, 341 (3): 629-37.

Crombie A T, Khawand M E, Rhodius V A, et al, 2015. Regulation of plasmid-encoded isoprene metabolism in *Rhodococcus*, a representative of an important link in the global isoprene cycle[J]. Environmental Microbiology, 17(9): 3314-29.

Czechowski T, Stitt M, Altmann T, 2005. Genome-wide identification and testing of superior reference genes for transcript normalization in *Arabidopsis*[J]. Plant Physiology, 139(1): 5-17.

da Silva A C, Sarturi H J, Dall'Oglio E L, et al, 2016. Microwave drying and disinfestation of brazil nut seeds[J]. Food Control, 70: 119-129.

Gidrol X, Chrestein H, Tan H-L, et al, 1994. Hevein, a lectin-like protein from *Hevea brasiliensis* (rubber tree) is involved in the coagulation of latex[J]. The Journal of biological chemistry, 269(12): 9278-9283.

Gregory M J, Tan S N. Some observations on storage hardening of natural rubber, Proceedings of International Rubber Conference, Kuala Lumpur 1975, 4, 28.

John C K, Pillai N M, 1971. Improvements to assisted biological coagulation of Hevea latex [J]. Journal of the Rubber Research Institute of Malaya, 23(2): 138-146.

Lounny M, 2020. 老挝参与澜湄合作机制研究[D]. 长春：吉林大学.

Monteiro R L, Carciofi B A M, Laurindo J B, 2016. A microwave multi-flash drying process for producing crispy banan[J]. J. Food Eng, 178: 1-11.

Newton E B, Stewart W D, Willson E A, 1956. 生胶制造：三叶橡胶胶乳的连续凝固制胶片法[J]. 王长卓, 译. 热带作物科学译报(2): 1-15.

Ngolemasango F, Ehabe E, Aymard C, 2003. Role of short polyisoprene chains in natural rubberhardening [J]. Polymer International, 52(8): 1365-1369.

Seiiclli Kawahara, 王贵一, 2000. 高脱蛋白天然橡胶的热学性能和结晶特性[J]. 橡胶参考资料(6): 44-48.

Sekhar B C, 1958. Aeration of natural rubber latex. 1. Effect of polyamines on the hardness andaging characteristics of aerated latex rubber[J]. Rubber Chemistry and Technology, 31(3): 425-430.

Tekasakul P, Dejchanchaiwong R, Tirawanichakul Y, et al, 2015. Threedimensional numerical modeling of heat and moisture transfer in natural rubber sheet drying process[J]. Drying Technol., 33(9): 1124-1137.

Viengsouk L, 2014. 老挝橡胶种植现状及对社会经济和环境的影响[D]. 长春：吉林大学.

Wititsu Wannakul R, Rukseree K, Kanokwiroon K, et al, 2008. A rubber particle protein specific for Hevea latex lectin binding involved in latex coagulation[J]. Phytochemistry, 69(5): 1112.

Wititsuwannakul R, Pasitkul P, Jewtragoon P, et al, 2008. Hevea latex lectin binding protein in C-serum as an anti-latex coagulating factor and its role in a proposed new model for latex coagulation. [J]. Phytochemistry, 69(3): 656.

Zhou Y, Kosugi K, Yamamoto Y, et al, 2016. Effect of non-rubber components on the mechanical properties of natural rubber: Effect of Non-Rubber Components on the Mechanical Properties of NR[J]. Polymers for Advanced Technologies: 159-165.